從零開始

邁向嵌入式開發

C語言

程式設計入門 Learning Effectively

感謝您購買旗標書,
記得到旗標網站
www.flag.com.tw
更多的加值內容等著您…

<請下載 QR Code App 來掃描>

1. 建議您訂閱「旗標電子報」:精選書摘、實用電腦知識搶鮮讀; 第一手新書資訊、優惠情報自動報到。

2. 「更正下載」專區:提供書籍的補充資料下載服務,以及最新的勘誤資訊。

3. 「網路購書」專區:您不用出門就可選購旗標書!

買書也可以擁有售後服務,您不用道聽塗說,可以直接和我們連絡喔!

我們所提供的售後服務範圍僅限於書籍本身或內容表達不清楚的地方,至於軟硬體的問題,請直接連絡廠商。

● 如您對本書內容有不明瞭或建議改進之處,請連上旗標網站,點選首頁的 讀者服務 ,然後再按右側 讀者留言版 ,依格式留言,我們得到您的資料後,將由專家為您解答。註明書名 (或書號) 及頁次的讀者,我們將優先為您解答。

學生團體 訂購專線: (02)2396-3257 轉 361, 362
　　　　　傳真專線: (02)2321-1205

經銷商　　服務專線: (02)2396-3257 轉 314, 331
　　　　　將派專人拜訪
　　　　　傳真專線: (02)2321-2545

國家圖書館出版品預行編目資料

嵌入式 C 程式語言 / 施威銘研究室 作.

臺北市:旗標, 2016 .06　面;公分

ISBN 978-986-312-352-1 (平裝)

1. C (電腦程式語言) 2. 電腦程式設計

312.32C　　　　　　　　　　105008321

作　　者/施威銘研究室

發 行 人/施威銘

發 行 所/旗標出版股份有限公司

　　　　　台北市杭州南路一段15-1號19樓

電　　話/(02)2396-3257(代表號)

傳　　真/(02)2321-2545

劃撥帳號/1332727-9

帳　　戶/旗標出版股份有限公司

總 監 製/施威銘

行銷企劃/陳威吉

監　　督/楊中雄

執行企劃/張清徹

執行編輯/張清徹

美術編輯/林美麗

封面設計/古鴻杰

校　　對/張清徹、陳彥發

校對次數/7 次

新台幣售價:480 元

西元 2023 年 9 月初版 9 刷

行政院新聞局核准登記-局版台業字第 4512 號

ISBN 978-986-312-352-1

版權所有‧翻印必究

序

在電腦程式語言領域，近幾年雖然不斷有新的語言出現，也持續有不同的語言帶動風潮。但在實用上，C 及衍生的 C++ 仍是使用最廣泛的程式語言，也使得 C 語言雖然不見得是市場上最紅、最熱門的程式語言，但卻是許多程式開發人員必學的程式語言。

在嵌入式系統、單晶片的領域更是如此，多年來設計嵌入式系統、單晶片程式，多是以 C 語言為主。近年的創客 (Maker) 運動雖然使許多高階程式語言，例如 Java、Python、JavaScript 等，也能在一些資源較多的 MCU (Microcontroller, 微控制器) 上開發嵌入式程式，但這些都還無法成為主流，畢竟在資源有限的嵌入式系統、單晶片環境中，能以最有效率的方式來控制周邊硬體的仍只有 C 語言 (或組合語言)。

本書為 C 語言入門書籍，內容從基本的語法開始，深入淺出介紹 C 語言程式的各種寫法和應用，並佐以範例程式說明，讓初學者能快速學會用 C 語言撰寫程式。各章最後也提供練習，幫助讀者複習所學，加強學習效果。

本書也特別加入嵌入式系統、單晶片程式開發相關章節，說明在這些環境下撰寫 C 語言程式的基本知識，及其與撰寫一般電腦上程式的差異，幫助有志於開發嵌入式系統、單晶片程式的讀者，日後正式跨入該領域時，能減少學習障礙，快速上手。

施威銘研究室 2016 年 6 月

書附檔案下載

本書提供書中各章範例程式檔與 Dev C++安裝程式下載, 下載連結如下:

https://www.flag.com.tw/DL.asp?F6701

本書所附檔案, 包含下列兩部分:

- **書中所有的範例程式檔**: 各章範例程式都存放在 \Example 資料夾下, 以該章為名的子資料夾中, 例如第 4 章的範例程式 Ch04_01.c, 就放在 \Example\Ch04 資料夾中。在書中各範例程式開頭, 均有標示其編號及檔名, 供讀者參考。

- **Dev-C++**: Dev-C++ 是開放原始碼的 Windows 平台之 C/C++ 程式語言整合開發環境, 簡單易用。安裝程式檔放在 \Dev-C++ 資料夾下, 在附錄 B 會說明如何安裝 Dev-C++, 以及如何用 Dev-C++ 開啟、編譯、執行範例程式。

 本著作含書附檔案之內容 (不含 GPL 軟體), 僅授權合法持有本書之讀者 (包含個人及法人) 非商業用途之使用, 切勿置放在網路上播放或供人下載, 除此之外, 未經授權不得將全部或局部內容以任何形式重製、轉載、散佈或以其他任何形式、基於任何目的加以利用。

目 錄

CHAPTER

14 自訂資料型別 - 結構體

CHAPTER

15 自訂資料型別 - union, typedef, enum

CHAPTER

16 嵌入式系統程式開發

CHAPTER

17 中斷與例外處理

認識 C 語言

學習目標

- 了解何謂 C 語言

- 認識 C 語言的結構

- 寫出您的第一個 C 語言程式

- 了解 C 語言程式中基本符號的含意

- 寫程式該養成的好習慣

1-1 C 語言的由來

大家熟知的 Windows、Linux 作業系統，或是 Office、瀏覽器、手機 APP 等各種應用軟體，可以讓我們達成寫作業、上網、聽音樂、或繪圖等等各種方面的應用。然而各位是否想過，電腦為甚麼會做這些事情？

其實電腦並不瞭解人類的語言，它是以一種與人類完全不同的形式在思考，所以當人類需要驅使電腦工作，與其溝通時，就必須以電腦所能理解的語言 (稱為機器語言) 來對電腦下達命令。然而要讓人類說電腦的語言，是很困難的，因此就有人設計出人們能理解的電腦**程式語言**。

用電腦程式語言寫好的**程式**，經過固定的翻譯方式就可成為電腦認得的機器語言語言。而程式設計師就是利用電腦程式語言，來撰寫各式各樣的應用程式，達到讓電腦工作的目的。

程式語言的種類很多，有些語言較接近人類的日常用語，稱為**高階語言**，例如 C、C++、Java、Python 等，這種語言較易學習。另一類語言較接近電腦的運作方式，稱之為**低階語言**，例如 Assembly，這種語言不易學習，但寫出來的程式執行效率較好。

C 語言是最被廣泛使用的高階語言，是由任職於貝爾實驗室的 Dennis M. Ritchie 和 Ken Thompson，於 1970 年代為開發 Unix 系統，所發展出來的。

在 1980 年代中期，為了避免各開發廠商所用的 C 語言語法產生差異，美國國家標準局 (American National Standard Institution, ANSI) 為 C 語言訂定一套完整的國際標準語法，稱為 ANSI C。後來國際標準組織 (International Organization for Standardization, ISO) 也採納 ANSI C 為其 C 語言標準。目前一般 C 語言程式開發工具，都支援符合 ANSI/ISO C 語法的程式。

C 語言至今有 40 餘年的歷史了, 比我們很多人的年齡都大

電腦技術不斷在進步, 但 C 語言始終是最廣被使用的程式語言之一。而 C 語言語法, 也隨時代演進而有一些變革, ISO 在 1999、2011 年分別推出稱為 C99、C11 的 C 語言標準。

雖然 C99 已是上個世紀推出的標準, 但多數編譯器仍未能『完整』支援 C99 的語法。本書提到 C99 語法時會特別說明。

1-2 上機實作：與 C 語言的第一次接觸

本節將由一個簡單的例子開始, 讓您一步一步的認識 C 語言程式。

1-2-1 接觸 C 語言：從零開始

對於一個從未接觸過程式語言的人, 一定會對 C 語言裡面所用的一些符號感到陌生, 所以我們從『零』開始, 來看看我們第一個 C 程式。請啟動您的 Dev-C++ 開發環境 (安裝方式參見附錄 A), 自行輸入如下程式 (或直接開啟書附檔案中的範例檔):

■ Ch01_01.c 什麼都不做的程式

```
01 int main(void)
02 {
03   return 0;  // 程式結束傳回 0
04 }
```

請注意, 輸入程式時不需輸入每行程式開頭的 01、02 等數字。這些數字稱為行號, 是用來輔助說明及方便閱讀程式加上的, 並非程式的一部份

1. 第 1 行 int main(void) 稱之為 **main() 函式**，這是每個 C 程式都會有的部分，稱為程式的進入點 (Entry Point)，也就是說，C 程式在執行時，就是從 main() 函式開始執行的。main() 前面的 int 是整數 (Integer，詳見第 2 章) 的意思，表示這個 C 程式在執行結束時，會傳回一個整數值到作業系統。至於作業系統如何使用程式傳回值、括弧中 void 的意思，在此先不深入探討。但請記得 "int main(void)" 是典型的 C 程式主體。

2. 第 2~4 行，在兩個大括號 { ... } 中所含的程式，就是 main() 函式的內容。程式需要做哪些事情，都是寫在這裡。

3. 在程式的第 3 行，// 之後的字，稱之為**註解**。當編譯器遇到註解時會跳過註解文字，因為這些註解是寫給人看的，電腦不需理會。

4. 第 3 行，『return 0;』 就是這個範例中，main() 函式中唯一的一行敘述 (statement)。這行敘述的功能，就是將數值 0 傳回給作業系統。通常在撰寫應用程式時會將程式執行狀況以『傳回值』反應給作業系統。習慣上會用數值 0 表示『程式執行順利，無任何錯誤』。至於要用什麼數字表示什麼錯誤，則依程式設計人員自行應用，並無特別的規定。

1-2-2　接觸 C 語言：由無到有

現在我們寫一個會輸出一行文字的程式：

■ Ch01_02.c 輸出一行字

```
01 #include <stdio.h>
02
03 int main(void)
04 {
05   printf("C 語言的世界, 你好啊!!");  // 利用 printf() 輸出一行字
06   return 0;
07 }
```

執行結果

> C 語言的世界，你好啊！！

1. 第 1 行的 #include<stdio.h>，是個特別的程式碼，稱為前置處理指令 (preprocessing directive)。主要的功用，就是把 stdio.h 這個檔案 (此檔案會附於安裝編譯器的子資料夾下) 的內容放在原始程式的最開頭。稍後會進一步說明前置處理指令與 stdio.h 的內容。

2. 第 5 行 // 的功能已在前面說過了，// 之後的文字都是程式的註解。

3. 第 4~7 行用 {} 括住的部分，就是 main(void) 函式的內容。

4. 第 5 行的 printf() 是 C 語言裡最基本的輸出函式，其功能是將括弧 ( ) 中用雙引號 " " 包住的字串 (在本例中就是 "C語言的世界,你好啊!!") 輸出到**標準輸出裝置**。以 Windows 系統為例，標準輸出裝置就是**命令提示字元視窗**，所以這行程式的功用，就是將 "C語言的世界,你好啊!!" 這段訊息，輸出到**命令提示字元**視窗畫面中。

5. 第 6 行，程式最後照例加上 return 0, 傳回程式執行無誤的訊息。

TIP　在 Dev-C++ 環境中，按一下 F11 功能鍵就會執行程式，此時會出現**命令提示字元**視窗顯示程式輸出的訊息文字，詳見附錄 B 的說明。

1-3　C 語言的基本輸出入和程式架構

看過了 C 語言中兩個最簡單的程式 (Ch01_01.c 與 Ch01_02.c) 說明後，對 C 語言應該沒那麼陌生了吧。讓我們把簡單的程式再分解成更小的單位，逐行逐字的說明，讓您對 C 語言有更詳盡的認識。

1-3-1 main(void) 是什麼意思

main(void) 是每個 C 程式都一定要有的函式。**函式 (function)** 就是一段程式的集合，並能產生某項特定的功能。例如剛剛才介紹過的 printf() 函式，其功能就是將指定的內容，輸出到標準輸出裝置。除了 printf() 外，C 語言還提供許多不同的函式，例如將文字轉成大寫或小寫、做三角函數運算等等，這些函式都已內建於**函式庫**中，若在程式中用到這類函式，在連結的階段 (參見 1-5 節)，就會將函式庫中編譯好的函式內容，連結到我們的程式中。

在本書各章，會陸續介紹各種函式的功能及用法，在第 8 章則會介紹如何自訂函式。

 在程式中使用函式的動作 (例如使用 printf() 函式)，稱為**呼叫 (call)** 函式，在本書後面都會使用『呼叫』這個動詞，請您不要誤會其意思。

至於 main() 函式則比較特別，它不像函式庫中的函式，都有事先設計好的功用。main() 函式的內容，完全由寫程式的人自行決定，換言之，我們希望程式能完成某項工作，就要將完成該工作的 C 語言敘述放在 main() 函式中。

例如想計算將 123 代入 f(x)=2x+99 這個算式中，所得的結果，就可以寫成如下的程式：

■ Ch01_03.c 解 x=123 代入 2x+99 的結果

```
01 #include <stdio.h>
02
03 int main(void)
04 {
05    int x,y;                  // 宣告變數 x,y
06    x = 123;                  // 設定 x 的值為 123
07    y = 2 * x + 99;           // 運算式相當於 2x+99
08    printf("答案 = %d",y);    // 輸出運算結果
09    return 0;                 // 傳回程式結束無誤訊息
10 }
```

執行結果

答案 = 3 4 5

1. 第 5 行宣告兩個整數 (int) 變數 x 與 y。關於變數宣告, 會在下一章詳細說明。

2. 第 6 行是將 x 值以 123 代入, 另一種講法則是：將 x 的值設定為 123。

3. 第 7 行是用 y 來接受 2x+99 的運算結果, 在 C 語言中所有的算式都要寫成像本行的模式, 也就是說等號的左邊只能有一個變數, 右邊則是算式。

4. 第 8 行是輸出 y 的值, 也就是輸出 2x+99 的結果。對照一下本行內容和輸出結果, 您會發現程式中 printf() 內寫的是 "答案 = %d", 但執行結果則是輸出 "答案 = 345", 也就是說 printf() 函式自動將 %d 的部分代換成 y 的值 345。其中 %d 稱為 printf() 的輸出格式控制符號, 其作用就是將逗號後的變數 y 的值, 以十進位的格式輸出在 %d 的位置：

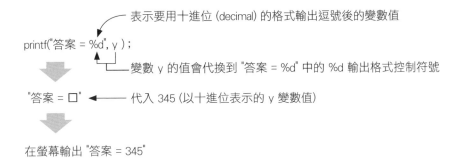

printf("答案 = %d", y) ;

表示要用十進位 (decimal) 的格式輸出逗號後的變數值

變數 y 的值會代換到 "答案 = %d" 中的 %d 輸出格式控制符號

"答案 = □" ← 代入 345 (以十進位表示的 y 變數值)

在螢幕輸出 "答案 = 345"

 TIP 在接下來兩章, 還會介紹 printf() 函式其它的輸出格式控制符號。

main(void) 函式中的 void 的意思是空白, 也就是說 main() 函式不接受任何參數。如果希望 main() 函式能接受參數, 讓程式每次都能依指定的參數做不同的運算, 則 main() 函式括弧中的寫法將有不同, 不過在本書先不介紹這部份的用法。

1-3-2　含括檔 #include <...> 淺說

　　以 # 符號開頭的 #include 稱為前置處理指令 (preprocessing directive)。編譯器在編譯 C 程式前, 會先由前置處理器 (preprocessor) 來處理程式中的前置處理指令。#include 這個指令的功用, 就是將指令後所指的檔案, 整個放在指令所在的位置, 所以在原始程式第 1 行加上 #include<stdio.h>, 會把 stdio.h 這個檔案的內容放在原始程式的最開頭。這個動作稱為**含括 (include)**, 而被含括到我們程式中的 stdio.h 則稱為含括檔, 其特色為副檔名為 .h。

　　前面提過, C 語言已預先將許多實用的函式放在函式庫中。但根據 C 語言的規定, 使用函式前, 必須先宣告 (declare) 函式, 為方便大家直接使用函式庫中的函式, C 語言就預先將標準函式庫中的函式宣告, 分門別類放在各個含括檔中。為什麼要含括 stdio.h 呢？這是因為在程式中用到了 printf() 函式, 而其宣告就存放 stdio.h 中。

　　若不在程式開頭加上 #include<stdio.h> 這一行, 在程式的連結階段將會出現 "printf() 函式未定義" 之類的錯誤訊息。本書稍後介紹新的內建函式時,也都會說明使用時應含括哪一個 .h 檔。

 關於前置處理器和前置處理指令, 會在第 13 章做更詳細介紹。

```
#include <xxx> ◄── 將使用宣告於 xxx 檔案中的函式
#include <ooo> ◄── 將使用宣告於 ooo 檔案中的函式
...
int main(void)
{
    ...          ◄── 在程式中可直接呼叫 xxx、ooo 中宣告的函式
}
```

　　以上程式片段, 就是在程式一開始先以 #include 的方式, 將程式中要使用的函式宣告含括進來。

　　單一程式中所能含括的檔案數並無限制, 不過只要使用到某個函式庫的函式時, 一定要先用 #include 將相關 .h 檔含括進來, 否則會出現連結錯誤。

1-3-3 程式的分段：使用大括號 {} 與分號

C 語言對其程式寫作格式中有許多嚴謹的規定，這是為了避免編譯器在編譯時無法解讀程式的含意而發生編譯錯誤。在寫程式時就好像在寫作文一樣，需要用標點符號來達到『段落分明』。 C 語言使用以下兩種符號來標示段落：

1. 大括號 ﹛ ﹜：大括號 ﹛ ﹜ 是用來括住函式的內容，或是一段程式敘述，大括號的內容稱為**程式區塊 (block)**。比如說：

```
int main(void)
{     ◄── 用大括號括住 main() 函式內容
  ...
  if (...)
  {   ◄── 用大括號括住 if 的條件判斷式 (參見第 6 章)
    ...
  }

  for (...)
  {   ◄── 用大括號括住迴圈內容   (參見第 7 章)
    ...
  }
  ...
}

func (...)
{     ◄── 用大括號括住其他函式內容
  ...
}
```

2. 分號：表示敘述的結尾，每一句完整的程式敘述後面都要加上分號，表示該敘述結束，如下面的例子：

```
printf("C語言的世界, 你好啊!!") ; ◄── 呼叫 printf( ) 函式的敘述結束,
                                    用分號結尾

int x, y;      ◄── 宣告變數完畢,用分號結尾

y=2 * x + 1;   ◄── 運算式敘述完畢,用分號結尾
```

每個由分號結尾的程式片段，就稱為敘述 (Statement)。在 C 語言中，並未規定每個敘述都必須獨立成一行 (參見下一節)，同樣也沒規定同一敘述都要放在同一行。寫程式時，只要在每個敘述結尾加上分號，編譯器就能依分號出現的位置，自動判讀出某幾個字是一個敘述，某幾個字又是另一個敘述。只有少數幾個敘述不必在結尾加上分號 (例如第 5 章所介紹的 if、else、while 等流程控制敘述)，其它不管是呼叫函式、宣告變數、指定變數值等敘述，都一定要用分號做結尾，表示它是個完整的敘述。

看到此處，您應該對 C 語言的架構有了大致的了解，隨著各章的進度，您就會愈來愈上手了。

1-4 程式的註解與編排

寫程式的目的不外乎是能正常執行，但是要如何讓您的程式簡明易懂也是相當重要的。

若習慣將程式碼排得亂七八糟，沒有一定的格式，那麼當您經過一段時間需要回頭修改程式時，雖然程式是自己寫的，也可能得花費好一番工夫，才能理出頭緒開始編修。如果是讓別人來改程式、或看別人寫的程式，將花費更多的時間才能明白程式的內容。因此建議讀者依照本節討論的重點，養成良好的寫程式習慣。

1-4-1 適時的分行：便於整篇程式的閱讀

在 C 語言中並未限制單行的長度，也就是說就算您把整個程式寫成非常長的一行，但只要將每個敘述正確的以分號標開，這樣在編譯過程中也不會發生錯誤。問題是，這樣的程式讀起來，感覺會像讀一篇沒有標點符號的文章一樣，不知道哪裡該停頓，哪裡段落結束，例如以下的例子：

```
int main(void)
{int x; int y; int z; x=10; y=5; z=20; . . . }
```

如果依照分號將每行分開，就會比較容易閱讀：

```
int main(void)
{
  int x;
  int y;
  int z;
  x = 10;
  y = 5;
  z = 20;
  ...
}
```

萬一以分號斷行的單行敘述都很長時，要怎麼辦呢？一般而言，當一行敘述太長時，只要是變數和運算符號 (簡稱算符)、逗號、括號之間，都可依需要斷行，如此並不會影響編譯器的判讀，例如下面這行敘述：

```
a = b + c + d + e + f + g + h + i + j + k + l + m ;
```

我們可以在任一位置直接換行，在換行處不需要加任何符號，只需在運算式結束處加分號即可，如下：

```
a = b + c + d + e +
    f + g + h + i +
    j + k + l + m ;
```

斷行時切記不可將原本完整的變數名稱、函式名稱、關鍵字分斷，因為這都將造成編譯器解讀錯誤。例如以下都是不正確的斷行：

```
main( ) ────────────▶ mai
          斷行成        n( )

printf() ───────────▶ print
          斷行成        f( "Hello!\n");
```

此外, 如果是用雙引號 (") 括住的一段字串, 也不能隨意斷行, 例如:

```
printf("當 printf 函式雙引號內字串     ◄── 語法錯誤, 雙引號
很長時, 我們可以...");                        的內容不能分成 2 行
```

如果真的想換行, 可在換行的位置加上反斜線符號:

```
printf ("當 printf 函式雙引號內字串\    ◄── 加上此符號就不會
很長時, 我們可以...");                        被當成是語法錯誤
```

或者乾脆將這行呼叫分成 2 個敘述 (呼叫 printf() 2 次), 如下面的方式:

```
printf ("當 printf 函式雙引號內的字串");
printf ("很長時, 我們可以...");
```

1-4-2 程式碼的內縮 : 表現出程式的層次感

除了行的排列外, 寫程式也要注意到層次感, 就如同看一篇好文章一樣, 段落明顯, 章節分明。程式中如果想要表現出這種感覺, 就需善用內縮的技巧。

```
int main(void)
{
  int x,y ;        ◄── main() 函式的大括號內容要內縮
  ...
  for(...)
  {
    x=...          ◄── 迴圈的大括號內容要內縮 (迴圈會在第 7 章介紹)
    ...
    if(... )
    {
      y = ...      ◄── 條件式的大括號內容要內縮 (條件式會在第 6 章介紹)
    }
  }
}
```

簡單的說，用到大括號時，大括號之內的程式都內縮是一般的慣例。就如同一篇文章的一個段落一樣。所以如果要在程式中作出段落的感覺，就只要將大括號內容向後退幾格就行了。如果每行程式都靠左對齊，就很難看出來，每個程式區塊之間的關係了。

1-4-3　善用註解：幫助了解程式

寫程式要注意的事就是要多加註解。為什麼要加註解呢？先來看以下未加註解例子：

■ Ch01_04.c 毫無註解的程式

```
01  #include <stdio.h>
02
03  int main(void)
04  {
05    int sum,difference;
06    int bignumber, smallnumber;
07    sum = 10;
08    difference = 4;
09    bignumber = (sum + difference)/ 2;
10    smallnumber = (sum - difference)/2;
11
12    printf("大數: %d\n",bignumber);
13    printf("小數: %d\n",smallnumber);
14
15    return 0;
16  }
```

執行結果

大數：7
小數：3

您看懂這個程式的目的了嗎？我們只看到程式中宣告了一堆變數，經過簡單的運算後，再將結果輸出。除此之外，也只能從所宣告的變數名稱來猜測了。接下來我們將同一個程式加上註解：

```
01  // 程式目的：由兩個數的和與差, 求出兩個數的值
02  // 檔案名稱：Ch01_05.c
03  // 程式設計：阿哲
04  // 完成日期：2016/04/30
05
06  #include <stdio.h>
07
08  int main(void)
09  {
10    int sum,difference; // 宣告變數 sum 為兩數和, difference 為兩數差
11    int bignumber, smallnumber;       // 宣告變數 bignumber 和
12                        // smallnumber, 分別用於存放大數和小數的值
13    sum = 10;                         // 指定數值 10 給變數 sum
14    difference = 4;                   // 指定數值 4 給變數 difference
15    bignumber = (sum + difference)/ 2;  // 大數 = (和+差)/2
16    smallnumber = (sum - difference)/2; // 小數 = (和-差)/2
17
18    printf("大數: %d\n",bignumber);     // 將大數的值輸出
19    printf("小數: %d\n",smallnumber);   // 將小數的值輸出
20
21    return 0;
22  }
```

看懂了嗎？原來這個程式是在解數學上有名的『和差問題』，就是已知兩個數的和與差後，再反算出原本兩個數的值。加了註解的程式，還是比較容易瞭解。本書中的範例程式，都會加上適當的註解，以幫助讀者能清楚的了解到每一行或每一段程式的功用，進而了解整個程式的功能以及執行流程。

附帶說明一下，上列程式第 17 、 18 行呼叫 printf() 函式輸出變數值時，在雙引號字串 "..." 中用到一個特別的控制字元 "\n"，它代表換行的意思，所以執行結果會分成兩行：

```
大數:7
小數:3
```

請不要以為程式分別在第 17、18 行呼叫 printf() 函式,所以輸出結果就是 2 行。若您將程式中的 "\n" 刪除,並重新編譯執行程式,就會發現第 2 個 printf() 的輸出會緊接在前一行輸出結果的後面,也就是 2 次輸出都擠到同一行了。

1-4-4　使用區塊註解

除了用兩條斜線 // 表示註解外,C 語言還提供另一種表示註解的語法,其用法是將註解文字放在 /* 和 */ 符號之間。

用 /* 和 */ 表示的註解,又稱為區塊註解 (block comment),因為註解文字可跨行,例如前面範例 Ch01_05.c 開頭 4 行的註解也可寫成:

```
/* 程式目的:由兩個數的和與差,求出兩個數的值
   檔案名稱:Ch01_05.c
   程式設計:阿哲
   完成日期:2016/04/30    */
```

由於 /* 和 */ 之間的內容都會被當成註解,不會影響程式內容,因此為了能更容易辨識,可自行加入其它符號或編排,例如有人會如下加入一排額外的 * 符號:

```
/* 程式目的:由兩個數的和與差,求出兩個數的值
 *   檔案名稱:Ch01_05.c
 *   程式設計:阿哲
 *   完成日期:2016/04/30    */
```

不管是用 // 或 /*、*/ 為程式加上註解時,須注意以下幾點:

1. 單行註解盡量使用 //,較為方便。不過此為 C99 的語法,要注意有些平台的編譯器可能不支援此註解語法。

2. 所有註解的文字都需要寫在 // 之後或 /* 與 */ 之間，否則就會產生編譯錯誤。

3. 當註解太長需要換行時，新的一行也必須在 // 之後，或是在 /* 與 */ 之間。例如：

```
int x; /* 這只是宣告一個變數而已，不過那不是我們要
          討論的重點。我們要講的是，當註解太長時，
          就必須用這樣的分行方式來寫 * /
```

4. 註解愈清楚詳細愈好，可是不要浮濫。

1-5 如何讓 C 語言程式變成可以執行

　　我們寫出來的 C 程式稱為**原始程式** (Source Code)，原始程式必須翻譯成電腦認識的機器語言，才能由電腦執行。將高階程式語言所寫的原始程式，翻譯成機器語言的方式有**編譯**與**直譯**兩種，而 C 語言採用的是編譯的方式 (因此可稱之為**編譯式語言**)。將 C 原始程式轉換為可執行檔，需經過**編譯**和**連結**兩個動作：

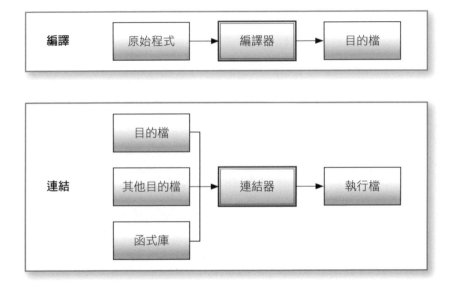

- **編譯**：使用**編譯器(Compiler)** 將人類看得懂的**原始程式**, 翻譯成電腦看得懂的**目的檔**。在編譯的過程中, 編譯器就如同是語言的翻譯員, 它會檢查原始程式中的語法是否有錯誤。如果有錯, 就會編譯失敗, 程式設計者必須修正程式的內容, 再重新編譯。

- **連結**：**連結器 (linker)** 的用處是將目的檔, 與程式中所使用到的函式庫做連結, 而產生完整的執行檔。如果開發的程式比較大, 或是參與開發的人比較多, 此時會將程式分成多個原始程式, 每個原始程式都個別編譯成目的檔, 然後於連結時, 再將所有的目的檔與函式庫連結成一個完整的執行檔。

 如前述, 函式庫包含一群已經寫好的函式, 例如做三角函數運算、從螢幕輸出文字、或從鍵盤取得輸入的字元等等, 功能、數量相當多, 往後會陸續介紹。

目前流行的程式開發工具, 都已將編輯程式、編譯器與連結器等功能整合在一起, 稱為**整合開發環境 (IDE**, Integrated Developement Enviroment), 例如 Dev-C++、Microsoft Visual Studio、Eclipse 等等, 讓開發程式變得更加方便。

 直譯式語言

程式語言除了編譯式語言外, 還有直譯式語言, 直譯如同是現場口譯, 當程式需要執行時才開始翻譯。翻譯直譯式語言的工具叫做直譯器 (Interpreter), 其翻譯過程也與編譯式語言不同：

當直譯器翻譯完成時, 就會立即執行程式, 不會產生執行檔, 所以下次要再用到這個程式時, 又要翻譯一次。像 JavaScript、Python 等都算是直譯式語言。

1-6 電腦程式與嵌入式程式的差異

1-6-1 認識嵌入式系統

顧名思義，**嵌入式系統 (Embedded System)** 就是『嵌入』於某項裝置，『執行特定功能』的電腦系統。舉凡家庭中的標榜『微電腦控制』的家電、辦公室用的事務機器、工廠的自動化生產設備等，這些裝置中就嵌入了一個執行特定工作的電腦系統，以控制、執行該裝置所要完成的工作。

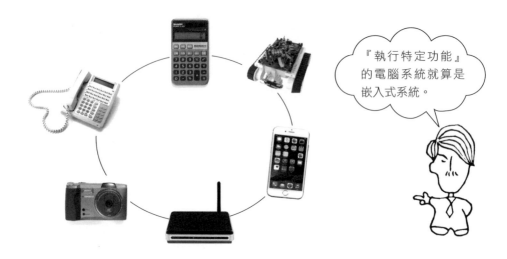

『執行特定功能』的電腦系統就算是嵌入式系統。

這些裝置依功能的複雜程度不同，對運算、處理的能力要求亦不同。很多嵌入式系統，並不需要像個人電腦 CPU 這樣強大的計算能力，也不適合像個人電腦加裝記憶體、外接隨身碟，或連接大尺寸螢幕和鍵盤，因而就有整合了 CPU、ROM (唯讀記憶體)、RAM 及一些輸出入、計時器等相關功能於一身的**微控制器 (Microcontroller, 簡稱 MCU)**。

CPU	記憶體 (ROM、RAM、Flash 等)	週邊 (輸出入匯流排、 計時器等)

MCU 具備電腦的基本功能

MCU 是將功能整合到單一顆 IC 晶片上, 所以有人稱之為單晶片微電腦, 或簡稱單晶片。

撰寫嵌入式系統上的 C 程式和一般電腦的 C 程式有些不同：

- 在個人電腦上因為有 Windows/Linux 等作業系統管理各項週邊裝置, 所以撰寫 C 程式時, 直接利用函式庫提供的函式存取週邊, 不需特別顧慮軟體、硬體的限制。但開發嵌入式應用, 首先就必須瞭解包括 MCU 性能、規格, 及其它構成系統的電子零件 (例如 LED 燈、溫溼度感測器) 的性能、規格。甚至需要自行設計電路, 以實作出所需的系統功能。

- 個人電腦有相當一致的通用環境 (例如 Windows、Linux) 及開發工具, 但嵌入式系統、MCU 的種類則可說是眾多山頭林立, 各主要半導體廠商都有各自的開發工具, 且其使用者親和度往往不如一般個人電腦程式的開發工具, 學習門檻較高。

- 由於各廠商的 MCU 功能、用途不盡相同, 因此廠商會視需要實作許多非標準 C 語言的語法及函式庫等, 所以要撰寫嵌入式系統上的 C 程式, 除了具備 C 語言的基本知識外, 也要熟悉廠商所提供的專屬語法、函式庫用法。且除了使用 C 語言外, 有時也需用到組合語言, 以提升程式執行效率。

1-6-2 嵌入式程式開發流程

除了前述的系統差異外, 在程式開發方面, 嵌入式系統的開發過程也和 1-5 節說明的略有差異。以本章的範例程式為例, 是在個人電腦上開發, 也在個人電腦上執行；但開發嵌入式程式時, 是在個人電腦上開發, 在嵌入式系統上執行。簡單的說, 在連結階段產生的執行檔, 是供嵌入式系統執行, 並不能在電腦上執行：

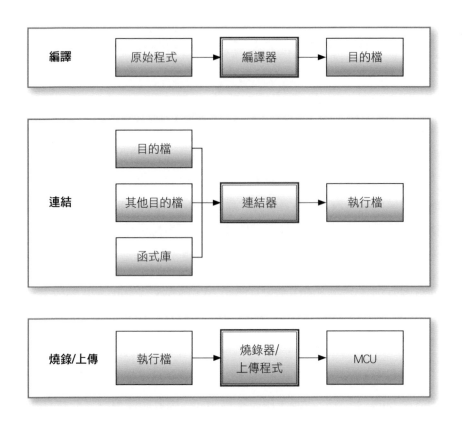

　　因此建立執行檔後，必須再利用燒錄器之類的工具，將在電腦上產生的執行檔，**燒錄**到嵌入式系統的 MCU 上才能執行。若執行、測試有問題，仍要回頭到電腦上修改程式，再重複編譯、連結、燒錄的工作，直到系統運作正常為止。

 燒錄的英文為 program，燒錄器則稱為 programmer。因此當您閱讀嵌入式系統開發工具的英文文件時，要注意 program 有時是指燒錄的動作而非指我們撰寫的程式。

1. C 語言是為了發展 _____ 作業系統所開發的程式語言。

2. C 語言是屬於 _____ 式程式語言。

3. 承上題, 所以 C 語言需要先經過 _____ 與 _____ 的過程後才能執行。

4. 要在程式中加入含括檔, 需使用 _____ 前置處理指令。

5. 試各舉出兩種編譯式與直譯式的程式語言: _____ 與 _____ 。

6. C 語言中, 用來標示單行註解的符號是 _____ ; 標示區塊註解的符號是 _____ 、 _____ 。

7. main(void) 中的 void 是什麼意思?

8. 程式加註解的作用為何?

9. 寫程式時為何要內縮?

10. 請問程式最後面加上 "return 0;" 表示甚麼意思?

程 式 練 習

1. 參考範例 Ch01_02.c, 試寫一個程式在螢幕上輸出一段您想輸出的文字。

2. 試寫一個程式計算出 123 + 456 + 789 的值, 並為程式加上註解。

3. 試寫一個程式輸出下面的文字。

> 月下獨酌/李白
> 花間一壺酒,獨酌無相親。舉杯邀明月,對影成三人。
> 月既不解飲,影徒隨我身。暫伴月將影,行樂須及春。
> 我歌月徘徊,我舞影零亂。醒時同交歡,醉後各分散。
> 永結無情遊,相期邈雲漢。

Memo

資料型別與
變數宣告

2-1 位元、位元組和字組

買電腦時，會看到規格表上寫著『32 位元 CPU、8GB 記憶體...』這樣的文字，其中的位元、**GB**，都是電腦中表示資料的單位。

2-1-1 Bit：位元

Bit (位元) 是電腦處理的最小單位，位元可表示 (儲存) 0、1 兩種狀態，如果用開關來比喻，就是有開 (ON)、關 (OFF) 兩種狀態。

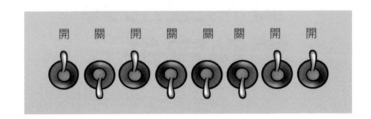

2-1-2 Byte：位元組

8 個位元合起來即稱為 1 個位元組。例如『8GB 記憶體』就表示有 8 個十億位元組 (Giga Bytes)，也就是 640 億位元。

那 3TB 硬碟可容納多少位元啊？？？

位元組中的位元通常會由左到右以 0～7 的數字編號，其中 bit 7 稱為最大有效位元 (Most-Significant Bit, MSB)，而 bit 0 則稱為最小有效位元 (Less-Significant-Bit, LSB)。

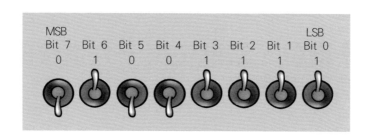

1 個位元組含 8 個位元，就像上圖有 8 個開關，每個開關各自可以是開或關，所以 1 個位元組就可表示出 256 (= 2 的 8 次方) 種不同的狀態 (或資訊)。

另外還有一個半位元組的單位，稱為 Nibble，一個 Nibble 為 4 個 Bit，1 個位元組則有 2 個 Nibble。

2-1-3　Word：字組

Bit 雖然是電腦中最基本的資料單位，不過資料量太少，因此微處理器、MCU 基本上是以 **Word (字組)** 為進行處理時的基本單位，亦即每個處理動作 (運算)，是以 Word 為單位進行處理。

依硬體設計不同，Word 的大小也不同，例如有些 8 位元處理器，其字組大小為 8 bit (1 位元組)；有些則是 16 bit (2 個位元組)。

此外也有時也會用 Double Word (DWord) 表示 2 個字組；用 Quad Word (QWord) 表示 4 個字組。

有些開發環境，為了讓程式能適用於不同硬體規格 MCU、CPU (例如 Windows 程式可能要在 64 位元、32 位元、甚至 16 位元 CPU 上執行)，會明確定義程式中所用的 WORD 字組的大小，例如：Word 就是 2 個 Byte、DWord 就是 4 個 Byte、QWord 就是 8 個 Byte。

2-2 十進位、二進位與十六進位的換算與表示

上一節提到位元可表示 0、1 兩種數字，而 8 個位元組成的位元組，就可有 8 個位元表示 01101010、10010001...這樣的數字，我們稱之為 2 進位表示，本章就來認識電腦程式常用的二進位與十六進位數字系統，但在此之前先來複習一下我們熟知的十進位。

2-2-1 十進位

十進位是『逢 10 進位』的數字系統，十進位使用 0~9 來表示各種數字。將十進位數字的每一位數拆開來，就能知道該數字的構成，例如：

$$3579 = 3000 + 500 + 70 + 9$$

$$= 3 \times 10^3 + 5 \times 10^2 + 7 \times 10^1 + 9 \times 10^0$$

個位數字乘上 10 的 0 次方 (也就是 1)，十位數字乘上 10 的 1 次方 (也就是 10)，百位數字乘上 10 的 2 次方 (也就是 100)...，依此類推，就能得到十進位數字的值。而接下來就用相同的方式來認識二進位及十六進位。

2-2-2　二進位

二進位就是逢 2 進位, 並只用到 0 和 1 來表示各種數字。例如:

1010　　　←── 有 4 位數的二進位數字

01101001　←── 有 8 位數的二進位數字

在十進位中的個、十、百、千...位中, 就是乘上 10 的 0、1、2、3...次方 (每進一位就要乘十); 在二進位中, 就是乘上 2 的 0、1、2、3...次方 (每進一位就乘 2)。所以:

$$1010 = 1 \times 2^3 + 0 \times 2^2 + 1 \times 2^1 + 0 \times 2^0$$
$$= 1 \times 8 + 0 \times 4 + 1 \times 2 + 0 \times 1$$
$$= 10 \ (十進位)$$

$$01101001 = 1 \times 2^6 + 1 \times 2^5 + 1 \times 2^3 + 1 \times 2^0$$
$$= 1 \times 64 + 1 \times 32 + 1 \times 8 + 1 \times 1$$
$$= 105 \ (十進位)$$

像這樣, 我們就知道二進位的 1010 就等於十進位的 10。為了要同時寫出二進位、十進位數, 又要避免混淆, 通常會如下在數字右下角標示出所使用的數字系統:

$$(1010)_2 = (10)_{10}$$
$$(01101001)_2 = (105)_{10}$$

二進位	十進位	二進位	十進位
$(00001)_2$	1	$(00110)_2$	6
$(00010)_2$	2	$(00111)_2$	7
$(00011)_2$	3	$(01000)_2$	8
$(00100)_2$	4	$(01001)_2$	9
$(00101)_2$	5	$(01010)_2$	10

在 C 語言標準中並未提供二進位數字表示法, 但有些編譯器支援以 0b 或 0B 為字首來表示二進位數字 (b 為 Binary 的意思), 例如本書附錄介紹的 Dev-C++ 即支援這種語法, 所以我們可用上一章學的 printf() 來輸出二進位數字的十進位值:

■ Ch02_01.c 在程式中使用 0b 或 0B 表示二進位數字

```
01 #include <stdio.h>
02
03 int main(void)
04 {
05    // 顯示二進位數字的十進位值
06    printf("二進位數字 0b1001 = %d \n", 0b1001);
07    printf("二進位數字 0b01101001 = %d \n\n", 0b01101001);
08
09    // 用二進位數字做加法運算
10    printf("二進位數字 0b1001 + 0b01101001 = %d \n",
11            0b1001 + 0b01101001 );
12
13    // 二進位數字可以和十進位數字一起做運算
14    printf("二進位數字 0b1001 + 十進位數字 12345 = %d \n",
15            0b1001 + 12345 );
16 }
```

執行結果

```
二進位數字 0b1001 = 9
二進位數字 0b01101001 = 105

二進位數字 0b1001 + 0b01101001 = 114
二進位數字 0b1001 + 十進位數字 12345 = 12354
```

程式第 6、7 行都是單純輸出以 0b 為首的二進位數字的十進位值, %d 中的 d 是十進位 (decimal) 的意思, 表示要以十進位格式來輸出數值。第 11、15 行則是加法計算, 程式會先完成計算, 再將計算結果輸出到螢幕。

程式第 7 行 printf() 的參數字串中連續放了兩個 \n 換行符號, 表示要換行 2 次 (好比在打字時連按 2 下 Enter 鍵), 所以在輸出結果中會有一行空白行。

如果想將十進位數字轉成二進位數字，可利用除法計算，也就是將數值連續除以 2，直到商數為 0。然後將計算過程中的餘數 (0 或 1)，如下由第 1 個開始由右至左排列，即為二進位數：

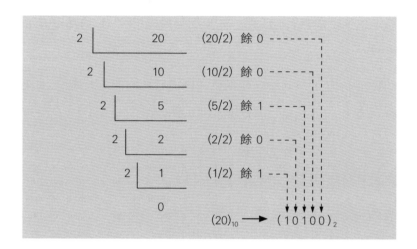

C 語言的 printf() 並不支援將數值輸出成二進位表示的功能，在後面章節會練習用程式以上述的連續除法或其它方式，將數值轉成二進位輸出。

二進位小數

在本文中的說明都是以正整數為例來說明二進位。如果要用二進位來表示小數和負數該如何處理呢？先看小數的表示方式：以十進位為例，小數點後每一位數字就是乘上 1/10、1/100、1/1000...依此類推；二進位數若有小數，則小數點後每一位數字就是乘上 1/2、1/4、1/8...：

$$
\begin{aligned}
(110.001)_2 &= \overbrace{1\times 2^2 + 1\times 2^1 + 0\times 2^0}^{\text{整數部份}} + \overbrace{0\times 2^{-1} + 0\times 2^{-2} + 1\times 2^{-3}}^{\text{小數部份}} \\
&= 1\times 4 + 1\times 2 + \hspace{5cm} 1\times 1/8 \\
&= (6.125)_{10}
\end{aligned}
$$

二進位負數

　　至於負數, 則稍微複雜一點, 因為人們可以在數字前加一個負號來表示負數, 但電腦只認 0、1 不認負號。因此負數在電腦中是用**補數** (complement) 的方式表示。二進位補數有 2 種, 先來認識最簡單的 **1 的補數表示法 (one's complement)**。

　　1 的補數表示法就是將數字每個位元換成互補的值, 也就是 1 換成 0, 0 換成 1。假設用 8 位元儲存一個數值, 則十進位數字 -3、-33 分別可表示成:

$$1 \text{ 的補數}$$

$$3 = (00000011)_2 \longrightarrow (11111100)_2 = -3$$

$$33 = (00010001)_2 \longrightarrow (11101110)_2 = -33$$

　　不過使用 1 的補數有些問題, 例如 $(00000000)_2$ 和 $(11111111)_2$ 都表示數字 0, 因此目前電腦多採用 **2 的補數表示法 (two's complement)**, 其算法很簡單, 就是將 1 的補數再加上 1, 就是 2 的補數, 例如:

$$1 \text{ 的補數} \qquad \text{加 } 1$$

$$3 = (00000011)_2 \longrightarrow (11111100)_2 \longrightarrow (11111101)_2 = -3$$

$$127 = (01111111)_2 \longrightarrow (10000000)_2 \longrightarrow (10000001)_2 = -127$$

　　這麼一來, 8 位元 (1 位元組) 的空間剛好可表示 -128～0～127 共 256 ($=2^8$) 個不同的數值。同理, 16 位元 (2 位元組) 則可表示 -32768～0～32767 共 65536 ($=2^{16}$) 個不同的數值。在 2-3 節, 就會看到 C 語言中各種資料型別與可表示的數值範圍。

2-2-3　十六進位的換算與表示

　　十六進位就是逢 16 進位的數字系統，並用到 0~9 和 A~F 來表示數字。其中 A~F 分別表示十進位的 10 (A)、11 (B)、12 (C)、13 (D)、14 (E)、15 (F)。其中 A~F 使用大寫、小寫都可以，只要一致即可。

　　雖然電腦本身是用二進位，但一長串的 0 和 1 對人們來說實在是不易閱讀，因此在程式中就常用十六進位來表示電腦中的二進位數字。因為 4 個位元剛好表示 $(0000)_2$ ~ $(1111)_2$ 的值，也就是十六進位的 0 ~ F，這樣要換算成十進位或二進位都方便許多。

十進位	二進位	十六進位	十進位	二進位	十六進位
1	$(0001)_2$	1	9	$(1001)_2$	9
2	$(0010)_2$	2	10	$(1010)_2$	A
3	$(0011)_2$	3	11	$(1011)_2$	B
4	$(0100)_2$	4	12	$(1100)_2$	C
5	$(0101)_2$	5	13	$(1101)_2$	D
6	$(0110)_2$	6	14	$(1110)_2$	E
7	$(0111)_2$	7	15	$(1111)_2$	F
8	$(1000)_2$	8			

　　同樣的，我們可用括號及右下角標示 16 來表示 16 進位數字。而換算的原理也相同，將每個位數乘上對應的 16 的 N 次方即可得到十進位值：

$$(09AB)_{16} = 0 \times 16^3 + 9 \times 16^2 + A \times 16^1 + B \times 16^0$$

$$= 0 \times 4096 + 9 \times 256 + 10 \times 16 + 11 \times 1$$

$$= 2475 \ (十進位)$$

$$(ABCD)_{16} = A \times 16^3 + B \times 16^2 + C \times 16^1 + D \times 16^0$$

$$= 10 \times 4096 + 11 \times 256 + 12 \times 16 + 13 \times 1$$

$$= 43981 \ (十進位)$$

在 C 語言中可用 0x 或 0X 為字首來表示十六進位數字 (x 為 Hexadecimal 的意思)，此外在 printf() 的參數字串 (以雙引號括住的部份)，可用 **%x** 代表要將數值以十六進位格式輸出，若用 **%#x** 表示會在數字前加上 0x 字首：

■ Ch02_02.c 在程式中使用十六進位數字

```
01  #include <stdio.h>
02
03  int main(void)
04  {
05      // 顯示十六進位數字的十進位值
06      printf("十六進位數字 0x09AB = %d \n", 0x09AB);
07      printf("十六進位數字 0xabcd = %d \n\n", 0xabcd);
08
09      // 用 %x 將 99+101 計算結果 (200) 以十六進位格式輸出
10      printf("十進位數字 99 + 101 = %x \n",  99 + 101);
11
12      // 用 %#x 表示在輸出的數字前加上 0x 字首
13      printf("十進位數字 99 + 101 = %#x \n\n",  99 + 101);
14
15      // 也可以用大寫 %X, %#X
16      printf("十進位數字 2400 + 75 = %X \n",  2400 + 75);
17      printf("十進位數字 2400 + 75 = %#X \n",  2400 + 75);
18  }
```

執行結果

```
十六進位數字 0x09AB = 2475
十六進位數字 0xabcd = 43981

十進位數字 99 + 101 = c8
十進位數字 99 + 101 = 0xc8

十進位數字 2400 + 75 = 9AB
十進位數字 2400 + 75 = 0X9AB
```

程式第 6、7 行都是單純輸出以 0x 為首的十六進位數字的十進位值。第 10、16 行則是用 %x、%X 讓 printf() 以十六進位格式顯示加法計算結果, 小寫的 %x 表示輸出的十六進位數使用小寫字母、大寫的 %X 表示使用大寫字母。

第 13、17 行則是用 %#x、%#X 讓 printf() 在輸出十六進位格式的數字時, 額外在數字前面加上 0x 或 0X 的字首, 如以上的執行結果所示。

如果想將十進位數字轉成十六進位數字, 同樣是用上一小節介紹的除法計算, 不過這次是將數值連續除以 16, 直到商數為 0。然後將計算過程中的餘數 (0~9 和 A~F), 如下由第 1 個開始由右至左排列, 即為十六進位數:

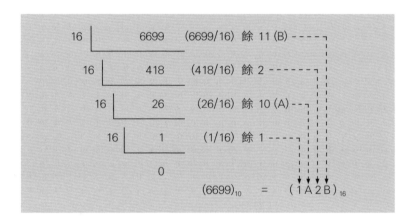

至於二進位數字要轉換成十六進位數字, 只要將二進位數從左邊開始, 以每 4 個數字一組, 轉換成對應的十六進位值 (可參考 2-9 頁的表格) 即可。例如:

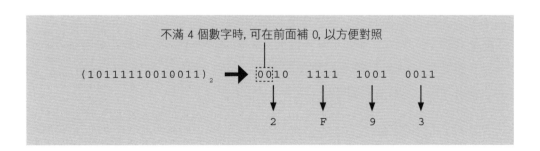

反過來將十六進位轉成二進位數字, 則是將每一位數的 0〜9 和 A〜F 數字, 換成對應的 4 位數二進位數字：

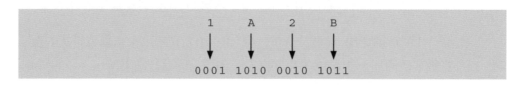

2-3 嵌入式系統常用的資料型別

寫程式時, 通常都需要處理、計算一些資料 (例如：數值、文字), 要讓程式能存取到這些資料, 就需用**變數**來存放資料。任何變數在使用之前, 都需要先**宣告**, 編譯器會根據宣告的語法, 在記憶體未使用的區域畫出一空間, 作為存取資料使用。就好像在火車站、百貨公司的寄物櫃, 要先取得置物格的鑰匙, 有了它就能隨時在該置物格放入、取出物品。

變數空間的計算單位是 byte, 隨著宣告變數時所指定的資料型別不同, 編譯器規劃 (配置) 給變數的記憶體大小也會不同。每種資料型別所佔的 byte 數, 就稱為資料型別的長度。

2-3-1 資料型別的分類與長度

C 語言的資料型別分成 5 種：

1. **char**：字元 (character) 資料型別, 可用來存放 'a'、'b'、'!' 等字元或符號。雖然名稱是『字元』型別, 但其實 char 仍算是一個存放整數的資料型別。不過其長度為 1 byte, 剛好足夠存放代表字元的 ASCII 碼 (參見附錄 A)。若以整數來看, 其數值的範圍是 -128〜127 (-2^7〜2^7-1)。

2. **int**：整數 (integer) 資料型別，如 1、2、-3。目前在個人電腦上長度為 4 bytes (也就是 32 位元)，範圍是 -2147483648 與 2147483647 間的整數 $(-2^{31}\sim2^{31}-1)$。

但在一些嵌入式系統中，由於 MCU 不同就會使各型別大小有些差異，例如許多 MCU 的 int 都只有 2 個位元組，因此可表示的數值範圍就只有 -32768～32767。因此有時為了明確表示使用 4 位元的整數，就會使用 long。

3. **long**：『長』整數，早期個人電腦及目前許多嵌入式環境，int 的大小可能只有 2 個位元組，因此要確保使用 4 位元的整數，就要用 long。有些人會寫成 "long int"。

4. **float**：浮點數 (floating point) 資料型別，如 1.1、2.22。長度為 4 bytes，範圍為 1.2e-38 與 3.4e38 間的浮點數。

為什麼稱為『浮點』數呢？回顧前一節提過二進位小數的表示，在電腦中，為方便處理，都會先將二進位小數以類似『科學記號表示法』轉成 "$\pm1.XYZ\times2^{\text{EXP}}$" 的形式，儲存時就儲存正負號、小數部份、指數部份。因此實際上，數值的小數點位置是由指數來決定，即小數點的位置是可浮動的，所以稱為浮點數。

實際上，浮點數中並不是將指數值直接儲存，而是會先加上一個固定值再儲存，以便讓固定位數的指數部份，能表示很小的小數或很大的數值，在此就不深入探討。

5. **double**：倍精數 (double precision floating point) 資料型別，也是用來存放浮點數型別，但是小數的位數、指數部份都比 float 多，因此精確度更高、可表示的數值也更大。長度為 8 bytes，範圍為 2.2e-308 與 1.8e308 間的浮點數。

在 C 語言中可以用 sizeof() 算符得到資料型別的長度，在括號內放入資料型別的名稱，就可以得到該型別的長度。如下：

```
sizeof(char)    ◄──── char    型別的長度
sizeof(int)     ◄──── int     型別的長度
sizeof(float)   ◄──── float   型別的長度
sizeof(double)  ◄──── double  型別的長度
```

■ Ch02_03.c 從螢幕輸出各種型別的長度

```
01  #include <stdio.h>
02
03  int main(void)
04  {
05    printf("char    型別的長度: %d\n",sizeof(char));
06    printf("int     型別的長度: %d\n",sizeof(int));
07    printf("long    型別的長度: %d\n",sizeof(long));
08
09    printf("float   型別的長度: %d\n",sizeof(float));
10    printf("double  型別的長度: %d\n",sizeof(double));
11  }
```

執行結果

```
char    型別的長度: 1
int     型別的長度: 4
long    型別的長度: 4
float   型別的長度: 4
double  型別的長度: 8
```

資料型別會因為電腦與編譯器的位元數不同，而被配置的型別長度也隨之不同。在一般個人電腦上，各型別大小大致都與上面執行結果相同。

為了確保資料型別的大小一致，讓程式在不同平台上都可使用，或避免因平台不同而發生錯誤，可使用型別修飾字。

資料儲存的順序：Little Endian 與 Big Endian

就像置物櫃有編號, 每個編號的鑰匙可開啟對應櫃子一樣, 在電腦中, 記憶體中每個位元組都有個編號, 稱為**位址**, 指定某個位址, 就能取得該位址的資料。當需要用多個 Byte 組成資料時, 例如組成一個 int 整數, 會有資料排列的問題。如果是像下圖這樣, 將數值小的部份放在位址低的記憶體、數值大的部份放在位址高的記憶體, 就稱為 Little Endian：

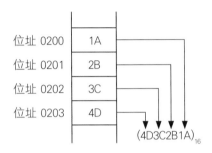

如果是像下圖, 將數值小的部份放在位址高的記憶體、數值大的部份放在位址低的記憶體, 就稱為 Big Endian：

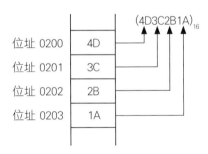

在一般程式中並不需顧慮 Little Endian 與 Big Endian 的問題, 但如果程式需要與外界通訊, 與其它系統互傳資料, 就要注意彼此系統的資料排列方式, 否則將彼此傳送/接收的位元組以錯誤的順序排列, 就會造成資料解讀錯誤。一般電腦使用的 x86 系列微處理器都是使用 Little Endian。

2-3-2 整數型別的修飾字

除了 4 種基本型別外，宣告整數型別的變數時，可以加上修飾字，來改變整數資料的範圍與長度。修飾字有 3 種：

1. **short**：short int 將整數資料型別 (int) 的長度改成 16 位元的長度 (2 bytes)。在個人電腦上，現今的編譯器大都屬於 32 位元，也就是說如果宣告時沒有加修飾詞，編譯器會自動以 32 位元的方式來處理 int (4 bytes)。不過請注意，並沒有 short long 這樣的寫法。

2. **long**：如前所述，long 本身可當成『長』整數型別，亦可當成修飾字。例如前面介紹過的 long int，而在 C99 時又增加一個 long long 的 8 位元組整數，可表示 -9223372036854775808～9223372036854775807 之間的數值。

3. **unsigned**：unsigned 不會改變資料長度，可是會更改 C 語言對整數資料的詮釋方式。以 4 個 byte 的 int 為例，原本 int 的資料範圍是 -2147483648～2147483647；但 unsigned int 的資料範圍則變成 0～4294967295。

使用修飾詞時，要將修飾詞加在整數型別前。unsigned 可與其他兩個修飾詞一起使用，但是 long 與 short 不能同時使用：

```
short int age;              ◀── 1 6 位元整數型別的年齡變數
long int population;        ◀── 32 位元整數型別的人口數變數
unsigned int years;         ◀── 正整數型別的年份變數
unsigned long int days;     ◀── 正整數 32 位元型別的日數
```

■ Ch02_04.c 印出各種加上修飾詞型別的長度

```c
01 #include <stdio.h>
02
03 int main(void)
04 {
05   printf("short int 的長度: %d\n",sizeof(short int));
06   printf("long int 的長度: %d\n",sizeof(long int));
07   printf("long long 的長度: %d\n",sizeof(long long));
08
09   printf("unsigned short int 的長度: %d\n",
```

接下頁

```
10              sizeof(unsigned short int));
11    printf("unsigned long int 的長度: %d\n",
12              sizeof(unsigned long int));
13    printf("unsigned long long 的長度: %d\n",
14              sizeof(unsigned long long));
16
17    return 0;
18 }
```

執行結果

```
short int 的長度: 2
long int 的長度: 4
long long 的長度: 8
unsigned short int 的長度: 2
unsigned long int 的長度: 4
unsigned long long 的長度: 8
```

各種型別的長度以及數值範圍整理如下：

資料型別	長度 (bytes)	數值範圍
int	4 (32 bits)	$-2147483648 \sim 2147483647$ $(-2^{31} \sim (2^{31}-1))$
short int	2 (16 bits)	$-32768 \sim 32767$ $(-2^{15} \sim (2^{15}-1))$
long int	4 (32 bits)	$-2147483648 \sim 2147483647$
unsigned int	4 (32 bits)	$0 \sim 4294967295$ $(0 \sim (2^{32}-1))$
unsigned short int	2 (16 bits)	$0 \sim 65535$ $(0 \sim (2^{16}-1))$
unsigned long int	4 (32 bits)	$0 \sim 4294967295$ $(0 \sim (2^{32}-1))$
char	1 (8 bits)	$-128 \sim 127$ $(-2^{7} \sim (2^{7}-1))$
float	4 (32 bits)	$1.2e{-}38 \sim 3.4e38$
double	8 (64 bits)	$2.2e{-}308 \sim 1.8e308$

　　超過資料型別數值範圍的數值，將無法正確的被儲存。也就是說，該數值存入變數空間後，會發生溢位 (Overflow，參見 2-6 節) 或其它錯誤。

C99 的固定寬度資料型別

由於像 int 這些資料型別, 會因為系統、編譯器的位元數不同, 而被配置的空間 (位元組數) 不同, 有時會造成困擾, 所以在 C99 中透過含括檔 inttypes.h、stdint.h 定義了如下的固定寬度資料型別:

資料長度	型別名稱
8 位元	int8_t / uint8_t
16 位元	int16_t / uint16_t
32 位元	int32_t / uint32_t
64 位元	int64_t / uint64_t

其中 u 開頭的表示是 unsigned 的資料型別。在程式中只要含括 #include <inttypes.h> 或 #include <stdint.h> (擇一使用), 即可在程式中使用上列資料型別。

有些不支援 C99 的嵌入式系統編譯器, 也支援部份的固定寬度資料型別, 但可能不支援像 32 位元、64 位元這麼大的資料型別。

2-4 變數名稱與保留字

如上一節所述, 變數就是指編譯器規劃用來存放資料的記憶體空間。所以在使用變數之前, 必須透過『宣告變數』的方式, 告訴編譯器, 我們想利用此變數來存放哪種型別的資料, 以及如何稱呼這塊規劃出來的空間。

2-4-1 變數的命名

對於變數名稱的命名, 需要遵守幾個原則:

● 變數名稱可以為任何英文字母或數字，而且字母與數字可以混合使用，但是不可單使用數字，或者用數字當變數的第一個字元；也不可使用字母或數字以外的文字，如中文。例如：

```
aa        ←── 合法
aa1       ←── 合法
1aa       ←── 不合法，不能以數字開始
111       ←── 不合法，不能以純數字當變數名稱
變數01     ←── 不合法，不可以使用中文當變數名
```

● 其他符號除了底線 (_) 之外都不能用，底線 (_) 可以為第一個字元：

```
_a        ←── 合法
_aa       ←── 合法
aa_11     ←── 合法
$%aa@     ←── 不合法，不可以使用 $、%、@ 符號作為變數
```

● 在 C 語言中，英文大小寫是有分別的，如果有 2 個變數，其名稱的英文字大小寫不同，這兩個變數將被視為不同變數。例如說 AA 不等於 aa、MyAge 不等於 myage。如以下範例：

■ Ch02_05.c 取變數名稱的練習

```
01 #include <stdio.h>
02
03 int main(void)
04 {
05   int myage=10;   // 宣告整數變數 myage，並指定數值為 10
06   int Myage=20;   // 宣告整數變數 Myage，並指定數值為 20
07   int MyAge=30;   // 宣告整數變數 MyAge，並指定數值為 30
08
09   printf("myage= %d\n",myage);
10   printf("Myage= %d\n",Myage);
11   printf("MyAge= %d\n",MyAge);
12
13   return 0;
14 }
```

```
myage= 10
Myage= 20
MyAge= 30
```

● 不可以使用**保留字 (Keyword)** 作為變數名稱。保留字，就是指對編譯器而言，這些字有其特定的涵義，如果使用這些保留字來作為變數名稱，則會造成編譯錯誤：

auto	_Bool	break	case	char
_Complex	const	continue	default	do
double	else	enum	extern	float
for	goto	if	_Imaginary	inline
int	long	register	restrict	return
short	signed	sizeof	static	struct
switch	typedef	union	unsigned	void
volatile	while			

 TIP _Bool、_Complex、_Imaginary、inline、restrict 是 C99 新增的保留字。

取變數名稱請依照以上四點原則，並儘量取有意義的名字，讓程式更容易被理解，例如：

年齡	: age、myAge
姓名	: name、myName
身分證字號	: id 、id_Number

如果變數的用途只是單純的數字而沒有特別意義，如數學函式中的 x，也請加上註解說明每一個變數的用途。

2-4-2　宣告變數

變數是由編譯器配置來存放資料的記憶體空間。所以，宣告變數的動作 (也可有人說是**定義**變數)，也就是告訴編譯器，請配置並保留一塊記憶體空間，其大小與宣告變數時指定的資料型別之長度相同 (例如宣告為 int 型別的變數就配置 4 bytes、宣告為 double 型別的變數就配置 8 個 bytes)。

變數的宣告語法

宣告變數的語法如下：

```
資料型別  變數名稱 [ , 變數名稱 1 ] [ , . . . ];
```

介紹語法時, 方括號〔 〕的部份表示是選用 (option) 語法, 此處表示可『用逗號分開多個變數名稱, 一次宣告多個變數』

變數應宣告為何種型別，完全視該變數的用途、存放資料的需求而定。例如我們想要宣告一個叫做 value 的變數時，可如下宣告：

```
int value;        ◄──  整數型別
float value;      ◄──  浮點數型別
double value;     ◄──  浮點數型別
char value;       ◄──  字元型
```

變數名稱請依照 2-4-1 節說明的原則來命名。如果有很多同型別的變數需要宣告時，可以宣告在同一行，每個變數名稱用逗點隔開，最後以分號結尾：

```
int a, b, c, d;
```

或者也可以一個變數寫一行：

```
int a;
int b;
int c;
int d;
```

如果是不同型別的變數，也可以寫成如下形式：

```
int a;  float b;  char c;  double d;
```

3 種宣告方式都是合法的，在此建議可將相同性質的變數以第 1 種方式宣告在一起，再以第 2 種方式分類，可讓程式更容易被理解：

```
int year, month, day ;   // 日期類

int number, sum;          // 數字類

float height, weight;    // 身高體重類
```

變數宣告的位置：函式開頭

變數一定要在使用之前宣告，在 C99 之前，變數宣告必須放在函式大括號內的最前面。例如：

```
int main(void)
{
  int MyAge;    // 在函式開頭宣告變數
  ...
}
```

以往若不遵照此規則，先寫了別的程式敘述 (例如先呼叫 printf() 輸出訊息)，再宣告變數，在編譯時會產生 "Declaration is not allowed here" 的錯誤，意思是說變數不允許宣告在此。C99 解除了此項限制，但目前仍有些編譯器不支援此用法。以下就是在函式開頭，及中間都宣告變數的例子：

■ Ch02_06.c 在不同位置宣告變數

```
01 #include <stdio.h>
02
03 int main(void)
04 {
05   int variable1 = 15;        // 宣告整數型別的變數
06   float variable2 = 64.75;// 宣告浮點數型別的變數
07
```

接下頁

```
08    printf("variable1= %d\n",variable1);
09    printf("variable2= %f %e\n",variable2,variable2);
10
11    char variable3='A';          // 在函式中間宣告字元型別的變數
12    printf("variable3= %c\n",variable3);
13
14    return 0;
15  }
```

執行結果

```
variable1= 15
variable2= 64.750000 6.475000e+001
variable3= A
```

　　第 5〜6 行是在函式開頭宣告變數，第 11 行則在非宣告的程式敘述後面又宣告新的變數。注意有些 MCU 的編譯器並不支援此種用法，所以一定要在第 8 行呼叫 printf() 之前將所有變數宣告完畢。否則就要在函式之前宣告變數 (參考下頁)。

　　第 9 行呼叫 printf () 函式時，在指定輸出的雙引號字串 "..." 中，使用了 2 個輸出格式控制符號 (%f 和 %e)，並在逗號後面指定 2 個要輸出的變數 variable2、variable2。利用此種方式，我們可利用 printf() 函式同時輸出多個變數值，就本例而言，"..." 中的第 1 個 %f (以浮點數 - 小數點格式輸出) 對應的是逗號後的第 1 個 variable2、第 2 個 %e (以指數方式表示浮點數) 則對應第 2 個 variable2：

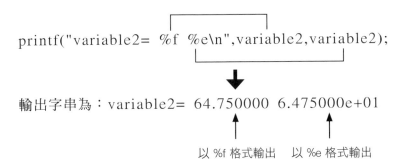

至於第 12 行所用的輸出格式控制符號 %c，表示以字元格式輸出。也就是將指定變數的值當成 ASCII 碼 (參見附錄 A)，然後輸出該 ASCII 碼所對應的字元。

變數宣告的位置：函式之前

另外也可將變數宣告放在程式的 #include 前處理指令之後，以及所有函式上方：

```
#include < s t d i o . h >
int MyAge;  ◀── 變數宣告在此

int main(void)
{
  ...
}
```

用此方式宣告的變數稱為外部變數，在第 13 章會進一步說明。

2-4-3　變數的值

變數的功能就是用來存放資料 (數值)。指定變數值的方式有兩種，一是在宣告變數的同時，便將數值指定給變數，稱為變數的 **初始值**；另一種方法則是事後指定。

設定初始值

在大部分的程式中，會在宣告變數的同時給予該變數初始值。如下：

■ Ch02_07.c 輸出飲料的售價

```
01 #include <stdio.h>
02
03 int main(void)
04 {
05   int coffee = 80,tea = 65; // 宣告整數變數並給予初始值
06   int cup=1;
07
```

接下頁

```
08    printf("咖啡 %d 杯 %d 元\n",cup,coffee);   // 輸出變數值
09    printf("紅茶 %d 杯 %d 元\n",cup,tea);      // 輸出變數值
10
11    return 0;
12 }
```

執行結果

```
咖啡 1 杯 80 元
紅茶 1 杯 65 元
```

上面的例子只設定整數變數初始值, 浮點數變數的設定方式也相同, 例如:

```
float  f = 1.23;     // 將 f 的初值設為 1.23
double d = 4.56789;  // 將 d 的初值設為 4.56789
```

若要設定字元變數的初值, 則需將該字元初值放在單引號 (') 中, 例如:

```
char c1 = 'A' ; // 將 c 1 的初值設為大寫的 'A'
char c2 = 'z' ; // 將 c 2 的初值設為小寫的 'z'
char c3 = '#' ; // 將 c 3 的初值設為符號 '#'
```

如果未給初始值, 可能會產生無法預知的結果, 有的編譯器會出現警告, 有的編譯器會印出一些數值。這些數值很有可能是其他程式使用完後, 殘留在電腦記憶體中的結果, 而下一個程式所宣告的變數又剛好分配到同一段的記憶體空間。我們來看一個沒給初始值的執行結果:

■ Ch02_08.c 未給初始值的執行結果

```
01 #include <stdio.h>
02
03 int main(void)
04 {
05   int income,outgo,balance;    // 宣告變數而不給予初始值
06   printf("收入 %d\n",income);   // 將變數值從螢幕輸出
07   printf("支出 %d\n",outgo);
08   printf("結餘 %d\n",balance);
09
10   return 0;
11 }
```

收入 0
支出 1
結餘 0

在程式中間指定變數值

變數的值也可以在宣告之後, 再於程式中指定。指定變數值的語法其實就和
設定初值時一樣, 其格式為『變數名稱 = 變數值;』。如果已經指定數值給某個
變數作為初始值, 然後又指定另一個數值給該變數時, 第 2 次指定的數值會蓋過
第 1 個數值:

■ Ch02_09.c 在程式中指定新的變數值

```
01 #include <stdio.h>
02
03 int main(void)
04 {
05    int coffee = 80;    // 宣告整數變數並給予初始值
06    printf("咖啡原價一杯 %d 元\n",coffee);
07
08    coffee=100;
09    printf("現在漲價了, 一杯 %d 元\n",coffee);
10
11    return 0;
12 }
```

執行結果

咖啡原價一杯 80 元
現在漲價了, 一杯 100 元

在指定變數值時, 也可以像本章先前用過的例子, 直接將算式指定給變數,
例如 "a=1+2;", 此時程式會先算出算式的結果 3, 再將此結果指定給變數。

2-5 使用常數

在程式中使用各種數值、資料時，經常會用到一些固定不變的內容，例如圓週率 π、萬有引力常數 G、您的伺服器 IP 位址等等。要表示這些資料，且希望它們不會被變動成其它數值，就要使用常數。

2-5-1 字面常數 (Literal Constant)

其實我們一直在使用的常數，程式中寫了 "int i=100;"，這個 100 就稱為字面常數，常用的形式有如下 3 種：

1. **整數**：不含小數點的數，如 -1、0、1。若要用十六進位表示，需在數字前加 0x，例如 0x1A2B。另外，有些編譯器 (例如 GCC) 還支援在數字前加 0b 來表示二進位，例如 0b1111。

2. **浮點數**：含小數點的數，如 1.1、-2.1。若要表示很大或很小的數字，可在數字後接字母 e (大小寫均可) 再接數字 XXX，表示將原本的數字乘上 10 的 XXX 次方：

```
1.379E5  ◀── 表示 1.3 乘上 10 的 5 次方，也就是 137900
2.68e-3  ◀── 表示 2.68 乘上 10 的 -3 次方，也就是 0.00268
```

3. **字元**：由單引號括住的字母或符號、如 'a'、'b'、'$'。

2-5-2 定義常數 (Symbolic Constant)

如果有個字面常數要在程式中用到多次，可以替它取個名稱，並定義成**定義常數 (Symbolic Constant)**。定義的語法如下：

```
#define 常數名稱 常數值
```

1. **常數名稱**：可為任何字母的組合，但為了區別於變數名稱，大多以大寫字母命名，如 SIZE、AGE。

2. **常數值**：即為前述之字面常數。

比如說：

```
#define SIZE 512    ◀—— 定義 SIZE 為 512
#define AGE 18      ◀—— 定義 AGE 為 18
```

讀者應該已發現，#define 和上一章介紹的 #include 都是以 # 開頭，表示 #define 也是前置處理指令。而用 #define 定義常數的意思，就是請前置處理器將原始程式中，從 #define 指令這一行下面開始，所有與常數名稱相同的字串，都代換成常數值。例如 "#define SIZE 512" 就會使程式中的 SIZE (請注意大小寫)，在編譯之前就先代換成 512。所以如果程式中有如下敘述：

```
int x;
...
x = 100 * SIZE;
```

在經過前置處理器處理後 "x = 100 * SIZE;" 就會變成 x = 100 * 512;" 了，並交由編譯器進行編譯。換言之，編譯器根本『不認識』SIZE 常數，因為 SIZE 在編譯前就已被代換成 512 這個字面常數了。

定義常數可以在程式內的任何任何位置，如下：

```
#define ...     ◀—— 可以定義在此
#include < ... >
#define ...     ◀—— 可以定義在此
...
int main (void)
{
  ...
  #define ...    ◀—— 可以定義在此
  ...
}
```

但一定要在使用前定義，因此習慣上都是將 #define 和 #include 一起都放在程式的開頭。如以下範例，將計算圓形的面積所需的圓周率定義在程式的開頭，程式再以圓周率乘半徑的平方來求圓面積：

■ Ch02_10.c 計算圓形面積

```
01  #include <stdio.h>
02  #define PI 3.14159   // 定義圓週率
03
04  int main(void)
05  {
06    printf("圓形面積 %f \n",PI*5*5);   // 計算半徑為 5 的圓之面積
07
08    return 0;
09  }
```

執行結果

圓形面積 78.539750

第 6 行呼叫 printf() 函式的部分，使用到的 %f 控制符號，其功能是將指定的變數以浮點數的格式輸出，適用於要輸出 float、double 型別的變數。若仍用第 1 章所學的 %d 來輸出，將會造成結果不正確。

再次提醒，定義常數的值，一旦經過定義完成後，便無法更改其值，由程式開始到結束，常數值都相同。如範例 Ch02_01.c 中，已經定義成 3.14159 的 PI 就不能再被更改成其他的數值，如果突然想改用 3.14 而寫了如下的敘述：

```
PI = 3.14;
```

則在編譯時，編譯器會提示此行敘述有錯誤，例如在 Dev-C++ 中會顯示："lvalue required as left operand of assignment"。這個錯誤發生的原因相信大家都很清楚，因為 "PI = 3.14;" 在編譯之前，已先被前置處理器代換成 "3.14159 = 3.14;"，從 C 語言的角度看，這行敘述是想把 "3.14" 這個字面常數的值，指定給另一個字面常數 "3.14159"，因此當然無法編譯成功。

 lvalue 有人翻譯為左值 (left value)，表示是可放在等號左邊被指定數值的變數。

2-5-3 使用 const 修飾詞定義常數

我們也可在宣告變數時，在宣告語法前加一修飾詞 **const**，這會使變數值變成無法更改，也就是讓這個『變數』變成常數，格式如下：

```
const 資料型別 變數名稱 = 初始值;
```

1. **資料型別**：可為前述面介紹過的任何一種資料型別，如 int、float、double 或 char。

2. **變數名稱**：在此仍稱為變數名稱而不稱常數名稱，是因為此種常數定義方式是宣告變數時加上 const 修飾的結果，用以區別 #define 方式一開始便宣告成常數的方式。

3. **初始值**：定義 const 時，一定要指定初始值，其值到程式結束均不可改變。若是加上 const 修飾詞的同時，未指定任何數值給該變數名稱，則一直到程式結束，該變數均無任何值，也無法指定任何數值給它。

加上 const 的變數無法修改其值，如以下範例：

■ Ch02_11.c 變更有加上 const 修飾詞的變數值

```
01  #include <stdio.h>
02
03  int main(void)
04  {
05     const char i=5;
06     i=10;       // 指定新值給 const 變數
07     printf("%c",i);
08
09     return 0;
10  }
```

這個程式無法編譯成功，在 Dev-C++ 中會顯示第 6 行程式有 "[Error] assignment of read-only variable 'i'" 的錯誤，意思就是說，經過 const 修飾後，i 的值是唯讀 (read-only) 的，不能修改。

2-6 嵌入式系統的溢位錯誤

前面介紹過各資料型別都有其範圍，若在使用變數的過程中，讓變數值大小超出範圍，就會發生溢位 (Overflow) 錯誤。參見以下的範例：

■ Ch02_12.c 讓變數值超出範圍

```
01 #include <stdio.h>
02
03 int main(void)
04 {
05   char x = 127;
06   x = x + 1;  // 127+1, char 最大值加 1
07   printf("x = %d\n",x);
08
09   unsigned char y = 0;
10   y = y - 1;  // 0-1, unsigned char 最小值減 1
11   printf("y = %d\n",y);
12
13   float z = 3.4e38;
14   z = z * 10;  // 3.4e38*10, float 最大值乘 10
15   printf("z = %f\n",z);
16
17   return 0;
18 }
```

執行結果

```
x = -128
y = 255
z = 1.#INF00
```

第 5 行宣告的 char 型別的變數 x，並將之設為最大值 127。接著將它加 1 並輸出，結果看到的是 -128。用 2 進位表示相當於 $(0111\ 1111)_2$ 加 1 變成 $(1000\ 0000)_2$，就是 -128 的 2 的補數表示法。這種情況即稱為 Overflow (向上溢出)。

第 9 行宣告無號的 unsigned char 型別變數 y, 並將之設為最小值 0。接著將它減 1 並輸出, 結果看到的是 255。這種情況即稱為 Underflow (向下溢出)。

第 13 行宣告浮點數 float z 又是另一種情況, 將 z 再乘上 10, 輸出奇怪的文字 "1.#INF00", 使用不同編譯器可能會看到不同文字, 基本上都代表浮點數計算溢出的錯誤。

在個人電腦上的程式, 通常可利用 long、double 等範圍較大的型別來避免溢出錯誤。但在許多記憶體空間有限的嵌入式系統上, 不一定有足夠空間讓我們使用一堆 long、double 變數, 而只能『省吃儉用』地使用 char、unsigned char、float 等資料型別, 這時候就要注意不要讓程式計算結果溢位, 造成程式執行結果不正確。

2-7 變數型別的轉換

在程式執行過程中, 變數值的改變是必然的。可是在做某些運算時, 可能需要連變數的型別也改變。比如說, 一開始宣告整數型別的變數, 但做除法運算時商可能會有小數部分 (例如 5/2), 在這種情形下, C 語言並不像人一樣聰明, 會算出含小數的商 (2.5), 而是會因為參與除法運算的 2 個變數都是整數型別, 所以得到的商也是整數 (2), 造成運算結果偏差。

在這種情況下, 我們必須用浮點數型別來代替原來的整數型別, 才能正確的計算出小數部分。此時就需做變數的**型別轉換 (casting)**, 轉換的語法如下:

（新型別） 變數名稱

例如要把整數型別的變數 x 轉成浮點數型別, 只需寫成 "(float) x", 這樣就轉型成功了。

2-7-1　整數轉成浮點數

在作四則運算時，最麻煩的可能就是除法了，因為整數不管再怎麼作加、減、乘，得到的一定還是整數。可是除法就不一定了，因為商可能會有浮點數出現。遇到這種情形時我們就可以用轉換型別的方法來處理。如下：

```
int iNum;          ◄──── 變數宣告成整數型別
...
(float) iNum;  ◄──── 將整數型別變數轉成浮點數型別
```

看看以下的範例：

■ Ch02_13.c 比較轉型前後的商值

```c
01 #include <stdio.h>
02
03 int main(void)
04 {
05   int iNum1 = 7;   // 宣告整數變數並給予初始值 7
06   int iNum2 = 3;   // 宣告整數變數並給予初始值 3
07   float answer;    // 宣告整數變數用來接受運算結果值
08
09   answer = iNum1 / iNum2;   // 算出兩個整數相除的商
10   printf("未轉型別前的商值 = %f\n",answer);
11
12   // 算出浮點數(轉型後的整數)與整數相除的商
13   answer = (float) iNum1 / iNum2;
14   printf("轉型別後的商值    = %f\n",answer);
15
16   return 0;
17 }
```

執行結果

```
未轉型別前的商值 = 2.000000
轉型別後的商值   = 2.333333
```

1. 第 9 行的 iNum1、iNum2 兩個變數都是整數型別。相除後所得到的商只有整數部分，小數部分全部被截斷。

2. 第 12 行的 (float) iNum1 由 int 型別轉換成 float 型別後，再被整數型別的 iNum2 除。也就是說，變成了浮點數被整數除。如此一來，所得到的商就會有小數部分。

3. 第 12 行的算式，不可以寫成 (float)(iNum1/iNum2)。因為，此算式會先做整數型別的變數相除，結果只保留了整數部分的商，小數點部分全被截斷。如此一來，再將商轉成浮點數型別也無意義了。

兩個不同型別的變數做運算，結果會自動轉換成範圍較大的型別 (範圍 double > float> int)。所以兩整數做運算時,只需要將其中一整數的型別轉成浮點數就行了。

2-7-2 浮點數轉成整數

如果將浮點數型別強制轉換成整數，則程式會將小數點後的所有位數直接捨去 (不會作四捨五入的運算)，只會留下整數部分。如以下例子：

```
■ Ch02_14.c 輸出除法運算的結果
01  #include <stdio.h>
02
03  int main(void)
04  {
05    float f;    // 將變數 f 宣告成 float 型別
06    f = 3/2;     // 此處會得到 f = 1.5
07    printf("%d",(int)f); // 將 f 轉成整數型別後從螢幕輸出
08
09    return 0;
10  }
```

執行結果

```
1
```

如果 f 以原來 float 的資料型別所得到的商是 1.5，可是在第 7 行處輸出變數 f 時已先將它轉成整數型別，因此輸出時會捨去小數點後的位數，所以執行結果等於 1。

2-7-3　數字和字元間的轉換：字元轉數字

前面說過，char 型別的變數，其實算是 1 個 byte 的整數，換言之，變數中所存放的是該字元或符號的 ASCII 碼。

而利用轉型的方法，可以將字元變數，轉成數字型別輸出 (也就是輸出其 ASCII 碼)。如以下範例：

■ Ch02_15.c 將字元轉成相對的數字後印出

```
01  #include <stdio.h>
02
03  int main(void)
04  {
05    char i = 'A';  // 宣告字元變數 i
06    char j = 'z';  // 宣告字元變數 j
07
08    printf("字元 A 的 ASCII 碼為 %d \n",(int)i);
09    printf("字元 z 的 ASCII 碼為 %d \n",(int)j);
10
11    return 0;
12  }
```

執行結果

```
字元 A 的 ASCII 碼為 65
字元 z 的 ASCII 碼為 122
```

如執行結果所示，字元 A 在 ASCII 對照表上，所對應的數值是 65；而字元 z 對應的數值是 122。

2-7-4　數字和字元間的轉換：數字轉字元

由 Ch02_15.c 中我們已經學會字元轉數字的方法，接著再利用相同的技巧，將整數變數轉成字元型別，如以下範例：

■ Ch02_16.c 將數字轉成相對的字元後印出

```
01  #include <stdio.h>
02
03  int main(void)
04  {
05    int i = 65;   // 宣告整數變數 i
06    int j = 122;  // 宣告整數變數 j
07
08    printf("數字 %d 相對的字元為 %c \n", i, (char)i);
09    printf("數字 %d 相對的字元為 %c \n", j, (char)j);
10
11    return 0;
12  }
```

執行結果

　　數字 65 相對的字元為 A
　　數字 122 相對的字元為 z

1. 下列何者不是 C 語言的變數型別

   (1)int (2) float (3)index。

2. 下列何者不是宣告變數時一定要具備的語法 (不會產生編譯錯誤)

   (1) 資料型別 (2) 變數名稱 (3) 初始值。

3. 變數的值 (可以 / 不可) 改變, 常數的值 (可以 / 不可) 改變。

4. 整數與字元間的轉換對照表, 我們稱之為 ＿＿＿＿＿＿ 對照表。

5. 請依序寫出 unsigned short int、char、double 三個型別的變數長度。

6. 以下哪些變數名稱合法？合法的請打勾, 不合法請說明理由。

   (1) abc ＿＿＿＿＿＿

   (2) _abC ＿＿＿＿＿＿

   (3) F10 ＿＿＿＿＿＿

   (4) 1x1 ＿＿＿＿＿＿

   (5) x1x ＿＿＿＿＿＿

   (6) ?h ＿＿＿＿＿＿

   (7) char ＿＿＿＿＿＿

   (8) Money ＿＿＿＿＿＿

   (9) I_LOVE_C ＿＿＿＿＿＿

7. 以下哪些變數宣告合法？合法的請打勾, 不合法請說明理由。

   (1) int aa; ＿＿＿＿＿＿

   (2) int float aa; ＿＿＿＿＿＿

   (3) unsigned float; ＿＿＿＿＿＿

(4) char aa = a; _____

(5) int int; _____

(6) double 11; _____

(7) int ThisIsAnInteger _____

8. 請針對以下的文字敘述作有意義的變數名稱宣告，並給予初始值。

   (1) 學生 35 人 (2) 學生座號 35 號 (3) 課程代號 1034 (4) 大寫字母 A

9. 請寫出下面程式中變數 c 在各階段的值。

```c
#include <stdio.h>
int main(void)
{
  int c = 0; _____
  c = 20; _____
  c = 10 + 5; _____
  c = 10 - 5; _____
  printf(" 變數 c 最後的值為 %d",c); _____
  return 0;
}
```

10. 若宣告 float a;, 請寫出下面運算式中 a 的值。

   (1) a = 15 / 7; _____

   (2) a = 15.0 / 7; _____

   (3) a = 15 / 7.0; _____

   (4) a = 15.0 / 7.0 _____

1. 試寫一個程式, 定義常數 SIZE 為 10, 然後由螢幕輸出 SIZE 的值。

2. 試寫一個程式, 宣告變數 int a=10、float b=101.7、char c='c', 然後由螢幕輸出這 3 個變數的值。

3. 試寫一個程式計算矩形面積, 程式中需定義常數：矩形的長為 10、寬為 5。

4. 試寫一個程式, 計算 3 + 2 的和。

5. 試寫一個程式, 計算 3 / 2 的商 (結果需包含小數點)。

6. 已知 f=1*2*3*4*5 試寫一程式求出 f。

7. 已知 f=5*2+1/10 試寫一程式求出 f。

8. 試寫一個程式, 宣告三個整數變數, 初值分別為 95、74、81, 並計算出 3 個變數的平均數後輸出, 平均值請包含小數點。

9. 試寫一個程式輸出結果如下。交換前 a=10, b=20, c=30; 交換後 a=30, b=10, c=20;

10. 試寫一程式, 利用 ASCII 碼, 將小寫字母 z , 轉換成大寫字母 Z, 然後從螢幕輸出。

Memo

03

基本輸出與
輸入的方法

學習目標

- 學習各種輸出與輸入函式的使用方法

- 學習如何設定從螢幕輸出的格式

- 學習如何設定由鍵盤輸入的格式

- 認識嵌入式系統基本的輸出入方式

初學 C 語言時，最常用到的函式，就是輸入與輸出類的函式，因為透過這些函式才能將執行結果顯示出來，或是將想處理的資料輸入到程式中。本章將介紹幾個 stdio.h 中宣告的基本輸出、輸入函式，讓讀者能對資料輸出入的技巧更熟練。

3-1 螢幕顯示與輸出格式

從第 1 章開始，我們就一直利用 printf() 在螢幕上輸出程式執行結果，現在要更深入認識 printf() 的功能和用法。

3-1-1 printf() 的輸出格式控制

printf() 稱為『格式化』輸出函式，也就是說它可以將變數、運算式的結果等等，以指定的格式輸出，其語法如下

```
printf("格式化字串", 變數名稱1, 變數名稱2, 變數名稱3 ...);
```

第 1 個參數稱為**格式化字串**，因為在這個字串中，可使用包含控制輸出格式的控制符號。逗號後面可加入『任意數量』的參數 (所以用 ... 表示)，只要在格式化字串中有指定對應數量的控制符號 (後詳)，這些參數值都會被用在格式化字串中輸出。

像第 2 章範例中，用到以 '%' 為開頭的控制符號 %d、%f 指定輸出十進位整數、浮點數格式，下表列出幾個常見的輸出格式：

控制符號	說明	適用之型別
%d	十進位的整數	int
%u	無正負號的十進位整數	unsigned int
%o	無正負號的八進位整數	unsigned int
%x	無正負號的十六進位整數 (英文部分小寫 a-f)	unsigned int

接下頁

控制符號	說明	適用之型別
%X	無正負號的十六進位整數 (英文部分大寫 A-F)	unsigned int
%f	浮點數 (小數點表示法)	float, double
%e	浮點數 (科學符號表示法, 指數使用小寫 e)	float, double
%E	浮點數 (科學符號表示法, 指數使用大寫 E)	float, double
%g	輸出 %f 與 %e 長度較短者	float, double
%G	輸出 %f 與 %E 長度較短者	float, double
%c	輸出字元型別的資料	char

複習一下第 2 章用過的內容, 當格式化字串中出現上列控制字元時, printf() 就會將格式化字串後面所列的參數值, 以指定輸出格式代入控制符號的位置, 再輸出完整的字串內容:

```
printf("%d", i)          ◀—— 從螢幕輸出變數 i 的值, 不論變數 i 的資料
                              型別為何, 結果數值都會以整數來表示

printf("%f %f", i, j)    ◀—— 從螢幕輸出變數 i、j 的值, 不論變數 i、j
                              的資料型別為何, 結果數值都會以浮點數來表示
```

 若要用 printf() 輸出百分比符號 %, 必須用 2 個 % 表示, 例如 printf("%%");。

 printf() 也有傳回值, 也就是函式實際輸出的字元數, 不過平常較少用到。

我們可由如下的範例來了解輸出格式與輸出結果的關係, 程式中先把變數 i 的初始值設定為 10 並以 %d 與 %f 輸出結果, 如下:

■ Ch03_01.c 設定 printf() 的輸出格式後, 從螢幕輸出結果

```
01 #include <stdio.h>
02
03 int main(void)
04 {
```

接下頁

```
05    int i=10;
06    printf("%d",i);   // 以整數的格式從螢幕輸出
07    printf("\n");      // 換行
08    printf("%f",i);   // 以浮點數的格式從螢幕輸出
09
10    return 0;
11 }
```

```
10
0.000000
```

我們將整數型別的變數 i 以整數格式 %d 與浮點數格式 %f 輸出，執行結果如上所示，整數格式能完整且正確地把變數 i 的初始值 10 從螢幕輸出；但是以浮點數格式輸出的結果卻是 0.000000，這是格式不符的結果。我們把情形反過來改用浮點數型別的變數來試驗看看，如下：

■ Ch03_02.c 設定 printf() 的輸出格式後, 從螢幕輸出結果

```
01 #include<stdio.h>
02
03 int main(void)
04 {
05    float j=10.01;
06    printf("%d",j);   // 以整數的格式輸出
07    printf("\n");      // 換行
08    printf("%f",j);   // 以浮點數的格式輸出
09
10    return 0;
11 }
```

```
-1073741824
10.010000
```

如結果所示，只有浮點數的輸出格式 %f 才能正確的把浮點數的值輸出。還有一點要特別注意，格式字串中輸出格式控制符號的數目，必須與格式字串之後所列的參數數目相同，也就是說，有幾個變數值要輸出，就需要幾個輸出格式。

若想將上面兩個範例的變數 i、j，用同一個 printf() 函式來輸出，可以把程式改成如下：

■ Ch03_03.c 利用一個 printf() 輸出兩個變數值

```
01  #include <stdio.h>
02
03  int main(void)
04  {
05    int i=10;
06    float j=10.01;
07
08    printf("%d    %f",i,j);  //  從螢幕輸出兩個變數值
09
10    return 0;
11  }
```

執行結果

```
10    10.010000
```

列在格式字串之後的變數，是依出現的順序對應到字串中的控制符號，以上列第 8 行程式而言，就是 i 對應到 %d，也就是以十進位整數格式輸出；而 j 對應到 %f，所以是用浮點數格式輸出。在利用控制符號輸出變數值時，除了個數要相同外，也要依變數的順序，使用與其資料型別相符的控制符號，這樣才能輸出正確的數值。

接下來把上面的語法應用在程式中，從螢幕輸出一些有意義的字串，如下：

```
01  #include <stdio.h>
02
03  int main(void)
04  {
05      int n1=1, n2=2;
06      char nx='x', nz='z';
07
08      printf("第 %d 隻羊...\n",n1);              // 從螢幕輸出 n1 的值
09      printf("第 %d 隻羊...\n",n2);
10      printf("第 %c 隻羊...\n",nx);
11      printf("第 %d%c 隻羊...\n",n1,nx);       // 從螢幕輸出 n1, nx 的值
12      printf("第 %d%c 隻羊...\n",n2,nx);
13      printf("第 %c%c%c 隻羊...\n",nx,nx,nx);
14      printf("睡著了...%c%c%c\n",nz,nz,nz);
15
16      return 0;
17  }
```

執行結果

```
第 1 隻羊...
第 2 隻羊...
第 x 隻羊...
第 1x 隻羊...
第 2x 隻羊...
第 xxx 隻羊...
睡著了 ...zzz
```

比對執行結果各行的輸出字串為：

1. 第 8 行輸出：第 1 隻羊...。控制符號 %d 會輸出整數型別的變數 n1=1 的值。

2. 第 9 行輸出：第 2 隻羊...。控制符號 %d 會輸出整數型別的變數 n2=2 的值。

3. 第 10 行輸出：第 x 隻羊...。控制符號 %c 會輸出字元型別的變數 nx='x' 的
   值。

4. 第 11 行輸出：第 1x 隻羊...。控制符號 %d%c 會輸出 n1=1 與 nx='x' 的值，且兩個值會接續在一起。

5. 第 12 行輸出：第 2x 隻羊...。控制符號 %d%c 會輸出 n2=2 與 nx='x' 的值，且兩個值會接續在一起。

6. 第 13 行輸出：第 xxx 隻羊...。控制符號 %c%c%c 會輸出字元型別的變數 nx='x'，因為變數 nx 出現了 3 次，所以會輸出 3 次的變數值，且彼此會接續在一起。

7. 第 14 行輸出：睡著了...zzz。控制符號 %c 會輸出字元型別的變數 nz='z' 的值。

輸出格式的應用：8 進位與 16 進位

利用控制符號 %o 及 %x 可以將整數以非十進位的方式輸出，例如：

```
int digit = 10;
printf("%o", digit); ◀── 將 digit 以 8 進位格式輸出
printf("%x", digit); ◀── 將 digit 以 16 進位格式輸出
```

我們來看一下完整範例程式的執行結果：

■ Ch03_05.c 不同進位制的轉換

```
01 #include <stdio.h>
02
03 int main(void)
04 {
05    int number = 74;
06
07    printf("十進位數字 %d\n",number);      // %d 為十進位輸出格式
08    printf("以八進位表示為  %o\n",number); // %o 為八進位輸出格式
09    printf("以十六進位表示為 %x\n",number);// %x 為十六進位輸出格式
10
11    return 0;
12 }
```

十進位數字 74
以八進位表示為 112
以十六進位表示為 4a

1. 第 7、8 行, %d 會將變數值以十進位的格式從螢幕輸出。

2. 第 9 行, %o 會將變數值以八進位的格式從螢幕輸出。

3. 第 10 行, %x 會將變數值以十六進位的格式從螢幕輸出。

輸出格式的應用：不同的浮點數表示法

　　用於輸出浮點數的 %f 與 %e 分別表示以『一般小數表示法』或『科學符號表示法』來輸出浮點數型別的數值, 請看下面的例子：

■ Ch03_06.c 從螢幕輸出浮點數

```
01  #include <stdio.h>
02
03  int main(void)
04  {
05      double lightSpeed=299792.458;
06
07      // 以小數點方式來表示浮點數
08      printf("真空中光速為每秒 %f 公里\n",lightSpeed);
09
10      // 以科學符號方式來表示浮點數
11      printf("也就是 %e 公尺\n",lightSpeed*1000);
12
13      return 0;
14  }
```

執行結果

真空中光速為每秒 299792.458000 公里
也就是 2.997925e+008 公尺

1. 第 5 行，宣告 double 型別變數給予十進位浮點數的初始值。

2. 第 7 行，以 %f 輸出變數值，會以小數點的方式表示數值。

3. 第 9 行使用 %e，表示以科學符號表示法輸出計算結果。

輸出算式結果

如上例所示，printf() 不只可輸出變數值，更可以輸出算式的運算結果。但提醒您要注意指定算式的輸出格式時，必須能符合運算結果的資料型別，否則就會出現像範例 Ch03_01.c，因輸出格式不符，導致輸出奇怪的內容。

3-1-2 輸出格式的參數

輸出格式控制符號是由 % 符號與特定的英文字母所形成，而這也是最基本的使用方法。但在 % 符號與英文字母間還可加上如下表所示的參數，用以控制輸出的對齊方式和長度：

參數	用途
–	輸出的數值向左靠齊
+	在輸出的數值前面加上正或負符號
非零的數字	以數字表示要提供多少固定欄位給輸出的數值
h	輸出的數值使用 short int 的資料型別表示
l	輸出的數值使用 long int 的資料型別表示

以下分別說明各種用法和使用時的注意事項：

1. 指定固定寬度的輸出欄位

以 %d、%f 等方式輸出變數值時，printf() 函式會自動輸出寬度『剛好』的數值，例如輸出整數值 123，輸出時就是輸出 3 位數，也就是說寬度為 3 個字元。因此當我們想輸出多個位數不同的變數，但希望其輸出寬度能保持一致，以便閱讀時，就可利用指定寬度的方式來設定。

- **整數的設定方式**：直接以數字指定寬度，例如 %8d 表示輸出的寬度為 8 個字元，若變數值不到 8 位數，則輸出時預設向右對齊，前面多的位置留空。

- **浮點數的設定方式**：可同時指定整數部分和小數部分的位數，其間以小數點隔開，例如 %4.3f。

指定位數時，可在數字前加上 0，表示多出的位置都填上 0。以下是一些指定的範例：

```
%5d     ←── 5 位整數，未滿 5 位以空白字元代替
%010d   ←── 10 位整數，未滿 10 位前面補 0
%7.2f   ←── 包含小數點共 7 位的浮點數，小數部分佔 2 位，
            未滿 2 位處補 0；整數部分 4 位，未滿 4 位處補空白
%07.2f  ←── 與 %7.2f 類似，差別在於整數部分，若未滿 4 位處要補 0
```

■ Ch03_07.c 指定變數輸出時的寬度

```c
01  #include <stdio.h>
02
03  int main(void)
04  {
05    int n=74;
06    float m=7.4;
07
08    // 設定輸出時的欄位佔 5 個字元，多出的部份不補 0
09    printf("寬度=5, 空位不補 0: %5d \n",n);
10
11    // 設定輸出時的欄位佔 10 個字元，多出的部份補 0
12    printf("寬度=10, 空位補 0 : %010d \n",n);
13
14    // 設定輸出整數部份佔 4 個字元，小數部份 2 個字元
15    // 多出的部份不補 0
16    printf("整數部份寬度=4, 小數部份寬度=2              : %7.2f\n",m);
17
18    // 設定輸出整數部份佔 4 個字元，小數部份 2 個字元
19    // 並在空白欄位處補 0 的格式
20    printf("整數部份寬度=4, 小數部份寬度=2, 空位補 0: %07.2f\n",m);
21
22    return 0;
23  }
```

執行結果

```
寬度=5, 空位不補 0 :      74
寬度=10, 空位補 0 : 0000000074
整數部分寬度=4, 小數部分寬度=2            :       7.40
整數部分寬度=4, 小數部分寬度=2, 空位補0 : 0007.40
```

2. 正負號也會佔用 1 個字元

如果有加上正負符號並設定固定長度時, 正負符號也需佔一個字元的位置。
程式如下:

■ Ch03_08.c 在輸出數值前加上正負號

```
01  #include <stdio.h>
02
03  int main(void)
04  {
05    int n=74;
06    // 設定輸出時的欄位佔 5 個字元, 數字前加正負號, 空白處補 0
07    printf("寬為 5, 數字前加正號, 補 0   : %+05d \n",n);
08
09    // 設定輸出時的欄位佔 5 個字元, 數字前加正負號
10    printf("寬為 5, 數字前加正號, 不補 0 : %+05d \n",n);
11
12    return 0;
13  }
```

執行結果

```
寬為 5, 數字前加正號, 補 0   : +0074
寬為 5, 數字前加正號, 不補 0 : +74
```

3. 自動調整不足的欄位

如果輸出的整數數值長度 (位數), 比設定的固定欄位多時, 固定欄位會調整
到數值的長度。如以下程式, 要輸出的變數值很大, 但是輸出欄位只設定 3 個字
元寬。輸出時, 欄位會自動調整 (本例為 9 位數):

```
01  #include <stdio.h>
02
03  int main(void)
04  {
05      int lightSpeed = 299792458;
06                          // 設定 3 個字元寬
07      printf("真空中光速為每秒 %3d 公尺\n", lightSpeed);
08
09      return 0;
10  }
```

執行結果

真空中光速為每秒 299792458 公尺

4. 使用 - 參數時, 數值向左靠齊

當輸出格式中有使用 - 參數時, 不管此時設定的固定欄位數為何, 也不管是最否要在空白欄補 0, 此時輸出的數字一律靠左對齊, 也就是說, 數值的最高位元, 固定出現在正負號後面。如以下範例:

■ Ch03_10.c 加上參數 - 的輸出結果

```
01  #include <stdio.h>
02
03  int main(void)
04  {
05      // 10 個字元寬, 未加 - 符號
06      printf("咖啡 %010d 元\n", 125);
07
08      // 10 個字元寬, 加上 - 符號
09      printf("紅茶 %-010d 元\n", 150);
10      printf("果汁 %-010d 元\n", 90);
11
12      return 0;
13  }
```

執行結果

```
咖啡 0000000125 元
紅茶 150        元
果汁 90         元
```

5. 格式控制符號中參數的順序

如果要在格式控制符號中，同時使用多個參數，其順序如下：

```
%[-+0][寬度][.精確度][h 或 l]輸出格式
```

例如：

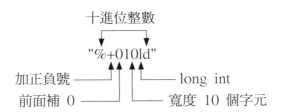

在上面所列順序中，-、+、0 若同時出現，則彼此順序可任意排列，但若是與其它參數的順序位置對調，可能出現輸出錯誤的情況，參見以下範例：

■ Ch03_11.c 同時指定多個格式參數

```
01 #include <stdio.h>
02
03 int main(void)
04 {
05    int height=3952;
06
07    printf("玉山海拔 %08ld 公尺\n",height);
08    printf("玉山海拔 %-0+8ld 公尺\n",height);
09    printf("玉山海拔 %08+ld 公尺\n",height);
10
11    return 0;
12 }
```

```
玉山海拔 00003952 公尺
玉山海拔 +3952    公尺
玉山海拔 +1d 公尺
```

最後一個 printf() 所用的格式字串中, 將 + 放在寬度 8 的後面, 違反與先前所列的順序, 結果造成輸出結果異常。

3-1-3 使用 Escape Sequence 控制輸出

在 printf() 的格式化字串中, 除了用前述的 % 控制符號來指定變數的輸出格式, 也可用 **Escape Sequence** 做其它的輸出控制。Escape Sequence 一般譯為**逸出序列**或**跳脫序列**, 意思是指 printf() 在輸出字串內容時, 看到 Escape Sequence 的文字或符號時, 會把它當成一個『命令』, 然後依該命令的指示, 進行相關的輸出控制。在前面其實我們已用過一個 Escape Sequence 了, 也就是代表換行的 \n, C 語言的 Escape Sequence 都是以反斜線 (\) 為開頭, 如下表所示:

Escape Sequence	效果
\a	發出嗶聲
\b	倒退一格刪除一個字元
\n	換行
\r	歸位, 前面的字元都刪除
\t	向右跳一個 TAB 的空白
\0	結束字元, 後面的字元不印出
\\	輸出反斜線
\'	輸出單引號
\"	輸出雙引號

Escape Sequence 的使用方法很簡單, 只要將它們放在雙引號中即可產生相對的效果。如下：

```
printf("\n");  ◀── 產生換行的效果
printf("\\");  ◀── 輸出一個反斜線符號
printf("\a");  ◀── 發出聲音
               (在 Windows 中要使用耳機或揚聲器才能聽到)
```

換行

具有換行效果的 \n, 可以配合字串與輸出格式使用, 也可以單獨使用, 請參考以下範例的輸出結果：

■ Ch03_12.c 練習換行的控制

```
01 #include <stdio.h>
02
03 int main(void)
04 {
05   int i=10;
06
07   printf("開始列印下面的字 先換行 \n");   // 特殊字元置於字串後
08   printf("打了一行再換行");
09   printf("\n");                          // 特殊字元單獨使用
10   printf("也可以這樣\n換行\n");            // 特殊字元置於字串間
11   printf("輸出數值\n%d",i);               // 特殊字元配合輸出變數值
12
13   return 0;
14 }
```

執行結果

```
開始列印下面的字 先換行
打了一行再換行
也可以這樣
換行
輸出數值
10
```

刪除字元和結束字元

'\b' 會使輸出的字串由 '\b' 的位置開始, 向左刪除一個字元。\r 則會從所在位置開始, 把前面的字元都刪除。'\0' 為字串的**結束字元**, 看到它就表示:『這個字串已到結尾了』。所以跟在 \0 後面的字元都會被忽略而不會被輸出。參見以下範例:

■ Ch03_13.c 練習刪除字元

```
01  #include <stdio.h>
02
03  int main(void)
04  {
05    printf("這一行輸出後會有一個字\b被刪掉\n");
06    printf("這些字看不到 \r 因為被刪掉了 \n");
07    printf("這幾個字後面的字也看不到啦 \0 因為被忽略了\n");
08
09    return 0;
10  }
```

執行結果

```
這一行輸出後會有一個被刪掉
 因為被刪掉了
這幾個字後面的字也看不到啦
```

1. 第 5 行, 因為 \b 會向左刪除一個字元所以 "字" 會被刪除。

2. 第 6 行, 因為 \r 會把左邊的字元全部刪除, 所以 "這些字看不到" 的字串不會顯示在螢幕上。

3. 第 7 行, \0 會把字串結束, 也就是 \0 後面的所有字元都不會出現在螢幕上, 所以 "因為被刪掉了" 這段文字不會顯示出來。

輸出單、雙引號與反斜線

因為單、雙引號與反斜線在 C 語言中有特殊用途, 所以這些字元出現在 printf() 的格式字串中, 也無法順利的被輸出到螢幕上。因此要輸出這些符號時, 可使用 \'、\"、\\, 如以下程式:

■ Ch03_14.c 練習輸出單、雙引號與反斜線的特殊字元

```c
01  #include <stdio.h>
02
03  int main(void)
04  {
05    printf("\"這行字被雙引號括住\"\n"); // 輸出雙引號
06    printf("\'這行字被單引號括住\'\n"); // 輸出單引號
07    printf("這個符號 \\ 是反斜線\n");    // 輸出反斜線
08
09    return 0;
10  }
```

執行結果

```
"這行字被雙引號括住"
'這行字被單引號括住'
這個符號 \ 是反斜線
```

利用反斜線解決在螢幕輸出中文的問題

目前中文常用的 Big-5 編碼, 是用 2 個位元組來表示 1 個字, 當初在設計時, 第 1 個位元組的值避開了 ASCII 原本固定使用的英文、數字、符號的字碼, 但第 2 個位元組仍是會用到 ASCII 中的字碼。恰好有些中文字的第 2 個位元組的值就是 \ 符號的 ASCII 碼 (92), 此時用 printf() 輸出這些文字, 文字中的第 2 個位元組就會被視為跳脫序列的開始, 而造成無法正常輸出文字的問題。

```
printf("輸出成功"); ◀── 『功』的第 2 個位元組是 93, 所以輸出時
                        不會出現『功』, 而是出現亂碼
```

解決方法之一就是在這類文字後面多加一個 \, 讓 C 編譯器看成是 \\, 也就是輸出 \ 符號, 這樣等於是把該文字的第 2 個位元組『補回去』:

```
printf("輸出成功\"); ◀── 在『功』後面加一個反斜線, 才能正確輸出
printf("許\多人");  ┐ 『許』和『蓋』也是會造成衝碼的字元
printf("日式蓋\飯"); ┘ 輸出時要在該文字後加一個反斜線
```

3-1-4　使用 putchar() 函式輸出單一字元

有時候程式只需輸出單一個字元，此時可呼叫 putchar() 函式，函式參數就是要輸出的字元。若參數是數字，則根據 ASCII 碼將該數字轉換成字元後輸出。參見以下範例中：

■ Ch03_15.c 用 putchar() 輸出字元

```
01  #include <stdio.h>
02
03  int main(void)
04  {
05    int n = 100;
06
07    putchar(n);     // 從螢幕輸出變數 n 的值
08    putchar('\n'); // 換行
09    putchar(100);   // 從螢幕輸出整數常數 100 所對應的字元
10    putchar(10);    // 換行
11    putchar('n');  // 從螢幕輸出字元 'n'
12
13    return 0;
14  }
```

執行結果

```
d ◀── putchar(n), putchar('\n')
d ◀── putchar('100'), putchar('10')
n ◀── putchar('n')
```

1. 第 7 行，變數 n 的初始值為 100，putchar(n) 會從螢幕輸出 ASCII 碼為 100 的字元 d。

2. 第 9 行，putchar(100) 直接用常數 100，從螢幕輸出 ASCII 碼 100 對應的字元 d。

3. 第 8、10 行，putchar('\n') 或 putchar(10) 都表示是換行字元，因為換行字元的 ASCII 碼為 10 (參見附錄 A)。從螢幕輸出時，就產生換行的效果。

4. 第 11 行, putchar('n') 使用以單引號括住的 'n', 代表的意義不再是變數 n
而是字元 n。所以, 從螢幕輸出結果會印出字元 n。

3-2 鍵盤輸入與格式設定

有時候, 為了增加程式的實用性, 在程式中所需要用的資料會允許由使用者
從鍵盤輸入。比如說將一個公式寫成程式, 然後由鍵盤輸入公式中的各項變數,
再將計算結果顯示在螢幕上。使用 stdio.h 中的輸入函式, 就可以讀取由鍵盤輸
入的數值。

3-2-1 格式化輸入函式：scanf() 函式

scanf() 可以配合各種輸入格式控制字元, 讀取任何型別的資料, 也是最常用
的鍵盤輸入函式。呼叫 scanf() 的格式如下：

```
scanf("輸入格式", &變數名稱);
```

1. **輸入格式** 中可使用 printf() 輸出用的格式 (如 %d、%f...), 配合 scanf() 使
用時, 就變成輸入格式。

2. **&變數名稱**：用來接受輸入值, & 表示取得變數在記憶體的位址。不懂 & 的
含意沒關係, 在指位器章節中會談到。在這裡只要記得, 使用 scanf() 函式時,
用來接受輸入值的變數名稱前一定要加 &。另外, 變數必須如前一章所說的,
先宣告後, 才能在 scanf() 中使用。

scanf() 可搭配 3-1 節中提到的控制符號 % 來決定由鍵盤輸入的格式, 也
就是說 scanf() 可以接受任何型別的輸入值, 請看以下例子：

```
scanf("%d", &age)           ◄── 由鍵盤輸入整數型別的變數 age 值
scanf("%f", &tax_rate)      ◄── 由鍵盤輸入浮點數型別的變數 tax_rate 值
scanf("%c", &mychar)        ◄── 由鍵盤輸入字元型別的變數 mychar 值
scanf("%d %d", &count, &sum)◄── 由鍵盤輸入兩整數型別的變數 count, sum 值
scanf("%4d", &code)         ◄── 只會讀取從鍵盤輸入的前 4 個數字
```

上面最後一個例子在格式控制符號中，加了上一節介紹的參數使用，但是這樣反而限制可以輸入的資料，所以除非有特別限制輸入的資料，否則通常不會使用參數。

接下來我們來看一個 scanf() 函式應用的範例，程式利用 scanf() 函式讀取兩個由鍵盤輸入的數值，計算出其和後，再將結果顯示在螢幕上，程式如下：

■ Ch03_16.c 求兩個數值的和

```
01  #include <stdio.h>
02
03  int main(void)
04  {
05    int i,j;
06
07    printf("請輸入兩個整數:");
08    scanf("%d %d",&i,&j);  // 取得 2 個連著輸入的整數
09    printf("您輸入的 2 個整數是 %d 與 %d\n",i,j);
10    printf("2 個整數的和為 %d\n",i+j);
11
12    return 0;
13  }
```

執行結果

```
請輸入兩個整數:3030 158 ◀── 輸入數字後按 Enter 鍵
您輸入的 2 個整數是 3030 與 158
2 個整數的和為 3188
```

當程式執行到 scanf() 的地方，程式會暫停執行，必須等我們輸入要求的資料，並按下 Enter 鍵，程式才會繼續執行。

像上面用 scanf() 一次讀取兩個數值時，我們可以如上面執行範例：在 2 個數值間留一空白字元再按 Enter 鍵一次完成輸入；或者也可以先只輸入 1 個數字然後按 Enter 鍵，接著再輸入另一個數字再按 Enter 鍵。如果沒有輸入任何內容，按下 Enter 鍵只會產生換行的效果，scanf() 仍是會等待輸入，程式也不會執行下一個敘述。

輸入數值與輸入格式要相符

使用 scanf() 時，請特別注意到輸入的數值需與輸入格式控制字元配合，否則將無法得到正確的數值。例如：

■ Ch03_17.c scanf() 由鍵盤輸入輸出

```
01  #include <stdio.h>
02
03  int main(void)
04  {
05
06    int number;
07    printf("請輸入一個整數: ");          // 從螢幕輸出提示字串
08    scanf("%d",&number);                // 由鍵盤輸入變數值
09    printf("您輸入的數字是 %d \n",number); // 從螢幕輸出變數值
10
11    return 0;
12  }
```

執行結果

```
請輸入一個整數: D        ←── 輸入字元
您輸入的數字是 0
```

執行結果

```
請輸入一個整數: 3.14    ←── 再執行一次，改輸入小數
您輸入的數字是 3
```

如以上範例所示，如果輸入的值不為整數，仍然會被當整數型別處理。如果輸入數值的型別與 scanf() 所設的格式不符，該值會被強制轉型為符合 scanf() 所設型別。

輸入格式不恰當，則取得的變數值絕對不會是我們想要的。所以，在處理輸出輸入的格式、型別時，要特別的小心。可在訊息中明確提示，請使用者輸入正確的資料格式。

3-2-2 由鍵盤輸入單一字元：getchar( ) 函式

getchar() 是專門為了讀取字元而設的函式。呼叫 getchar() 時不用加任何參數，因為不管輸入值為何，此函式一律以字元的型別讀取，而且即使輸入多個字元，getchar() 也只會讀到第一個字元。getchar() 所讀到的字元，會當成函式的傳回值傳回，因此我們可將這個傳回值指定給一個變數，或是如下的範例直接使用：

■ Ch03_18.c getchar() 讀取字元

```
01  #include <stdio.h>
02
03  int main(void)
04  {
05    printf("請輸入一個字元: \n");
06        // 從螢幕輸出 getchar() 的字元值
07    printf("您輸入的字元是 %c \n",getchar());
08
09    return 0;
10  }
```

執行結果

```
請輸入一個字元
rrrWWSf
您輸入的字元是 r

請輸入一個字元    ◀── 再執行一次
444
您輸入的字元是 4
```

第 7 行中, printf() 函式會直接從螢幕輸出 getchar() 函式對傳回值, 也就是直接輸出我們輸入的第一個字元。

我們也可以用 putchar() 輸出 getchar() 的結果。因為兩者都是用來處理單一字元。首先, 宣告一個字元變數, 將 getchar() 讀到的字元傳入字元變數中, 然後再利用 putchar() 從螢幕輸出：

■ Ch03_19.c 從螢幕顯示由鍵盤輸入的字元

```c
01  #include <stdio.h>
02
03  int main(void)
04  {
05    printf("請輸入字元:");
06    // 用變數來接 getchar() 由鍵盤輸入的字元值
07    char ch = getchar();
08
09    printf("你輸入的字元是 ");
10    putchar(ch);
11
12    return 0;
13  }
```

執行結果

請輸入字元:a
你輸入的字元是 a

1. 第 7 行, 以字元變數 ch 來接受 getchar() 的字元值。

2. 第 10 行, 利用 putchar() 輸出字元值。

3-2-3　無緩衝式輸入：getche() 和 getch() 函式

在不同的作業系統、硬體平台上, 都會有一些廠商自訂的函式庫, 這類函式庫不屬於 ANSI/ISO C 標準函式庫, 所以換到其它平台可能就無法使用。

例如在 Windows 平台有一個 conio.h (Console IO), 其中即定義一些可用於輸出入的函式, 在此介紹 2 個稱為『無緩衝』輸入的函式。像 scanf()、getchar() 是等使用者輸入文字並按 Enter 鍵後, 資料才會輸入到程式中, 所以稱為『緩衝式』輸入；『無緩衝』輸入則是使用者一按下按鍵後, 輸入的字元就馬上被程式處理了, 不需按 Enter 鍵, 也沒有反悔修改的機會：

- getche()：同樣是讀取單一字元的函式。但它與 getchar() 函式不同：使用 getche() 函式時，只要一輸入字元，馬上就會被接收處理，而不需要按 `Enter` 鍵。

- getch()：函式名稱比 getche() 少一個 e，此 e 為 (Echo, 回應) 的意思，表示用 getch() 函式讀取輸入時，使用者輸入的字元『不會』顯示在畫面上。

  使用上述函式時要含括 conio.h，以下簡單示範兩者的不同：

■ Ch03_20.c 使用 getche()、getch() 取得鍵盤輸入

```
01 #include <stdio.h>
02 #include <conio.h>
03
04 int main(void)
05 {
06   printf("請輸入一個字元\n");
07       // 用變數來接 getche() 由鍵盤輸入的字元值
08   char ch = getche();
09   printf("\n輸入的字元為 %c\n", ch);
10
11   printf("請再輸入一個字元\n");
12   ch = getch();  // 改用 getch()
13   printf("\n輸入的字元為 %c\n", ch);
14
15   return 0;
16 }
```

執行結果

```
請輸入一個字元
a            ← 在鍵盤上按  a
輸入的字元為 a
請再輸入一個字元
             ← 在鍵盤上按  b ，但是看不到
輸入的字元為 b
```

- 第 8 行, 以字元變數 ch 來接受 getche() 讀到的字元 (由鍵盤輸入), 只要在鍵盤上按下要輸入的字元, 程式就會讀到輸入, 使用者不需按 Enter 鍵。

- 第 12 行改用 getch() 讀取輸入, 同樣是只要在鍵盤上按下要輸入的字元, 程式就會讀到輸入, 但這次輸入的字元不會顯示 (Echo) 在螢幕上。

3-3 嵌入式系統的輸出入方式

本章所介紹的 printf()、scanf() 等函式, 函式宣告是在 stdio.h 中, 稱為標準輸出入, 也就是各種平台只要支援標準 ANSI/ISO C 語法, 都應該支援這些輸出入功能。但實際上, 在嵌入式系統上並不一定會用它們做輸出或輸入, 主要原因如下:

- 在電腦上, printf()、scanf() 的輸出入對像就是螢幕、鍵盤。但就像第 1 章曾提到的, 許多嵌入式系統並沒有接螢幕或鍵盤;有些雖然有操作裝置的按鍵、顯示簡單資訊的燈號或小螢幕, 但這些硬體的運作和電腦的鍵盤、螢幕大不相同。

- 使用標準函式庫中的 printf()、scanf() 在連結時, 這些函式的目的碼就會加到程式中, 因此會使所產生的執行檔較大, 佔用較多記憶體空間。以記憶體不大的 MCU 而言, 使用 printf()、scanf() 可能馬上就耗掉 20% 的記憶體空間。

3-3-1 使用標準輸出入裝置

printf()、scanf() 的輸出入對像是稱為 stdout (標準輸出)、stdin (標準輸入) 的裝置。在電腦上就是螢幕、鍵盤。但在嵌入式系統上因為沒有接螢幕或鍵盤, stdout、stdin 可能就被定義為其它的裝置, 常見的例子就是 UART。

UART (Universal Asynchronous Receiver/Transmitter) 又稱通用非同步接收傳送器, 如名稱所示, 它是一種利用接收 (通常寫成 RX)、傳送 (通常寫成 TX) 2 條線路建立的通訊介面, 例如 MCU 與另一個裝置 (電腦、其它 MCU 或半導體 IC) 就可利用 UART 來進行通訊。

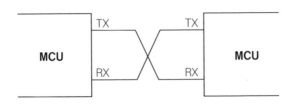

例如在嵌入式系統開發過程中, 就可利用 UART 建立電腦與 MCU 間的連線, 在電腦端可執行支援 UART 的通訊軟體, 在 MCU 端則依廠商規定的方式做好相關設定, 即可讓 stdout、stdin 導向到 UART。這時 printf() 輸出的內容, 會經由 UART 傳送到電腦的通訊軟體視窗中, 而 scanf() 則可由 UART 讀到我們在電腦通訊軟體中輸入的資料。

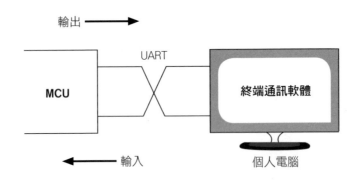

3-3-2 使用其它方式做文字輸出入

有些平台不一定完整支援標準輸出入的功能, 但仍能利用廠商自訂的輸出入函式, 透過 UART 進行輸出、輸入的工作。

在輸出訊息到電腦等場合，仍常會利用到格式化輸出的功能，以便將程式處理中的數值、訊息一起輸出到電腦，以檢查系統有無問題。這時通常會用到標準函式庫的 sprintf() 等輸出函式，此函式和 printf() 類似可做格式化輸出，但它不會輸出到 stdout 裝置，而是將輸出結果存到字串中，程式可將此字串用廠商提供的函式輸出到 UART。

因此我們還未介紹到如何使用字串變數，所以就不深入說明，關於字串會在第 12 章介紹。

3-3-3 使用其它輸出入裝置

當產品完成開發後，前述的 UART 線路通常都不會保留在最後產品上，所以我們看到產品通常只有一些特定的按鈕、燈號等元件，這時候按鈕、 LED 燈就是 MCU 的輸入裝置和輸出裝置。因此程式就不會用到標準輸出入的函式，而是直接對連接按鈕、LED 的 MCU 腳位 (Pin) 進行讀取或寫入的控制。

在外接的元件不是很多時，按鈕、LED 燈會直接連接到 MCU 的 GPIO (General Purpose Input/Out) 腳位 (表示可用於輸入或輸出的通用型腳位)。一般而言，MCU 內部會有個暫存器 (Register) 對應到一組腳位，稱為 Port (輸出入埠)，暫存器中每個位元就對應到該輸出入埠的不同腳位。

 像這種具特殊功能、用途的暫存器，稱為特殊功能的暫存器 (SFR, Special Function Register)，在第 9 章會對暫存器做進一步的介紹。

例如假設某個 MCU 有個稱為 PRT0DR 的 8 位元暫存器，位元 0~7 對應到腳位 0~7。若將兩個按鈕分別接到腳位 0、1，此時程式只要讀入 PRT0DR 後，就能由位元 0~1 的值來判斷按鈕是否被按下。例如以下圖的連接方式，則按鈕被按下時，輸入腳位會讀到高電位 (HIGH)，也就是位元值為 1；反之未按下時，輸入腳位會讀到低電位 (LOW)，也就是位元值為 0。

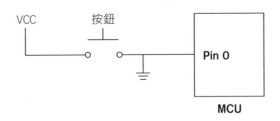

同理，假設此裝置有 3 個 LED 燈，供 MCU 表示狀，3 個 LED 分別接到腳位 5、6、7，此時程式只要寫入 PRT0DR 位元 5~7 的值，就能控制 LED 的點亮或熄滅。例如以下圖的連接方式，想讓 Pin 5 的 LED 點亮，必須將連接的輸出腳位設為低電位 (LOW)，也就是位元值為 0；反之要讓 LED 熄滅，輸出腳位要設為高電位 (HIGH)，也就是位元值為 1。

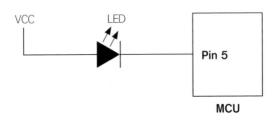

在寫入 MCU 各種輸出入暫存器時，並不會直接將輸入值寫入，例如：

```
PRT0DR = 0b00100000;
```

這樣一來，雖然 bit 5 的值會變成 1，但同時也將其它位元全部設為 0，然而通常我們會需要維持其它輸出入腳位狀態不變。而要維持其它輸出入腳位狀態，又要將指定的位元寫入新的值，就會用到位元運算的技巧，請參見第 5 章。

由上面的說明，相信讀者也能查覺到為什麼要認識和使用二進位、十六進位。例如在程式中要設定暫存器中位元 5、6、7 的值，寫成 0b11100000 或 0xE0 比起寫成十進位的 224 容易理解，也比較不會誤會；寫成 224 說不定反而會讓人誤以為是什麼特別的常數值。

1. 下列何者為從螢幕輸出的函式 (1) putchar() (2) getchar() (3) scanf()

2. 下列何者為由鍵盤輸入的函式 (1) putchar() (2) printf() (3) scanf()

3. 八進位輸出格式的符號是 (1) %d (2) %o (3) %x

4. 十六進位輸出格式的符號是 (1) %d (2) %o (3) %x

5. 以 printf() 輸出字串時, 需將字串放在 _____ 號內。

6. 請寫出以下從螢幕輸出的結果：

    int dog = 1, cat=2;

    printf("我有 %d 隻狗 ",dog); _____

    printf("我有 %d 隻狗 %d 隻貓 ",dog,cat); _____

    printf("我一共養了 %d 隻寵物 ",dog+cat); _____

7. 請寫出以下從螢幕輸出的結果：

    int int_number = 14;

    float float_number = 1.4;

    printf("%04d", int_number); _____

    printf("%+04d", int_number); _____

    printf("%04.2f", float_number); _____

8. 請寫出以下從螢幕輸出的結果：

    printf(" 空山不見人,\r 但聞人語響,\a");

    printf("\" 返影入深林,復照青苔上.\""); _____

9. 請寫出以下從螢幕輸出的結果：

    int i; i = getchar(); ← 輸入數字 12345

    printf(" %c",i); _____

10. 請挑出下列不合法的語法, 並說明原因, 合法的請打勾

　　(1)scanf(&i);

　　(2)getchar(i);

　　(3)printf("本日結餘 %d6",balance);

　　(4)putchar("\n");

程 式 練 習

1. 試寫一程式, 從螢幕輸出五言絕句, 並按照以下格式輸出。

　　紅豆生南國, 春來發幾枝, 願君多采擷, 此物最相思.

2. 承上題, 修改程式, 讓整首五言絕句以一句一行的格式從螢幕輸出。

3. 試寫一程式, 從螢幕輸出以下圖形。

```
  *
  *   *
  *   *   *   *
  *   *
```

4. 試寫一程式解數學函式, f(x) = 3x + 2, x 需由鍵盤輸入。

5. 試寫一程式解數學函式, f(x,y,z) = 3x + 2y - z, x、y、z 需由鍵盤輸入。

6. 試寫一程式輸入兩個整數, 從螢幕輸出其和、差、積。

7. 試寫一程式, 從螢幕輸出浮點數 f = 80.3048。設定輸出的寬度為整數和小數部份各 5 個字元, 多餘位數補零。

8. 試寫一程式, 從鍵盤輸入整數值後, 轉成八進位與十六進位從螢幕輸出。

9. 試寫一程式, 從鍵盤輸入一字元後, 不用按 Enter 鍵, 程式就會輸出該字元。

10. 試寫一程式, 從鍵盤輸入一字元後, 不用按 Enter 鍵, 而且該字元輸入時不會顯示在螢幕上, 程式會另外自行輸出該字元。

04

運算元

- 運算元、算符與算式

- 學習將數學式子寫成程式

- 了解算式的運算順序與過程

- 學習比較數字或字元的大小

- 了解邏輯推演的觀念, 並判斷算式的真假

電腦也稱為計算機，因為計算是電腦的主要功能之一。透過撰寫程式，我們可以將一些科學公式或者普通的計算寫成程式語言中的算式，然後再編譯執行，即可由電腦替我們計算並輸出結果。本章介紹 C 語言算式的組成：運算元與算符。

4-1 算術算符

C 語言程式是由敘述構成，而敘述則是由**算式 (expression)** 組合而成。算式是由至少一個 『運算元』(operand) 配合『算符』(operator)所組成，例如我們最熟悉的四則運算、正負號等算術運算。在 C 語言中，提供如下表所列的算數算符：

算符	功能	例子
+	正號	+5, 表示正 5 的正值, 一般都將 + 省略
-	負號	-10 (負 10)
+	加	x+y, 變數 x 加上 y 的值
-	減	x-y, 變數 x 減去 y 的值
*	乘	3*2, 3 乘以 2
/	除	10/5, 10 除以 5
%	求餘數	17%3, 17 除以 3 的餘數 (2)

如上表所示，正負號與加減的算符符號相同，分辨的方式是它們使用的位置。在運算元前面的是正負號，在兩個運算元間的是加減算符：

```
+100        ←  正 100
-99         ←  負 99
100 + -101  ←  100 加上負 101
-101 * 100  ←  負 101 乘 100
```

我們自小就學過『先乘除，後加減』，但如果是正負號，則是要優先楚理，C 語言也是如此，也就是說，正負號是會優先楚理的算符。如以下範例，程式將一個月的所得看成是正收入，支出看成是負收入，則其和就是一個月的結餘：

■ Ch04_01.c 計算本月的收支平衡

```
01  #include <stdio.h>
02
03  int main(void)
04  {
05      int balance, income, expense;
06      income = 25000;
07      expense= 3500;
08
09      balance= income + -expense; // 結餘等於收入加上支出
10      printf("本月的結餘 %d\n", balance);
11
12      return 0;
13  }
```

執行結果

本月的結餘 21500

第 7 行中，expense 變數的值是 3500，但是在第 9 行的算式中被加上負號算符，由於負號算符會優先計算，所以變成了 income 的變數值加上負的 expense 變數值。

4-1-1 加減乘除的混合運算

在同一個算式中可使用多個算符。假設超市的貨品售價，蛋一打 egg=35 元、土司 1 條 toast=46 元、火腿 1 斤 ham=64 元、牛奶一瓶 milk=65 元。現在要買兩打蛋、3 條土司、半斤火腿以及 4 瓶牛奶，總共多少錢？以下就是寫成程式的結果：

```
01 #include <stdio.h>
02
03 int main(void)
04 {
05     int egg=35, toast=46, ham=64, milk=65;  // 宣告各項商品的單價
06     int total;
07
08     total = egg*2 + toast*3 + ham/2 + milk*4; // 總數等於各項商品金額的和
09     printf("總共 %d 元\n",total);
10
11     return 0;
12 }
```

執行結果

　總共 500 元

　　在第 8 行中, 因為乘法算符 * 與除法算符 / 的優先於加法算符 +, 所以會
先計算各項的乘積或商, 然後再相加。計算過程如下：

```
egg   : 35 * 2 =  70
toast : 46 * 3 = 138
ham   : 64 / 2 =  32
milk  : 65 * 4 = 260
total : 70 + 138 + 32 + 260 = 500
```

4-1-2　除法算符與餘數算符 %

　　在做除法運算時, 難免會出現需計算到小數才能整除, 或是根本無法整除的
情形。如果算式中的除數或被除數是浮點數型別, 則計算結果就能得到含小數位
數的商(不論是否整除)。如果除數與被除數都用整數型別, 相除的結果也只能得
到個位數為止的商值。例如, 已知 2 個浮點數 a = 7.0, b = 2.0；另外有 2 個
整數 c=7, d=2, 則：

```
a/b  ◄──  結果會等於 3.5，因為 a, b 是浮點數型別
c/d  ◄──  結果會等於 3，因為 c, d 是整數型別
```

我們將上面的例子寫成程式來驗證結果，如下：

■ Ch04_03.c 驗證浮點數相除與整數相除的結果

```
01  #include <stdio.h>
02
03  int main(void)
04  {
05     float  a=7, b=2;
06     int    c=7, d=2;
07
08     printf("兩浮點數相除，結果為 %f\n",a/b);
09     printf("兩整數相除，結果為 %d\n",c/d);
10
11     return 0;
12  }
```

執行結果

```
兩浮點數相除，結果為 3.500000
兩整數相除，結果為 3
```

如果想要求餘數，只要將除法運算中原本的 / 以 % 代替，則算式所得到的數值就是餘數而非商數。只是有一點要特別注意的，使用餘數算符 % 時，除數與被除數都必須是整數型別才行。

舉例來說，假設有 100 顆球，每 7 個一數，最後剩幾個？這就是要求 100 除以 7 的餘數，寫成程式如下：

■ Ch04_04.c 計算 100 顆球每次拿掉 7 個，最後不足 7 的剩幾個

```
01  #include <stdio.h>
02
03  int main(void)
04  {
```

接下頁

```
05    int total = 100;       // 球的總數 100 個
06    int count = 7;          // 每次拿掉 7 個球
07
08    int remainder = total % count;   // 得到兩數相除後的餘數
09    printf("剩下 %d 個球\n", remainder);
10
11    return 0;
12 }
```

執行結果

剩下 2 個球

第 10 行中, total % count 這個算式就是在計算 total/count (100 / 7) 的餘數, 並將結果指定給 remainder。

4-1-3　利用括號改變運算順序

和生活中的數學算式一樣, 括號算符 () 擁有最高的優先權, 所以我們可以利用括號算符的特性來改變算式的順序。比如說, 如果華式與攝氏溫度的轉換公式為『攝氏 = (華氏 - 32) * 5 / 9』。寫成 C 語言程式如下:

■ Ch04_05.c 利用華氏溫度計算攝氏溫度

```
01 #include <stdio.h>
02
03 int main(void)
04 {
05    float degreeC, degreeF;
06
07    printf("請輸入華氏的溫度: ");
08    scanf("%f", &degreeF);
09    degreeC = (degreeF - 32) * 5 / 9;   // 溫度轉換公式的算式
10    printf("攝氏溫度為 %.2f\n", degreeC);
11
12    return 0;
13 }
```

執行結果

```
請輸入華氏的溫度: 451 ◄── 輸入要換算的華氏溫度
攝氏溫度為 232.78
```

第 9 行等號右邊的算式中, 利用括號先計算華氏溫度減 32, 再將結果做乘、除計算。

4-2 關係算符

關係算符是用來比較數值的大小關係, C 語言中的關係算符如下表共有 6 個:

算符	功能	例子
>	大於	a>b, a 大於 b
<	小於	a<b, a 小於 b
>=	大於或等於	a>=b, a 大於等於 b
<=	小於或等於	a<=b, a 小於等於 b
==	等於	a==b, a 等於 b
!=	不等於	a!=b, a 不等於 b

關係算符的運算結果只有兩種, 一種是真 (true); 一種是假 (false)。運算結果為真會以整數 1 來表示, 假則以整數 0 來表示。舉個例子來說, 父親的年齡 fatherAge 一定比小孩年齡 childAge 大, 所以:

```
fatherAge >  childAge ◄── 結果為 1, 因為這是真的
fatherAge <  childAge ◄── 結果為 0, 因為這是假的
fatherAge == childAge ◄── 結果為 0, 因為這是假的
fatherAge != childAge ◄── 結果為 1, 因為這是真的

fatherAge >= childAge ◄── 結果為 1, 父親年齡大於或等於小孩年齡
                          只要有一個成立為真
fatherAge <= childAge ◄── 結果為 0, 因為父親的年齡一定不會小於
                          或等於小孩年齡
```

我們把父親的年齡定為 38 歲，小孩年齡定為 10 歲，寫成程式來驗證：

```c
01  #include <stdio.h>
02
03  int main(void)
04  {
05     int fatherAge=38, childAge=10;
06
07     printf("結果為 1 表示真；結果為 0 表示假\n");
08     printf("父親年齡大於小孩年齡 %d\n",    fatherAge>childAge);
09     printf("父親年齡小於小孩年齡 %d\n",    fatherAge<childAge);
10     printf("父親年齡等於小孩年齡 %d\n",    fatherAge==childAge);
11     printf("父親年齡不等於小孩年齡 %d\n", fatherAge!=childAge);
12     printf("父親年齡大於或等於小孩年齡 %d\n", fatherAge>=childAge);
13     printf("父親年齡小於或等於小孩年齡 %d\n", fatherAge<=childAge);
14
15     return 0;
16  }
```

執行結果

```
結果為 1 表示真；結果為 0 表示假
父親年齡大於小孩年齡 1
父親年齡小於小孩年齡 0
父親年齡等於小孩年齡 0
父親年齡不等於小孩年齡 1
父親年齡大於或等於小孩年齡 1
父親年齡小於或等於小孩年齡 0
```

　　附帶說明，關係算符可以用於比較不同資料型別的數值。比如說，若上面程式改將小孩年齡 childAge 宣告為 float，並設為 7.5，則程式執行結果也相同，此時第 7 行的 fatherAge>childAge 就是計算 (38 > 7.5)。

但做兩個浮點數的比較時，則要特別注意。回顧第 2 章所提到，在電腦中是用 1/2 (0.5)、1/4 (0.25)、1/8 (0.125)、1/16 (0.0625)...等二進位小數來表示浮點數的值，因此在表示十進位的小數時，很多情況難免會有些微誤差。如果又經過一些運算後，再將結果用於關係算符，有時比較結果不會與我們預期的結果相符。例如下面這個例子：

■ **Ch04_07.c** 浮點數與關係算符

```
01  #include <stdio.h>
02
03  int main(void)
04  {
05    float pi=3.14159;
06    float x =pi/3;        // pi 的 3 分之一
07
08    //  pi 減自己的 3 分之一減 3 次，是否等於 0
09    printf("%d\n",(pi - x - x - x)==0);
10
11    //  pi 減 3*(自己的 3 分之一)，是否等於 0
12    printf("%d",(pi - 3*x) ==0);
13
14    return 0;
15  }
```

執行結果

```
0  ← pi 減自己的 3 分之一減 3 次結果不等於 0？
1
```

第 9 行 (pi - x - x - x)==0 的結果竟然是假 (0)，這個結果比較令人意外。當然這不表示電腦有問題，而是浮點數的特性，要進行浮點數的比較時，必須注意其結果可能和我們的預期不相符。

4-3　邏輯算符

　　邏輯是一種推演的思考方式，根據已知的事物透過邏輯的思考去推演出合理的結果。在程式語言中，把所有可能執行的結果利用邏輯的觀念作二分法分成『真』或『假』，並可依據邏輯運算結果，來控制程式流程 (參見第 6 章)。也就是利用邏輯算符結合資料做出判斷，再決定下一步要執行的動作。

4-3-1　邏輯算符的意義與推演

　　在邏輯算符中，把所有的運算元都歸類成兩種：如果運算元的值為非 0 值，則為真 (true)；如果運算元的值為 0 則為假 (false)。所以邏輯算符可以說用來討論真假之間的 3 種邏輯關係，如下：

算符	名稱
&&	AND (而且)
||	OR (或)
!	NOT (非)

　　邏輯算符是取運算元的真假值來參與運算，運算結果也只有兩種：真與假。數學中的邏輯推演表如下：

```
AND (&&)   1   0      OR (||)   1   0      NOT (!) 1    0
---------------      -------------------      --------------------
    1      1   0         1      1   1                  0   1
    0      0   0         0      1   0
```

　　除了像前一小節用 1、0 表示真、假外，為方便使用，在 C99 中新增了 **_Bool** 布林資料型別 (可記錄真或假的值)，而為了方便使用，還提供 stdbool.h 的含括檔，含括這個檔案後，可用 bool 宣告布林資料型別的變數，在程式中可用 true、false 表示 1 (真)、0 (假)，參見以下範例：

■ Ch04_08.c 使用 C99 的 stdbool.h 及 bool 型別

```c
01  #include <stdio.h>
02  #include <stdbool.h>
03
04  int main(void)
05  {
06    bool x= false; // 布林型別
07    bool y= 99;     // 指定成數值
08
09    printf("bool 型別大小為 %d 位元組\n", sizeof(_Bool));
10    printf("x=%d, y=%d\n", x, y);
11    printf("x && y => %d\n", x && y); // AND 運算
12    printf("x || y => %d\n", x || y); // OR  運算
13    printf("  !x   => %d\n", !x);     // NOT 運算
14    printf("  !y   => %d\n", !y);
15
16    return 0;
17  }
```

執行結果

```
bool 型別大小為 1 位元組
x=0, y=1
x && y => 0
x || y => 1
  !x   => 1
  !y   => 0
```

1. 第 2 行含括 <stdbool.h>, 之後程式可使用 bool、true、false 等字符。

2. 第 6、7 行用 bool (也可寫成 _Bool) 宣告布林變數 x、y。_Bool 型別 的特色是它只會有 0、1 (假、真) 2 種值, 所以第 7 行雖然指定 y 初始值 99, 但第 10 行輸出 y 時確是 1。也就是說指定 _Bool 變數的初始值時, 所 有非零的值都相當於 1。

3. 第 9 行輸出 sizeof(_Bool) 的值, 結果為 1, 表示 C 語言內部以 1 個 位元組來表示布林值。在沒有 C99 的場合, 很多人也會用 1 個位元組的 unsigned char 表示布林值。

由於真、假的判斷是程式經常用到的功能，因此許多嵌入式系統的關發環境，就算不支援 C99 的 _Bool 型別，也會提供類似 stdbool.h 的含括檔，自訂真、假值的表示方式 (通常也是用 true、false 等文字)。

 邏輯運算又稱為布林代數 (Boolean algebra)，是為了記念英國數學家 George Boole 而命名，所以邏輯運算的真假值，又稱為布林值；而可儲存布林值的資料型別即稱為布林資料型別。

4-3-2　邏輯算符與其他算符的混合運用

在本章一開始曾經說過，運算元可以為算式，而在使用邏輯算符的算式中，只把運算元分成真與假兩類。所以，如果邏輯算符的運算元是一個關係算符的算式，則整個運算會先進行關係算符的運算 (結果為 1 則歸類為真，結果為 0 則歸類為假)，接著再用關係算符的運算結果來做邏輯算符的真假判斷。比如說，已知 3>2 和 2>1 是真，根據邏輯推演表可以推演出幾個結果：

```
3>2 && 2>1    ◄── 結果為 1，因為 3>2 (1) AND 2>1 (1) 為真
3>2 && 1>2    ◄── 結果為 0，因為 3>2 (1) AND 1>2 (0) 為假
3>2 || 1>2    ◄── 結果為 1，因為 3>2 (1) OR 1>2 (0) 為真
!(3>2)        ◄── 結果為 0，因為 3>2 為真，非真就是假
```

如果用算數算符的算式來當成邏輯算符的運算元，當算式結果為 0 則會被邏輯算符當成假來處理，如果是非 0 的結果則會當成真來處理，例如若 a=2，b=2 則：

```
a+b && a-b    ◄── 結果為 0，因為 a+b 為 4 是真，a-b 為 0 是假，
                  『真 AND 假』為假
a+b || a-b    ◄── 結果為 1，因為『真 OR 假』為真
!(a+b)        ◄── 結果為 0，因為非真為假
```

以下範例則是將算術、比較、邏輯算符合在一起使用的簡例：

■ Ch04_09.c 從螢幕輸出邏輯推演的結果

```
01  #include <stdio.h>
02
03  int main(void)
04  {
05    int a=2,b=2;
06
07    printf("a+b>a-b && a+b<a-b 的邏輯推演結果為 %d\n",
08            a+b>a-b && a+b<a-b);
09    printf("a+b>a-b || a+b<a-b 的邏輯推演結果為 %d\n",
10            a+b>a-b || a+b<a-b);
11
12    return 0;
13  }
```

執行結果

```
a+b>a-b && a+b< a-b 的邏輯推演結果為 0
a+b>a-b || a+b< a-b 的邏輯推演結果為 1
```

1. 第 7-8 行, a+b>a-b && a+b<a-b 的邏輯推演：

   ● 先算出 a+b 為 4, a-b 為 0。

   ● 接著左邊的 a+b > a-b 可看成 4>0, 結果為 1。右邊的 a+b<a-b 可看成 4<0, 結果為 0。

   ● 最後邏輯算式 1 && 0 結果為 0。

2. 第 9-10 行, 同理可推, 最後邏輯算式 1 ‖ 0 結果為 1。

4-4 指定算符與其他算符

除了以上三大類的算符外, 還有幾個很實用的算符, 在本節會一一介紹。

4-4-1 指定 (=) 算符

我們常見的 = 符號, 當然也是一個算符, 而且是最普遍的算符。但 C 語言中的等號與關係算符中的等於不太一樣, 關係算符的 == 是『判斷是否相等』, 而單一個 = 等號是『將等號右邊的數值 (或算式的運算結果、函式的傳回值) 指定給等號左邊的變數』, 所以在 C 語言中, "=" 稱為指定算符。

指定數值

= 算符可以將等號右邊的數值指定給左方。由於一次只能指定數值給一個變數, 所以在等號的左方, 只能有一個變數名稱, 如下：

```
a = 10 ;       ◄── 變數 a 的值被指定為 10
a = 10 + 10;   ◄── 變數 a 的值被指定為 10 + 10 的結果
a = b + 10;    ◄── 變數 a 的值被指定為變數 b 的值加上 10 的結果
a = a + 1;     ◄── 變數 a 的值被指定為本身加 1 後的值
```

當等號的右方是一個算式時, 仍然需依照該算式原本的運算規則進行運算, 然後再將運算結果指定給左方的變數, 舉個實例來詳細說明等號的用法：

■ Ch04_10.c 利用 = 符號將各種不同的值指定給變數

```
01 #include <stdio.h>
02
03 int main(void)
04 {
05   int i=10, j; // i 的值等於 10
06
07   j = i + 10;  // j 的值等於 10 + 10
08   i = i + j;   // i 的舊值 10 加上 j 的值 20
09                // 變成了新的 i 值 30
10   j = j + 1;
```

接下頁

```
11    printf("i 的值為 %d\n",i);
12    printf("j 的值為 %d\n",j);
13
14    return 0;
15 }
```

執行結果

```
i 的值為 30
j 的值為 21
```

1. 第 5 行, i 的變數值被指定為 10。

2. 第 7 行, i + 10 的結果值指定給變數 j, j 變成 20。

3. 第 8 行, i + j 的結果指定給 i, i 變成 10+20=30。

4. 第 10 行, j + 1 的結果值指定給 j, j 變成 21。

等號與其它算符合併

　　= 算符也可與算數算符合併使用, 簡化一些特定算式的寫法, 如右表所示:

算符	原來的算式	縮減後
+=	a=a+b	a+=b
-=	a=a-b	a-=b
*=	a=a*b	a*=b
/=	a=a/b	a/=b
%=	a=a%b	a%=b

　　使用實例:

■ Ch04_11.c 計算 a=a+b 與 a=a*b 的值

```
01 #include <stdio.h>
02
03 int main(void)
04 {
05    int a=33, b=66;
```

接下頁

```
06
07    a += b;   // 也就是 a = a + b
08    printf("a = %d\n",a);
09
10    a *= b;   // 也就是 a = a * b
11    printf("a = %d\n",a);
12
13    return 0;
14  }
```

執行結果

```
a = 99
a = 6534  ◄── 最後 a 的值已經不是 33，而是 99 乘以 66
```

4-4-2 累加 ++ 與累減 -- 算符

++ 算符可以使變數的值加 1，-- 算符可以使變數的值減 1，其用法如下表所示：

算符	語法	相當於
++ (置於變數前)	++a	a=a+1
++ (置於變數後)	a++	a=a+1
-- (置於變數前)	--a	a=a-1
-- (置於變數後)	a--	a=a-1

++ 與 -- 算符可以放在變數前面或者後面，雖然兩種寫法最後結果都會讓變數加 1 或減 1，但是若與其它算符一同出現在算式中，則放在變數『前面』、『後面』的累加、累減算符，對算式會有不同影響。

在此先以 ++ 來說明：a++ 表示先用 a 的值運算之後再加 1；而 ++a 則是用加 1 之後的 a 值也就是 a+1 的值來運算。參考以下範例程式執行結果，就可了解其中的差異：

■ Ch04_12.c 使用 ++a 及 a++

```c
01  #include <stdio.h>
02
03  int main(void)
04  {
05    int a=20; // 初始值 20
06
07    // 計算 ++a*10
08    printf("++a *10 = %d\n", ++a*10);
09    printf("a= %d\n\n",a);
10
11    a=20; // 重新設定 a 的值為 20
12
13    // 計算 a++*10
14    printf("a++ *10 = %d\n", a++*10);
15    printf("a= %d\n",a);
16
17    return 0;
18  }
```

執行結果

```
++a * 10 = 210
a = 21

a++ * 10 = 200
a = 21
```

如結果所示，Ch04_11.c 中的 ++a*10 算式，是先將 a 的值加 1 成為 21 後，再讓 a 參與乘 10 的運算，所以結果是 210。而 a++*10，則是以加 1 前的 a 值 (也就是 20) 來運算，所以結果是 200。但不論是 ++a 或 a++，變數的值都因 ++ 算符而被加上 1。也因此，兩次輸出 a 值都是 21。

a-- 與 --a 也是相同的情形。a-- 是先用 a 的值運算之後再減 1。而 --a 則是用減 1 之後的 a 值來運算，也就是 a-1 的值。使用時請多加注意。

 請注意!! 沒有累乘 ** 以及累除//。

使用多個累加、累減算符

如果要將累加、累減算符和加、減算符合併使用, 要注意需適度地將不同的運算符號分開, 例如下面全部擠在一起的寫法, 不但我們自己看不懂, 連編譯器也會無法辨識:

```
a = b+++++c;
a = b-----c;
```

此時應利用空格或括弧, 如下隔開累加/減算符和加/減算符:

```
a = b++ + ++c;  或   a = (b++) + (++c)
a = b-- - --c;  或   a = (b--) - (--c)
```

不過最好還是將敘述分開 (例如先累加減完, 再另外做加減運算), 一方面程式較容易閱讀, 也可避免錯誤。

4-5 算式結構與算符的優先權

當一個算式中, 出現了兩個以上的算符時, 便會有先處理哪一個算符的問題。比如說在一個簡單的算式 a+b*c 中, C 語言也是和我們所學的一樣, 依『先乘除、後加減』的規律進行運算。但如果同時用了關係算符或邏輯算符, 這時候的處理順序又是如何呢?

在 C 語言中, 已預先定義算符的優先權大小, 當算式中出現多個算符時, 就由各算符的優先權來決定要先進行哪個部份的計算。下表是本章介紹到的算符之優先權, 表中列的優先權數字愈小, 表示其優先權愈高 (例如優先權 1 的算符, 在所有算符中的會優先計算):

優先權	算符
1 (最高)	( ) (括號, 不含型別轉換)、++ (累加, 置於變數後)、-- (累減, 置於變數後)
2	+ (正號)、- (負號)、! (NOT)、++ (累加, 置於變數前)、-- (累減,置於變數前)、sizeof、& (取址)
3	() (型別轉換)
4	* (乘)、/ (除)、% (餘數)
5	+ (加)、- (減)
6	> (大於)、< (小於)、>= (大於或等於)、<= (小於或等於)
7	== (等於)、!= (不等於)
8	&& (AND)
9	‖ (OR)
10 (最低)	= (指定, 及複合指定)

　　優先權定好了, 那我們要如何用優先權來判斷處理的先後順序呢? 我們可遵守以下 4 個原則進行:

1. **優先權高者, 先處理**：數字越小表示優先權越高, 優先權高者先處理。如乘號算符的優先權被定義為 2, 加法算符 + 的優先權被定義為 3, 所以在算式 a+b*c 中, 計算順序為 b*c 後再加上 a。

2. **優先權同者, 由左至右處理**：在算式中, 相同優先權者會從最左邊開始, 逐次將每個算符作處理。如定義算符中, 加法算符 + 與減法算符 - 的優先權相同, 所以如算式 a-b+c 的計算順序是 a-b 後的數值再加上 c 才是算式的結果。

3. **括號算符 () 擁有最高優先權**：當括號算符出現時, 左右括號括住的算式會擁有最高的優先權, 以算式 (a+b)*c 為例, 雖然乘法算符 * 的優先權高於加法算符, 但括號內的算式會先處理, 也就是說計算順序為先算括號中的 a+b 的數值, 再去乘以 c 才是這個算式的正確答案。

4. **指定算符 = 優先權最低**：指定算符的出現都是代表著一個算式的結束, 所以指定算符會是算式最後處理的算式。

1. 試檢查以下程式語法, 合法的請打勾 , 不合法的請說明理由

   (1) a+b = c+d

   (2) a+b == c+d

   (3) a = 1 + a

2. 試檢查以下程式語法 ,合法的請打勾 , 不合法的請說明理由

   (1) a <> b

   (2) a => b

   (3) a-b && a+b

3. 試回答下列程式中每個階段的 a 值 (提示：程式是連貫的所以 b,c 值一直在變)：

   int a, b=1, c=1;

   a = (++b) + (++c);   a 的值：＿＿＿＿＿＿

   a = (b++) + (++c);   a 的值：＿＿＿＿＿＿

   a = (++b) + (c--);   a 的值：＿＿＿＿＿＿

   a = (b--) + (--c);   a 的值：＿＿＿＿＿＿

4. 試回答下列程式輸出的內容：

   int x=0,y=1;

   printf(" %d",!a&&!b); ＿＿＿＿＿＿

   printf(" %d",!a||!b); ＿＿＿＿＿＿

   printf(" %d",a&&a&&b); ＿＿＿＿＿＿

   printf(" %d",a||b||a); ＿＿＿＿＿＿

5. 試回答以下關係算符的結果真假。已知 a=0, b=0, c=0

   (1) a<b +4

   (2) b == c

   (3) a+b+c==-3*-b

   (4) a & & b

6. 試回答以下關係算符的結果真假。已知 b=0, c=0

   (1) !b*4||4-3

   (2) !c-!!b+!0

7. 試回答以下關係算符的結果真假。已知 f=1, g=1

   (1) -f+g>=3.0*g

   (2) f||0

8. 已知 a=1,b=1 試回答以下邏輯算符推演結果

   (1) a || b || a+b

   (2) !a && !b

9. 已知 a=1,b=1 試回答以下邏輯算符推演結果

   (1) a+b && a-b

   (2) a>b && a<b

10. 已知 a=1,b=1 試回答以下邏輯算符推演結果

   (1) (a || b) - (a && b)

   (2) (!a || !b) - (!a && !b)

1. 試寫一程式求出 25 除以 3 的商以及餘數。

2. 試寫一程式求出 25 除以 -3 的商以及餘數。

3. 試寫一程式計算出 5 階乘的值 (5 × 4 × 3 × 2 × 1)。

4. 試寫一程式計算重量度量衡的轉換, 輸入公斤, 程式會換算成磅。
   (1 公斤 = 2.2 磅)

5. 試寫一程式計算以下的數學方程式 (x 值由使用者輸入)。
   $1/x + 1/x^2 + 1/x^3$

6. 試寫一個程式將使用者輸入的攝氏溫度轉成華氏溫度。

7. 試寫一個程式由使用者輸入立方體的長、寬、高, 再計算其體積 (體積 = 長 * 寬 * 高)。

8. 試寫一個程式由使用者輸入半徑, 計算球體的體積 (球體體積 = $4/3 × \pi r^3$)。

9. 試寫一個程式模擬存款機, 使用者輸入存入幾枚拾圓硬幣、五圓硬幣和壹圓硬幣, 程式輸出存入總額。

10. 試寫一個程式要求使用者輸入兩個數字 (假設只能輸入 0 或 1), 接著輸出兩個數字的 AND 及 OR 運算的結果。

05

位元運算與
暫存器位元存取

- 以位元為單位的邏輯運算

- 移位運算

- 嵌入式系統上的暫存器設定

在 C 語言中有一組位元算符 (Bitwise Operator)，是以『位元』為單位對運算元進行運算，在嵌入式系統的程式設計中，經常會用到這類運算，以下先從位元的邏輯運算開始介紹。

5-1 AND、OR、XOR 與補數運算

上一章介紹的 &&、||、! 等邏輯算符，是將整個運算元的值視為真 (1)、假 (0) 來做運算，例如：

```
int a=2, b=3, c=0;
...
a && b  ◄── a (2) 視為真 (1)、b (3) 視為真 (1), AND 結果為 1 (true)
a || c  ◄── a (2) 視為真 (1)、c (0) 視為假 (1), OR 結果為 1 (true)
```

而位元算符中也有一組邏輯算符，它們會將運算元中的每個位元，個別進行處理，位元邏輯算符共有 4 種：

算符	功能	例子
&	位元 AND	a & b，將 a 的位元與 b 的位元做 AND 運算
|	位元 OR	a | b，將 a 的位元與 b 的位元做 OR 運算
^	位元 XOR	a & b，將 a 的位元與 b 的位元做 XOR 運算
~	位元補數	~a，求 a 的補數 (1 的補數)

請注意位元算符僅能用於整數資料型別的運算元，浮點數不能直接拿來做位元運算。

5-1-1 &：位元 AND 運算

位元 AND 運算是將 2 個運算元中的每個位元 (bit 0 和 bit 0, bit 1 和 bit 1...) 個別做 AND 運算，運算的方式和前一章邏輯 AND 相似：

bit A	bit B	A & B 結果
0	0	0
0	1	0
1	0	0
1	1	1

例如十進位數字 2 和 3 做 & 運算, 我們可將兩數字轉成二進位後, 如下運算：

```
 bit 7 ┐              ┌── bit 0
       0000 0010  ◄──── (2)₁₀
   &   0000 0011  ◄──── (3)₁₀
   ----------------------
       0000 0010
           └──────────── 參照上表, 將上下兩個位元做運算
```

在上面表格中, 兩個 bit 同時為 1, & 運算才是 1, 所以 (2 & 3) 的結果, 只有 bit 1 會是 1, 再換算回十進位, 結果就是 2。

以下寫成程式來驗證：

■ Ch05_01.c 位元的 & 運算

```
01 #include <stdio.h>
02
03 int main(void)
04 {
05   printf("   2 & 3   = %d\n", 2 & 3);
06   printf("1023 & 512 = %d\n", 1023 & 512);
07   printf("  33 & 512 = %d\n", 33 & 512);
08
09   return 0;
10 }
```

執行結果

```
   2 & 3   = 2
1023 & 512 = 512
  33 & 512 = 0
```

1. 第 5 行輸出 2 & 3 的運算結果, 符合前面的說明, 結果為 3。

2. 第 6 行使用位數較多的整數, 輸出 1023 & 512, 結果為 512。同樣將 2 個數字轉成二進位, 即可知道結果 (程式中的字面常數為 32 位元整數, 此處為簡化說明, 以 16 位元表示, 結果相同):

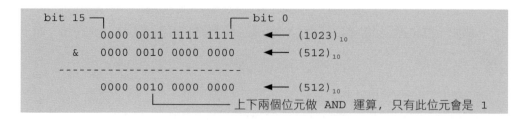

3. 第 7 行輸出 33 & 512 的運算結果為 0。

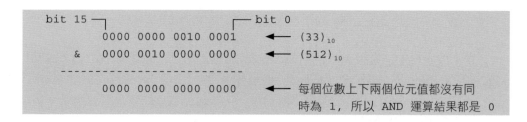

若參與位元運算的 2 個運算元, 其資料長度不同也沒關係。就像第 2 章曾提到過, 參與運算的兩個運算元, 會自動轉換成範圍較大的型別。所以 8 位元整數與 32 位元整數做 & 運算時, 前者會自動做型別轉換成 32 位元整數, 以便進行位元 AND 運算。

5-1-2 |: 位元 OR 運算

位元 OR 運算的處理和 AND 運算類似, 只是將每個位元改做 OR 運算:

bit A	bit B	A | B 結果
0	0	0
0	1	1
1	0	1
1	1	1

和邏輯的 OR 運算相似, 參與運算的兩個位元只要其中之一為 1 (真), 結果就是 1 (真)。再以十進位數字 2 和 3 為例, 2 | 3 運算方式如下:

```
bit 7 ┐                    ┌─ bit 0
         0000 0010
    &    0000 0011
---------------------
         0000 0011
              └──────────── 參照上表, 將上下兩個位元做運算
```

結果為 3。以下寫成程式來驗證:

■ Ch05_02.c 位元的 | 運算

```
01  #include <stdio.h>
02
03  int main(void)
04  {
05    printf(" 2 |  3  = %d\n",  2 |  3);
06    printf("-2 | -3 = %d\n", -2 | -3);
07    printf("-2 |  2  = %d\n", -2 |  2);
08
09    return 0;
10  }
```

執行結果

```
 2 |  3  = 3
-2 | -3 = -1
-2 |  2  = -2
```

第 6、7 行使用負數做位元 OR 運算, 我們同樣可轉成二進位 (2 的補數) 來計算, 為方便說明, 此處仍以 16 位元示範:

```
bit 15 ┐                              ┌─ bit 0
         1111 1111 1111 1110   ◄──  (-2)₁₀
      |  1111 1111 1111 1101   ◄──  (-3)₁₀
      ------------------------
         1111 1111 1111 1111   ──►  (-1)₁₀
```

如果是 32 位元整數, 對 -2、-3 而言, bit 31～16 也都是 1, 所以 OR 的運算也都是 1, 最後結果也仍是 -1。第 7 行『-2 | 2』的運算結果, 讀者可自行用相同方式驗證之。

5-1-3 ^：位元 XOR 運算

位元的 XOR (eXlusive OR) 運算, 只要 2 個位元的值不同, 結果就是 1 (真)；2 個位元的值相同, 結果就是 0 (假)。

bit A	bit B	A ^ B 結果
0	0	0
0	1	1
1	0	1
1	1	0

例如十進位數字 2 和 3 做 ^ 運算, 結果如下：

```
bit 7 ┐              ┌ bit 0
      0000 0010  ◄── (2)10
    ^ 0000 0011  ◄── (3)10
---------------------
      0000 0001
             └──────────── 只有 bit 0 的值不同, 所以最後結果為 1
```

5-1-4 ~：位元補數運算

位元的補數運算 (Complement) 運算, 運算方式有點類似邏輯的 NOT 運算, 而且也同樣只能用於單一個運算元。補數運算就是將運算元中的每個位元值做互補運算, 即 0 變 1、1 變 0, 例如 ~2 的運算如下：

```
bit 7 ┐            ┌ bit 0
    ~ 0000 0010
---------------------
      1111 1101 ──► (-3)10
```

■ Ch05_03.c 位元的 XOR 及補數運算

```c
01 #include <stdio.h>
02
03 int main(void)
04 {
05   printf("  2 ^ 3  = %d\n", 2 ^ 3);
06   printf("192 ^ 168 = %d\n\n", 192 ^ 168);
07
08   printf("  ~2 = %d\n", ~2);
09   printf("~255 = %d\n", ~255);
10
11   return 0;
12 }
```

執行結果

```
  2 ^ 3  = 1
192 ^ 168 = 104

  ~2 = -3
~255 = -256
```

第 5、6 輸出 (2 ^ 3)、(192 ^ 168) 的結果，第 8、9 行則是輸出 (~2)、(~255) 的結果，請讀者自行練習用紙筆試算。

5-2 移位運算

5-2-1 左移和右移算符

C 語言還有 2 個位元算符，分別是左移 << 及右移 >> 運算。其語法為：

```
A << B  ◄── 將 A 之中的每個位元都向左移 B 個位元的位置
A >> B  ◄── 將 A 之中的每個位元都向右移 B 個位元的位置
```

左移 << 運算表示將第 1 個運算元中的每個位元, 全部向左移第 2 個運算元指定的位數。先用 8 位元的情況說明, 例如 3 << 2, 表示要將 3 的位元都左移 2 位:

```
                    bit 7 ─┐        ┌─ bit 0
           3 << 2 ──→      00000011
     位元都左移 2 位         00000011◄┘
     ─────────────────────────────────
                           00001100 ──→ 十進位的 12
```

右移 >> 運算表示將第 1 個運算元中的每個位元, 全部向右移第 2 個運算元指定的位數。例如 30 >> 2, 表示要將 30 的位元都右移 2 位:

```
                    bit 7 ─┐        ┌─ bit 0
          30 >> 2 ──→      00011110
     位元都右移 2 位        └→00011110
     ─────────────────────────────────
                           00000111 ──→ 十進位的 7
```

如上所示, 不管是左移或右移, 被『移出』範圍的 0、1 都會被忽略。而移位時空出的位元, C 語言並無規定, 目前多數編譯器的實作, 都是對正數補上 0；對負數右移時, 則會讓最左邊的位元保持 1 (讓數值保持負值)。以下簡單示範幾個位元左移、右移運算, 幫助讀者瞭解:

■ Ch05_04.c 位元左移、右移運算

```c
01  #include <stdio.h>
02
03  int main(void)
04  {
05    printf(" 3 <<  2 = %d\n", 3<<2);
06    printf("99 <<  3 = %d\n", 99<<3);
07    printf(" 2 << 30 = %d\n\n", 2<<30);
08
09    printf(" 2468 >> 2 = %d\n", 2468>>2);
10    printf("65535 >> 3 = %d\n", 65535>>3);
11    printf("   -2 >> 30 = %d\n", -2>>30);
12
13    return 0;
14  }
```

執行結果

```
  3 <<  2 = 12
 99 <<  3 = 792
  2 << 30 = -2147483648

 2468 >> 2  = 617
65535 >> 3  = 8191
   -2 >> 30 = -1
```

第 7 行做 2<<30 的運算, 也就是將 32 位元整數中, bit 1 的數值 1 移到 bit 31 的位置, 使得數值變成負數:

```
bit 31                              bit 0
      0000 0000 ... 0000 0010  ◄─  十進位的 2
      1000 0000 ... 0000 0000  ◄─  左移 30 位,
                                   變成十進位的 -2147483648
```

至於第 11 行的 -2>>30, 因為是負值, 在 Dev-C++ 的實作中, 每次右移仍會在最左邊補 1, 所以右移的結果變成所有位元都是 1, 也就是十進位的 -1:

```
bit 31                              bit 0
      1111 1111 ... 1111 1110  ◄─  十進位的 -2
      1111 1111 ... 1111 1111
      └── 因為是負值, 每次右移都會在最左邊的位元補 1
```

5-2-2 利用位移算符做乘除運算

仔細觀察位移算符的結果, 可以發現, 它相當於做整數的乘法 (左移) 和除法 (右移), 例如前面看過的 3 << 2, 就相當於:

```
3 = (00000011)₂ = 1×2¹ + 1×2⁰
3 << 2 = (00001100)₂ = 1×2³ + 1×2² = 2² × (1×2¹ + 1×2⁰)
```

$$3 = (00000011)_2 = 1 \times 2^1 + 1 \times 2^0$$
$$3 << 2 = (00001100)_2 = 1 \times 2^3 + 1 \times 2^2 = 2^2 \times (1 \times 2^1 + 1 \times 2^0)$$

簡單的說, 左移 N 位元就是將數字乘上 2 的 N 次方;右移 N 位元, 就是將數字除以 2 的 N 次方。但右移時相當於整數除法, 所以不能整除時, 餘數會被省略, 參見以下範例:

```
01  #include <stdio.h>
02
03  int main(void)
04  {
05    int test;
06
07    printf("請輸入一個整數: ");
08    scanf("%d", &test);
09
10    printf("%d 乘 2 等於 %d\n", test, test << 1);
11    printf("%d 乘 4 等於 %d\n", test, test << 2);
12    printf("%d 乘 8 等於 %d\n\n", test, test << 3);
13
14    printf("%d 除以 2 等於 %d\n", test, test >> 1);
15    printf("%d 除以 4 等於 %d\n", test, test >> 2);
16    printf("%d 除以 8 等於 %d\n", test, test >> 3);
17
18    return 0;
19  }
```

執行結果

```
請輸入一個整數: 999      ◀━━  輸入數字後按 Enter 鍵, 本例輸入 999
999 乘 2 等於 1998
999 乘 4 等於 3996
999 乘 8 等於 7992

999 除以 2 等於 499
999 除以 4 等於 249
999 除以 8 等於 124
```

5-2-3 位元算符與指定算符的合併算符

位元算符也可與指定算符合在一起, 以簡化同時做位元運算及指定的寫法:

算符	原來的算式	縮減後
&=	a = a&b	a &= b
^=	a = a^b	a ^= b
|=	a = a|b	a |= b
<<=	a = a<<b	a <<= b
>>=	a = a>>b	a >>= b

請注意，位元補數運算因為只用於單一運算元，所以沒有與指定算符合併的寫法。

5-2-4　位元算符的優先權

上一章介紹算符與算式時，提到過不同的算符有不同的優先權，而本章介紹的位元算符也有其優先權設定，下表是將上一章算符優先權表格，加入位元算符重新整理的結果 (表中列的優先權數字愈小，表示其優先權愈高)：

優先權	算符
1 (最高)	( ) (括號, 不含型別轉換)、++ (累加, 置於變數後)、-- (累減, 置於變數後)
2	+ (正號)、- (負號)、! (NOT)、**~ (位元補數)**、++ (累加, 置於變數前)、-- (累減,置於變數前)、sizeof、& (取址)
3	() (型別轉換)
4	* (乘)、/ (除)、% (餘數)
5	+ (加)、- (減)
6	**<< (左移)、>> (右移)**
7	> (大於)、< (小於)、>= (大於或等於)、<= (小於或等於)
8	== (等於)、!= (不等於)
9	**& (位元 AND)**
10	**^ (位元 XOR)**
11	**| (位元 OR)**
12	&& (邏輯 AND)
13	|| (邏輯 OR)
14 (最低)	= (指定, 及複合指定)

位元算符優先權整理如下：

● 位元補數運優先權與其它單元 (Unary) 算符如正負號等同級。

● 位元左移、右移算符的優先權在加、減算符之後。

● 位元 AND、XOR、OR 算符的優先權在邏輯 AND、OR 算符之前。

5-3 輸出入暫存器的位元清除與設定

位元的操作在電腦程式不一定會用到，但在嵌入式系統的程式則經常可看到。因為 MCU 中通常是用暫存器來控制輸出入腳位的狀態與組態設定，以及控制一些系統資源的設定，由於資源有限，這些暫存器幾乎都是以位元為單位，用來代表某個腳位的狀態、某項設定是開啟或關閉等等。此時就會利用位元運算，只修改指定位置的位元值，而不影響暫存器中的其它位元。

5-3-1 清除指定位元的值

清除 (Clear) 的意思表示將指定的位元設為 0。在不顧慮暫存器中其它位元，或是想將整個暫存器都清為 0，可直接將暫存器的值設為 0：

```
// 假設 PORTA 是輸出入埠 Port A 的暫存器名稱
PORTA = 0;
```

但如果暫存器的不同位元有不同的功能用途，不便將全部位元全部設為 0 時，就可利用位元 AND 運算來處理。

回顧位元的 AND 運算：任何位元值 "x & 0" 的結果都會是 0，而任何位元值 "x & 1"，其結果都仍會是原來的值。所以要清除暫存器中指定位置的位元時，只需將該位置的位元與 0 做 AND 運算，其它位置則與 1 做 AND 運算即可。例如要清除某暫存器的 bit 2、3，可如下處理：

```
// 假設 PORTA 是輸出入埠 Port A 的暫存器名稱
PORTA &= 0xF3;  ◀── 也就是與 11110011 (bit 2、3 為 0)
                    做位元 & 運算
```

寫成程式如下：

■ Ch05_06.c 清除位元的設定

```
01  #include <stdio.h>
02
03  int main(void)
04  {
05    // 模擬 8 位元暫存器，預設值 0xFF
06    unsigned char PORTA = 0xFF;
07    printf("PORTA 初始值為 %02X\n\n", PORTA);
08
09    PORTA &= 0xF3;    // 將 bit 2,3 清除為 0
10    printf("將 bit 2,3 清除為 0 後\n");
11    printf("PORTA 的值為 %02X\n", PORTA);
12
13    PORTA &= 0x3F;    // 再將 bit 6,7 清除為 0
14    printf("繼續將 bit 6,7 清除為 0 後\n");
15    printf("PORTA 的值為 %02X\n", PORTA);
16
17    return 0;
18  }
```

執行結果

```
PORTA 初始值為 FF

將 bit 2,3 清除為 0 後
PORTA 的值為 F3

繼續將 bit 6,7 清除為 0 後
PORTA 的值為 33
```

第 6 行宣告一個 8 位元變數 PORTA 來模擬 8 位元暫存器，並設定初始值為 0xFF。首先在第 9 行做『PORTA &= 0xF3』運算，將 bit 2,3 清除為 0：

```
            bit 7 ──┐        ┌── bit 0
    0xFF  ──────→    1111 1111
  & 0xF3    &         1111 0011
  ───────          ───────────────
    0xF3  ←────      1111 0011
```

接著繼續做『PORTA &= 0x3F』運算，再將 bit 6,7 清除為 0：

```
            bit 7 ──┐        ┌── bit 0
    0xF3  ──────→    1111 0011
  & 0x3F    &         0011 1111
  ───────          ───────────────
    0x33  ←────      0011 0011
```

5-3-2 設定指定位元的值

此處『設定』 (Set) 的意思表示將指定的位元設為 1。同樣的，在可以不顧慮暫存器中其它位元的情況，可如下隨意將暫存器的位元值全部設為 1，或是只設定部份位元：

```
// 假設 PORTA 是 8 位元暫存器名稱
PORTA = 0xFF;  // 將全部位元設為 1 (1111 1111)
PORTA = 0x18;  // 將 bit 3,4 設為 1 (0001 1000)
```

若情況不允許一次變更全部位元，就可利用位元 OR 運算來做設定的動作：因為任何位元值 (x | 1) 結果都會變成 1，而任何位元值 (x | 0) 都仍會是原來的值。所以要設定暫存器中指定位置的位元時，只需利用 OR 運算，在指定位元的位置設為 1，其它位置為 0 即可，例如要設定 bit 2、3，可如下處理：

```
// 假設 PORTA 是輸出入埠 Port A 的暫存器名稱
PORTA |= 0x0C;  ◄── bit 2、3 為 1 (0000 1100)
```

程式範例如下：

■ Ch05_07.c 設定指定位元值為 1

```
01  #include <stdio.h>
02
03  int main(void)
04  {
05    // 模擬 8 位元暫存器，預設值 0x00
06    unsigned char PORTA = 0x00;
07    printf("PORTA 初始值為 %02X\n\n", PORTA);
08
09    PORTA |= 0x0C;      // 將 bit2,3 設為 1
10    printf("將 bit 2,3 設為 1 後\n");
11    printf("PORTA 的值為 %02X\n\n", PORTA);
12
13    PORTA |= 0xC0;      // 再將 bit6,7 設為 1
14    printf("繼續將 bit 6,7 設為 1 後\n");
15    printf("PORTA 的值為 %02X\n", PORTA);
16
17   return 0;
18  }
```

執行結果

```
PORTA 初始值為 00

將 bit 2,3 設為 1 後
PORTA 的值為 0C

繼續將 bit 6,7 設為 1 後
PORTA 的值為 CC
```

第 6 行宣告一個 8 位元變數 PORTA 來模擬 8 位元暫存器，並設定初始值為 0x00。首先在第 9 行做『PORTA |= 0x0C』運算，將 bit 2, 3 設為 1：

```
           bit 7 ┐          ┌ bit 0
   0x00  ──►        0000 0000
 | 0x0C  |          0000 1100
 -------    ---------------
   0x0C  ◄──        0000 1100
```

接著繼續做『PORTA |= 0xC0』運算，再將 bit6, 7 設為 1：

```
           bit 7 ─┐         ┌─ bit 0
   0x0C  ──→       0000 1100
 | 0xC0   |        1100 0000
 -------           ---------
   0xCC  ──→       1100 1100
```

5-3-3　使用 XOR 運算切換位元狀態

　　如果想切換 (Toggle) 某個位元的狀態 (0 變 1，或 1 變 0)，以位元 AND、OR 來操做，就必須先用下一章要介紹的流程控制語法，判斷目前的位元值為何，再決定要用哪一種運算 (要由 0 變 1 就用 |；由 1 變 0 則用 &)。但如果改用位元 XOR 運算，只需將指定位置的位元與 1 做 XOR 運算，不想切換的則與 0 做 XOR 運算，就能在不必判斷目前值的情況下，進行『切換』的動作；

```
// 假設 PORTA 是輸出入埠 Port A 的暫存器名稱
PORTA ^= 0x06;  ◀── 切換 bit 1、2 的值
```

　　若 PORTA 的值是 0，就會變成：

```
 bit 7 ─┐         ┌─ bit 0
         0000 0000
   ^     0000 0110  ◀── 0x06
         -------------
         0000 0110
```

　　若 PORTA 全部位元的值是 1，則會變成：

```
 bit 7 ─┐         ┌─ bit 0
         1111 1111
   ^     0000 0110  ◀── 0x06
         -------------
         1111 1001
```

程式範例如下：

■ Ch05_08.c 用 XOR 切換位元值

```
01  #include <stdio.h>
02
03  int main(void)
04  {
05    // 模擬 8 位元暫存器，預設值 0xF0
06    unsigned char PORTA = 0xF0;
07    printf("PORTA 初始值為 %02X\n\n", PORTA);
08
09    PORTA ^= 0x07;    // 切換 bit 2,1,0
10    printf("切換 bit 2,1,0 後\n");
11    printf("PORTA 的值為 %02X\n\n", PORTA);
12
13    PORTA ^= 0xE0;    // 切換 bit 7,6,5
14    printf("切換 bit 7,6,5 後\n");
15    printf("PORTA 的值為 %02X\n", PORTA);
16
17    return 0;
18  }
```

執行結果

```
PORTA 初始值為 F0

切換 bit 2,1,0 後
PORTA 的值為 F7

切換 bit 7,6,5 後
PORTA 的值為 17
```

第 6 行宣告一個 8 位元變數 PORTA 來模擬 8 位元暫存器，並設定初始值為 0xF0。首先在第 9 行做『PORTA ^= 0x07』運算來切換 bit2, 1, 0 狀態：

```
            bit 7 ┐        ┌ bit 0
    0xF0  ──→       1111 0000
  ^ 0x07      ^     0000 0111
  ────────          ─────────────
    0xF7  ◄──       1111 0111
```

接著繼續做『PORTA ^= 0xE0』運算來切換 bit7, 6, 5 狀態：

```
        bit 7 ┐           ┌ bit 0
   0xF7 ──────▶   1111 0111
 ^ 0xE0      ^    1110 0000
 -------       -------------
   0x17 ◀────     0001 0111
```

5-3-4　使用補數及左移算式輔助位元操作

補數與位元操作

　　補數運算亦可應用於位元操作，通常都是搭配自訂常數來用。例如第 3 章提過的輸出腳位連接 LED 的情況，假如 LED 連接的腳位在暫存器代表的位元是 bit 0，此時可如下定義一個常數來使用：

```
#define LED 0x01
...
PORTA |= LED;   // 將外接 LED 的腳位設為 1（高電位）
...
PORTA &= ~LED;  // 將外接 LED 的腳位清為 0（低電位）
```

　　最後一行就是利用 ~ 取得自訂常數的補數 (0x01 => 0xFE)，再與暫存器做位元的 AND 運算。這種自訂常數的寫法，一方面可讓程式看起來比較容易閱讀，因為看到常數名稱就能瞭解目前是控制哪一個週邊；另一方面也可避免程式寫錯，例如記錯連接 LED 的腳位 (位元位置)，或是打錯運算元的數字等等。

左移算符與位元操作

　　將左移算符應用於位元操作，同樣有讓程式碼看起來比較容易瞭解的效果。因為做位元操作時，通常是像前面的範例，使用十六進位表示的數字來設定，但對大部份的人而言，解讀十六進位數字畢竟不像讀十進位數字一樣直覺，這時就會利用如下方式，用左移算符來控制想要操作的位元位置：

```
const unsigned char bit = 1;  // 宣告值為 1 的常數
...
PORTA |= (bit<<0);   // 設定 bit 0
...
PORTA |= (bit<<3);   // 設定 bit 3
...
PORTA &= ~(bit<<7);  // 清除 bit 7
```

像這樣的寫法，看到左移的數字，就能知道這行敘述是在設定/清除哪一個位元，不必自己解讀 0x40、0x04... 這樣的十六進位數字，才知道各個位元是 0 或 1...。

5-4 讀取暫存器的位元狀態

如果需要藉由讀取暫存器的位元，來查看某個輸入腳位的狀態 (例如查看 MCU 連接的按鈕是否被按下了)，也會用到位元算符。此時通常是利用 & 運算以及上一章介紹的邏輯運算，例如：

```
#define SWITCH 0x01          // 若按鈕連接的腳位對應到 bit 0
...
...(PORTA & SWITCH) == 0x01   // 看按鈕是否被按下
...(PORTA & SWITCH) != 0x00   // 也可用 != 算符
```

本例是假設按鈕被按下時，腳位會是高電位 (暫存器位元值 1)，所以先用位元 AND 運算將 bit 0 以外的位元都清除為 0，再用 == 或 != 運算比較，以確定按鈕的狀態。

 視按鈕電路連接的方式，有些是按鈕被按下時，腳位會是高電位 (暫存器位元值 1)；另一種則是在按鈕被按下時，連接的腳位會是低電位 (位元值 0)。

以上程式片段只檢查單一位元狀態，有時也可一次檢查多個位元，例如查看多個按鈕是否同時被按下、指撥開關 (DIP Switch) 的值，或是暫存器中某個用多位元表示的組態...等等。例如以下範例程式所示：

■ Ch05_09.c 用位元運算和邏輯運算來檢查位元值

```
01 #include <stdio.h>
02 #define SWITCH1 0x01        // 若按鈕 1 連接的腳位對應到 bit 0
03 #define SWITCH2 0x02        // 若按鈕 2 連接的腳位對應到 bit 1
04
05 int main(void)
06 {
07   // 假設暫存器讀到的值為 0xF6
08   unsigned char PORTA = 0xF6;
09   printf("PORTA 輸入值為 %02X\n\n", PORTA);
10
11   printf("按鈕 1 被按下? %d\n", (PORTA & SWITCH1) == SWITCH1);
12   printf("按鈕 2 被按下? %d\n", (PORTA & SWITCH2) == SWITCH2);
13   printf("按鈕 1, 2 同時被按下? %d\n",
14             (PORTA & (SWITCH2|SWITCH1) == (SWITCH2|SWITCH1)));
15
16   return 0;
17 }
```

執行結果

```
PORTA 輸入值為 F6

按鈕 1 被按下? 0
按鈕 2 被按下? 1
按鈕 1, 2 同時被按下? 0
```

1. 十進位數值 8、6 做位元 AND 運算 "8 & 6" 所得的結果為？

   (1) 0　　(2) 1　　　(3) 14　　　(4 86

2. 十進位數值 5、7 做位元 OR 運算 "5 | 7" 所得的結果為？

   (1) 1　　　(2) 3　　　(3) 5　　　(4) 7

3 . 試回答下列程式中每個階段的 a 值 (提示：程式是連貫的, 所以要注意變數值是否在上一行被修改了)：

   ```
   unsigned char a, b=2, c=4; a = b & c;
   ```

   a = b | c;　　a 的值：_____

   a = b ^ c;　　a 的值：_____

   a = ~b;　　　a 的值：_____

   a = ~c;　　　a 的值：_____

4. 試回答下列程式輸出的內容：

   int x=0,y=1;

   printf(" %d",!a&&!b); _____

   printf(" %d",!a||!b); _____

   printf(" %d",a&&a&&b); _____

   printf(" %d",a||b||a); _____

5. 試回答以下算式的結果。已知 a=0, b=0xFF, c=1

   (1) a & b

   (2) c | a

   (3) a ^ b

   (4) ~c

6. 試回答以下算式的結果。

   (1) (1|0) | (1&0)

   (2) (1|0) & (1&0)

   (3) (1|0) ^ (1&0)

7. 試回答以下算式的結果。

   (1) (1 << 1) | (16 >> 1))

   (2) (1 << 2) & (16 >> 2))

   (3) (1 << 3) ^ (16 >> 3))

8. 已知 a=8, b=4, 試回答以下邏輯推演的結果

   (1) (a | b) == (a & b)

   (2) (a >> b) == (b >> a)

9. 已知 a=8, b=4, 試回答以下算式的結果

   (1) (a < b) & (a < b)

   (2) (a > b) | (b > a)

   (3) (a <= b) ^ (b >= a)

10. 已知 a=1, b=1, 試回答以下邏輯推演的結果

   (1) (a | b) || (a & b)

   (2) (a | ~b) && (~a & b)

1. 試寫一個程式要求使用者輸入兩個數字, 接著輸出兩個數字位元 &、| 運算的結果。

2. 呈上題, 除了 &、| 運算, 也輸出兩個數字 &&、|| 運算的結果。並比對 & 和 &&, 以及 | 和 || 的結果是相同。

3. 試寫一個程式, 讓使用者輸入正整數, 並求其 1 的補數及 2 的補數。

4. 試寫一程式, 利用位移算符, 計算 2 倍、4 倍、8 倍音速的時速 (假設音速為每秒 343.2 公尺)。

5. 呈上題, 利用位移算符, 計算 1/2、1/4、1/8 音速的時速 (假設音速為每秒 343.2 公尺)。

6. 在電腦應用中, 有一種稱為 Parity Check (同位檢查, 或稱為奇偶校驗) 的錯誤偵測方式。在傳送資料時, 例如傳送 1 位元組的資料, 會另外傳送 1 位元的同位檢查位元, 讓收到資料的對方, 可利用此位元來確認收到的資料是否有問題。同位檢查方式之一, 就是看位元組中有多少個 1：若有偶數個 1, 同位檢查位元就是 0；若有奇數個 1, 同位檢查位元就是 1。請寫一個程式, 利用位元運算來計算 4 位元數值 (0~15) 的同位檢查位元值。例如輸入 4, 程式會算出 1、輸入 10, 程式會算出 0 (提示：可利用位元 XOR 及位移等算符)。

7. 假設 MCU 輸出腳位如圖連接 8 個 LED 燈, 腳位 0~7 對應到暫存器 PORTA 的 bit 0~7, 位元值 1 表示腳位為高電位, 且會點亮 LED。試寫一程式, 改變 PORTA 的值, 模擬先點亮 LED0、LED2、LED4、LED6 的 LED, 再換成點亮 LED1、LED3、LED5、LED7, 請將 PORTA 值用 printf() 輸出。

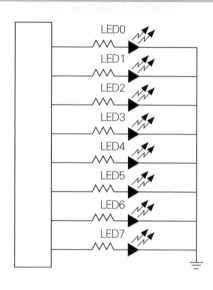

8. 呈上題, 現在想讓 LED 在全滅的狀態下, 以『每次只點亮一個』的方式, 由 LED7 開始, 逐一點亮到 LED0。試將控制 PORTA 的方式寫成程式, 並將 PORTA 值用 printf() 輸出。

9. 呈上題, 現在想改成『每次同時點亮 2 個 LED』的方式, 由第 LED0、LED1 個開始, 逐個點亮到 LED6、LED7。試將控制 PORTA 的方式寫成程式, 並將 PORTA 值用 printf() 輸出。

10. 假設 MCU 輸出腳位如圖連接 4 個 LED 燈, 腳位 0~3 對應到暫存器 PORTA 的 bit 0~3, 位元值 1 表示對應的按鈕被按下。試寫一程式, 判斷是否按鈕 SW2、SW3 同時被按下。假設 (1) 第 1 次讀到的輸入值是 0x08；(2) 第 2 次讀到的輸入值是 0x05。

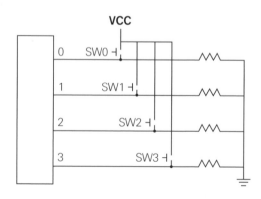

條件判斷式

- 了解甚麼是條件判斷式為真,甚麼是條件判斷式為假的情形

- 利用條件判斷式改變程式執行流程

- 學習如何將要作判斷的情況,寫成條件判斷式

我們平常做事時，會根據當前的狀況來判斷下一步該如何進行。例如坐公車到學校，半路突然公車拋錨，這是你可能會 (1) 下車等下一班車； (2) 因為拋錨點距學校只有一站，而決定用走的；(3) 因為才剛上車，決定走回家，並改騎機車到學校...。

在程式中也能像這樣子，根據條件判斷來決定程式執行的流程。在條件判斷中會用到第 4 章介紹的邏輯運算，也就是利用某種狀況是真或假，來決定下一步該執行的動作。

6-1 條件判斷(1)：if

首先，介紹第 1 個最簡單的條件判斷式敘述，就是 **if**。if 的意思就是『如果...就...』，也就是說當『如果』的情形成立時，就會執行接下來的程式敘述。其語法如下：

```
if(條件算式)
{
    ...動作...
}
```

1. **if**：『如果』的意思。程式會根據條件算式的結果，來判斷接下來是否執行『動作』的程式。如果條件算式結果為真，則執行動作；如果為假，則跳過不執行動作。

2. **條件算式**：結果為真或假的算式，通常由邏輯或條件算符組成，也可以為數值。算式的運算結果為 0，表示結果為假；運算結果為 1 或其他非 0 的數值，則表示結果為真。

3. **動作**：用大括號括住的任何程式敘述，如運算式、輸出輸入等。如果需執行的『動作』只有一行敘述，可以省略大括號。

TIP　撰寫 if 程式段落時，依習慣或不同的規範，有幾種不同寫法。本書中原則上都會讓大括號獨立一行，而大括號內的程式則會內縮。

執行 if 敘述時, 若條件為真, 則執行指定的『動作』 (程式)。若條件判斷式不成立, 則略過該動作而繼續往下執行。如下:

```
if( gas < 1 ) // 判斷汽油存量是否少於一格
{
  printf("請先加滿油再上路\n" ) ;
}

printf("請注意行車安全\n" ) ;
```

流程圖如右:

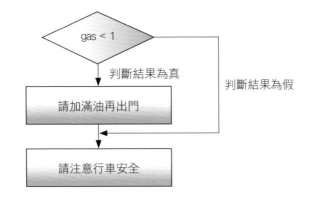

舉個例子來說, 我們可以用條件判斷式來判斷是否為折扣商品, 如果為折扣商品, 以打折後的價格來計算; 否則以原價出售。如下:

■ Ch06_01.c 計算折扣商品的售價

```
01  #include <stdio.h>
02
03  int main(void)
04  {
05          // price 為售價, discount 是折扣
06    int price,discount;
07    int option;                  // 折扣的選項
08
09    printf("請輸入產品售價:\n");
10    scanf("%d",&price);          // 輸入產品售價
11    printf("是否為打折商品");
12    printf("(輸入 1 表示是, 其餘數字表示不是): \n");
13    scanf("%d",&option);         // 選擇是否有折扣
14
```

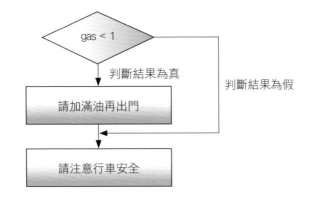接下頁

```
15    if (option==1)                    // 判斷折扣的選項
16    {
17        printf("請問打幾折？(請輸入 1~9 的數字)\n");
18        scanf("%d",&discount);         // 輸入折扣數
19        price=price*discount*0.1; // 計算打折後的售價
20    }
21
22    printf("應付 %d 元\n",price);
23
24    return 0;
25 }
```

執行結果

```
請輸入產品售價：
580
是否為打折商品（輸入 1 表示是，其餘數字表示不是）：
1
請問打幾折？(請輸入 1~9 的數字)
8
應付 464 元
```

第 15～20 行間
為條件判斷式，執行程
式的流程圖如右：

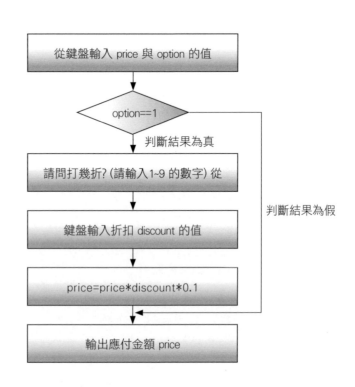

6-2 條件判斷(2)：if-else

if-else 的意思是說『如果...就...否則就...』。與 if 不同的是, if-else 還包含了當 if 的條件不成立時, 程式所需要執行的動作, 其語法如下:

```
if (條件算式)
{
   ...動作 1...
}
else
{
   ...動作 2...
}
```

當條件算式成為真, 則執行動作 1, 然後略過動作 2, 接著往下執行；如果條件算式為假, 則略過動作 1, 執行 else 的動作 2, 然後再往下執行。也就是說, 動作 1 與動作 2 只會因條件判斷式的真假而擇一執行, 不會兩個都執行。比如說:

```
...
if(age >= 18)
{
  printf("您已經成年了\n");
}
else
{
  printf("您還未成年\n");
}
```

流程圖如右:

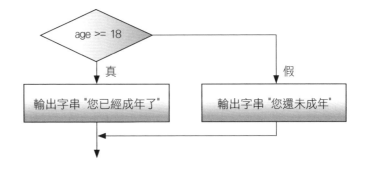

接下來舉個例子來說明，範例程式將利用條件判斷式，判斷從鍵盤輸入的整數數值為單數或是雙數。程式如下：

```c
01  #include <stdio.h>
02
03  int main(void)
04  {
05    int integer;
06
07    printf("判斷單雙數，請輸入一個數字：");
08    scanf("%d",&integer);
09
10    // 判斷 integer 是否可被 2 整除 (餘數為 0)
11    if (integer%2 == 0)
12    {            // 為真，從螢幕輸出是雙數的訊息
13      printf("%d 是雙數!!\n", integer);
14    }
15    else
16    {            // 為假，從螢幕輸出是單數的訊息
17      printf("%d 是單數!!\n", integer);
18    }
19
20    return 0;
21  }
```

執行結果

```
判斷單雙數，請輸入一個整數：2048   ◄── 輸入測試值
2048 是雙數！！
```

執行結果

```
判斷單雙數，請輸入一個整數：6543   ◄── 重新執行程式，輸入測試值
6543 是單數！！
```

第 8 行，由鍵盤取得使用者輸入的值並存入變數 integer 後，在第 11 行的條件判斷式作判斷。當 integer 的數值除以 2 餘數為 0 時，便執行第 13 行，輸出結果是雙數的訊息。當 integer 的數值值除以 2 不等於 0 時，便執行第 17 行，輸出結果是單數的訊息。流程圖如下：

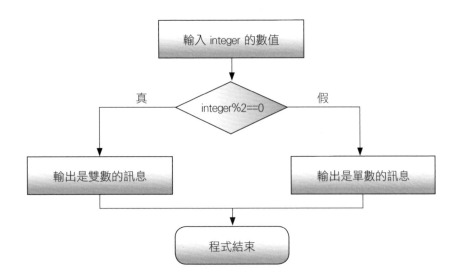

T!P 有使用 if 不一定要使用 else。但是, 有 else 前面就一定要配上 if, 否則編譯時會出現示誤訊息, 例如 Dev-C++ 會顯示『'else' without a previous 'if'』, 表示找不到 else 對應的 if。

6-3 條件判斷(3)：if-else if

條件判斷式也可以設定兩個以上的條件算式, 將所有的狀況分得更細。使用 if-else if, 意思是說『如果...就...否則如果...就...』。語法如下：

```
if( 條件算式 1 )
{
  動作 1
}
else if( 條件算式 2 )  ← 可加入多個 else if 區塊
{
  動作 2
}
else                  ← 可有可無
{
  最後動作
}
```

if-else if 通常是用在可能發生的狀況多許多種，且都要做不同處理的場合。
例如想將學生成績依平均分數來分級：

```
char grade;          // 代表等級的變數

if(avg> = 90)        // 若平均分數大於等於 90
{
  grade = 'A';       // A 等
}
else if(avg >= 80)   // 90 分以下，大於等於 80
{
  grade = 'B';       // B 等
}
else                 // 80 分以下
{
  grade = 'C';       // C 等
}

printf("成績為 %c", grade);
```

流程圖如下：

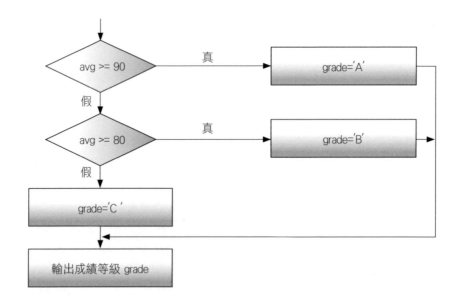

在撰寫程式時，要注意 if、else if 條件安排的順序，例如上面程式若寫成：

```
if(avg> = 80)         // 若平均分數大於等於 80
  ...
else if(avg >= 90)    // 若平均分數大於等於 90
  ...
```

則 else if 的部份永遠都不會成立，因為所有 80 分以上的狀況都會進入 if 的部份執行；而剩下 80 分以下的狀況，在 (avg>90) 的判斷，永遠都會是假 (false)，使得 else if 的區塊永遠不會被執行。補救方式之一就是將第 1 個 if 條件寫得更嚴謹：

```
if(avg<90 && avg> = 80)   // 若平均分數大於等於 80
  ...                     // 且小於 90
else if(avg >= 90)        // 若平均分數大於等於 90
  ...
```

像這樣將 if 的條件改成 (avg<90 && avg> = 80)，就會使 90 分以上、80 分以下的狀況，都會進入後面 else if 繼續處理，讓 90 分以上者，能順利在 else if 的部份做處理。

在 if 條件判斷式下，可以同時使用多個 else if。沿用上面的學生成績分級的範例，現在將成績的等級增加為 5 等，然後利用 else if 分別處理。程式如下：

■ Ch06_03.c 將成績分等

```
01  #include <stdio.h>
02
03  int main(void)
04  {
05    int score;
06
07    printf("成績分等，請輸入成績\n");
08    scanf("%d",&score);
09
10    if (score>=90)        // score 值大於等於 90 是否為真
11      printf("甲等!!\n");  // 為真，輸出結果
12
```

接下頁

```
13    // 為假，再判斷 score 大於等於 80 是否為真
14    else if (score>=80)
15       printf("乙等!!\n");   // 為真，輸出結果
16
17    // 為假，再判斷 score 大於等於 70 是否為真
18    else if (score>=70)
19       printf("丙等!!\n");   // 為真，輸出結果
20
21    // 為假，再判斷 score 大於等於 60 是否為真
22    else if (score>=60)
23       printf("丁等!!\n");   // 為真，輸出結果
24
25    else
26       printf("戊等!!\n");   // 為假，輸出結果
27
28    return 0;
29 }
```

執行結果

```
成績分等，請輸入成績
77
丙等!!
```

1. 第 8 行，由鍵盤輸入成績變數 score 的值。

2. 第 10 行，開始作第 1 個條件判斷式判斷，假如第 8 行輸入的 score 值大於或等於 90，就會執行第 11 行；否則就會執行第 14 行。

3. 第 14 行，如果第 10 行條件判斷式結果為假，就會執行本行，作第 2 個條件判斷式的判斷。判斷結果，如果 score 在 89~80 之間就會執行第 15 行；否則就會執行第 18 行。

4. 第 18 行，如果第 14 行條件判斷式結果為假，就會執行本行，作第 3 個條件判斷式的判斷。判斷結果，如果 score 在 79~70 之間就會執行第 19 行；否則就會執行第 22 行。

5. 第 22 行,如果第 18 行條件判斷式結果為假,就會執行本行,作第 4 個條件判斷式的判斷。判斷結果,如果 score 在 69~60 之間就會執行第 23 行;否則就會執行第 25 行。

以上範例畫成流程圖如下:

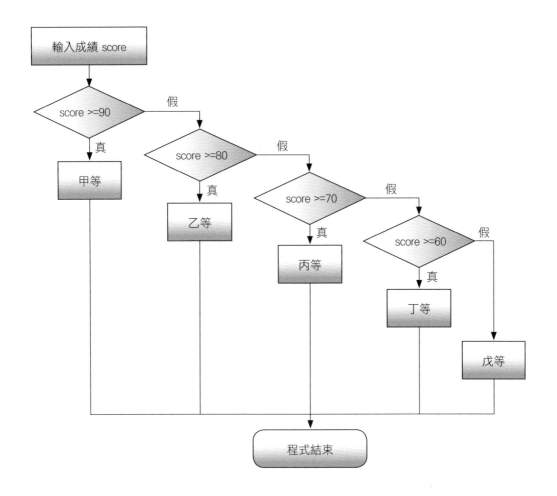

(TIP) if 後可以加上不限幾個 else if, 但是最多只能有一個 else。

6-4　條件判斷(4)：巢狀 if

在 if 條件判斷式所執行的動作中，可以有其他的 if 條件判斷式。也就是在大括號內的程式中，可以有另一組 if、if-else 等敘述，此種用法稱為巢狀 if (Nested-if)，結構如下：

```
if(條件算式 1)
{
  ...
  if( 條件算式 2 )
  {
    ...
  }
  ...
}
else
{
  ...
  if( 條件算式 3 )
  {
    ...
  }
  ...
}
```

巢狀 if 條件判斷式適用於需要層層過濾資料的情況，比如說，要用腰圍來檢測是否肥胖，由於男、女的標準不同，所以可如下利用巢狀 if 條件判斷式來檢查：

■ Ch06_04.c 腰圍檢查

```
01  #include <stdio.h>
02
03  int main(void)
04  {
05    char male;        // 是否為男性
06    float waist;      // 腰圍
07
08    printf("請問你是男生嗎？ (y/n) ");
```

接下頁

```
09    male=getchar();
10    printf("請問腰圍? ");
11    scanf("%f",&waist);
12
13    printf("\n");
14    if (male=='y')         // 判斷是否為男生
15    {
16      if (waist>=90)       // 判斷腰圍是否超過 90
17                           // 判斷結果為真
18        printf("請注意腰圍, 要多運動和均衡飲食!!\n");
19      else                 // 判斷結果為假
20        printf("很好, 請繼續保持身材!!\n");
21    }
22    else                   // 女生
23    {
24      if (waist>=80)       // 判斷腰圍是否超過 80
25                           // 判斷結果為真
26        printf("請注意腰圍, 要多運動和均衡飲食!!\n");
27      else                 // 判斷結果為假
28        printf("很好, 請繼續保持身材!!\n");
29    }
30
31    return 0;
32  }
```

執行結果

請問你是男生嗎? (y/n) y
請問腰圍? 95.5

請注意腰圍, 要多運動和均衡飲食!!

執行結果

請問你是男生嗎? (y/n) n   ◄── 再執行一次程式, 輸入不同資料
請問腰圍? 75

很好, 請繼續保持身材!!

1. 第 14 行的條件判斷式，會判斷第 8 行從鍵盤輸入變數 male 的字元值。如果 male=='y' 為真，會進入 if 的大括號；為假則執行第 22 行 else 的部份。

2. 第 16 行的條件判斷式，會判斷第 11 行從鍵盤輸入變數 waist 的值。如果 waist>=90 為真，執行第 18 行；若為假，則執行第 20 行。

3. 第 24 行的條件判斷式，會判斷第 11 行從鍵盤輸入變數 waist 的值。如果 waist >=80 為真，執行第 26 行；若為假，則執行第 28 行。

將以上範例畫成流程圖如下：

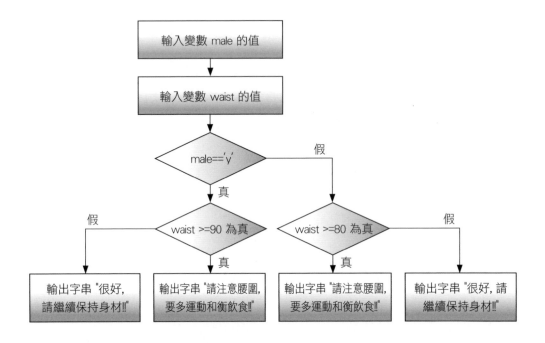

巢狀 if 時，不一定要像上面範例，在 if、else 大括號中都各有一個巢狀 if-else，可也以只在 if 或 else 其中之一的大括號內有巢狀的 if 或 if-else。

 使用巢狀 if 條件判斷式時，內層條件判斷式的範圍一定要包含在外層條件判斷式的大括號內。

6-5 條件判斷(5)：switch-case

接下來要介紹的另外一種條件判斷式 switch-case，其意思是『選擇合適的個案來執行』。swtich-case 是適合多選一的條件判斷式，也就是說當條件算式有多種可能時，可利用 switch-case 語法，從多個不同條件狀態中，挑選出一個來執行。switch-case 的語法如下：

```
switch( 條件算式)
{
  case 條件算式值 1 :
          動作 1
          break ;
  case 條件算式值 2 :
          動作 2
          break ;
  case ...
  default :
          最後動作
}
```

1. **switch**：意思是『選擇』。會根據條件算式的結果，判斷接下來要執行哪一個 "case" 內的動作。

2. **條件算式**：必須是整數型別的變數或傳回整數的算式。

3. **case**：存在於 switch 內的敘述，可同時存在兩個以上。每個 case 都帶有不同的條件算式值與動作。switch 會根據條件算式的運算結果，跳到符合的 case 段落，從該處開始執行程式。

4. **條件算式值**：可用字面常數或定義常數來表示條件算式可能的結果值。

5. **break**：結束 case 內動作的敘述。參考以下範例說明。

6. **default**：和 case 一樣會帶有一段程式碼，但是不會帶有條件算式值。當 switch 的根據條件算式值，找不到符合的 case 來執行時，便會執行 default 內的程式碼。

例如要設計一個自動駕駛的程式，在看到路口紅綠燈交通號誌時的動作，可如下用 switch-case 控制：

```
int color = ...; // 紅綠燈燈號代碼，假設紅燈為 1,
                 // 綠燈為 2，黃燈為 3

switch(color)
{
    case 1:     // 紅燈為 1
        printf("踩剎車\n" );
        break ;
    case 2:     // 綠燈為 2
        printf("繼續前進\n" );
        break ;
    case 3:     // 黃燈為 3
        printf("加速通過\n" ) ;
        break ;
    default:    // 燈號故障？
        printf("減速慢行\n" ) ;
}
...
```

switch 會根據 color 的值，選擇執行哪一個 case 。比如說，如果 color 等於 1, 會執行 case 1: 內的程式碼；若 color 等於 2, 會執行 case 2: 內的程式碼；...。無對應的 case 可執行時，會執行 default 內的程式碼。流程如下：

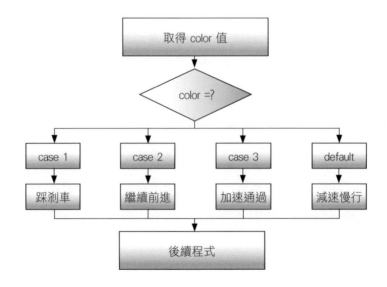

上面的例子是直接用字面常數設定 case 的值, 有時候為了怕記錯數字的意思、或是為了讓程式更容易閱讀, 會將 case 用到的數值用 #define 定義成常數, 例如:

```
#define RED 1      // 紅燈
#define GREEN 2    // 綠燈
#define YELLOW 3   // 黃燈

switch(color)
{
    case RED:      // 紅燈為 1
        ...
    case GREEN:    // 綠燈為 2
        ...
    case YELLOW:   // 黃燈為 3
        ...
    default:
        ...
}
```

像這樣, 就算不知道實際 RED、GREEN、YELLOW 代表的數值為何, 也能很容易猜出每一段 case 所處理的是什麼情況。我們將上面的範例寫成一個程式, 由於不是真的在汽車上執行的自動駕駛程式, 所以請使用者輸入數值 1、2、3 來當做紅綠燈的輸入:

■ Ch06_05.c 用 switch case 控制程式流程

```
01 #include <stdio.h>
02 #define RED 1      // 紅綠燈燈號代碼, 紅燈為 1
03 #define GREEN 2    // 綠燈為 2
04 #define YELLOW 3   // 黃燈為 3
05
06 int main(void)
07 {
08   int color;              // 紅綠燈顏色輸入值
09
10   printf("請輸入紅綠燈燈號 (紅1, 綠2, 黃3): ");
11   scanf("%d", &color);    // 從鍵盤輸入紅綠燈顏色代碼
12
```

接下頁

```
13    switch(color)
14    {
15        case RED:
16            printf("紅燈，踩剎車\n" );
17            break ;
18        case GREEN:
19            printf("綠燈，繼續前進\n" );
20            break ;
21        case YELLOW:
22            printf("黃燈，加速通過\n" ) ;
23            break ;
24        default:      // 燈號故障？
25            printf("無法辨識，減速慢行\n" ) ;
26    }
27
28    return 0;
29 }
```

執行結果

> 請輸入紅綠燈燈號（紅1，綠2，黃3）：1
> 紅燈，踩剎車

執行結果

> 請輸入紅綠燈燈號（紅1，綠2，黃3）：8
> 無法辨識，減速慢行

1. 第 13 行用第 11 行取得的輸入數值進行判斷，選擇數值相符的 case 段落來執行。各 case 所用的都是用程式開頭以 #define 定義的顏色名稱。

2. 當使用者輸入的值與所有 case 的值都不同時（例如上面第 2 個執行結果），就會執行 24-25 行 default: 的部份。

省略 break 敘述 - 合併處理多個 case 條件

在每個 case 結尾的 break; 敘述有非常重要的功用，它的用途是結束整個 switch-case 的處理。如果沒有這個 break; 敘述，程式將會繼續執行下一行敘述。例如若上面紅綠燈的範例程式改寫成：

```
switch(color)
{
    case RED:
        printf("紅燈，踩剎車\n");
    case GREEN:
        printf("綠燈，繼續前進\n");
    case YELLOW:
        printf("黃燈，加速通過\n") ;
    default:      // 燈號故障？
        printf("無法辨識，減速慢行\n") ;
}
```

那麼當 color == RED 時，會跳到『case RED:』，輸出 "紅燈..." 訊息，接著由於沒有『break;』敘述，程式會緊接輸出後續 "綠燈..."、"黃燈..." 等所有訊息，直到遇到 switch 的大括號 } 為止。

雖然這樣看起來，case 一定要搭配 break。但某些情況，也可利用省略 break 時，程式會接續執行的特性，讓數個 case 條件都會執行到同一個程式段落。例如上面紅綠燈程式原本讓使用者輸入數字 1、2、3，若現在要改成讓使用者輸入字元 'r'、'g' 或 'y'，且允許使用者輸入大寫和小寫，此時程式可改寫成如下：

■ Ch06_06.c 合併的 case 條件

```
01  #include <stdio.h>
02
03  int main(void)
04  {
05      char color;             // 紅綠燈顏色輸入值
06
07      printf("請輸入紅綠燈燈號 (紅r，綠g，黃y): ");
```

接下頁

```
08    scanf("%c", &color);   // 從鍵盤輸入紅綠燈顏色代碼
09
10    switch(color)
11    {
12        case 'r':  // 小寫 r 或
13        case 'R':   // 大寫 R 都會執行到相同段落
14            printf("紅燈, 踩剎車\n");
15            break ;
16        case 'g':  // 小寫 g 或
17        case 'G':   // 大寫 G 都會執行到相同段落
18            printf("綠燈, 繼續前進\n");
19            break ;
20        case 'y':  // 小寫 y 或
21        case 'Y':   // 大寫 Y 都會執行到相同段落
22            printf("黃燈, 加速通過\n");
23            break ;
24        default:   // 燈號故障？
25            printf("無法辨識, 減速慢行\n");
26    }
27
28    return 0;
29 }
```

執行結果

```
請輸入紅綠燈燈號 (紅r, 綠g, 黃y): r
紅燈, 踩剎車
```

執行結果

```
請輸入紅綠燈燈號 (紅r, 綠g, 黃y): R   ◄── 輸入大寫或小寫執行結果都相同
紅燈, 踩剎車
```

　　第 12、13 行將 2 個 case 連在一起, 也就相當於 case 'r': 的部份沒有被 break 敘述中斷, 所以會接續執行底下 case 'R': 的部份, 輸出 "紅燈" 的訊息。第 16、17 行, 以及第 20、21 行的寫法相同, 所以輸入指定字元的大寫或小寫, 都會看到相同的輸出結果。

1. 下列敘述何者正確

   (1) if 後面可以加很多 else

   (2) 有 else 前面就一定要有 if

   (3) if 後面一定要有 else

2. 下列敘述何者正確

   (1) switch-case 後面一定要加上 endcase 來終止 case

   (2) switch 可以與 if 合併使用

   (3) case 'A' 可以接受 A 與 a 的 case

3. 下列語法何者正確

   (1) if (a+b)　(2) if (a)　(3) if ('a')　(4) 以上皆是

4. 請完成下面程式：

   ```
   int a = 10, b = 5;
   if(_____ )
     printf( "a 比較大" );
   else
     printf( "b 比較大" );
   ```

5. 請將以下文字敘述, 寫成 C 語言 if 條件判斷式

   (1) 如果 a 大於 b, a 就等於 b, 否則 b 就等於 a

   (2) 如果 a 等於 b, a 就減 1, 否則 b 就加 1

6. 判斷下列敘述是否正確, 若有錯請改正：

   ```
   if( getche ( ) ! = '\n' )
   then
   printf("Access!");
   ```

7. 請更改以下程式的錯誤

```
switch(a);
{
  case (1)
  {
    b = 1;
    break;
  }
  case 2
  {
    b = 2;
    break;
  }
  case '3':
    b = 3;
}
```

8. 請判斷以下輸出為何, 已知 a=0, b=1

   (1) if (a) printf("%d",a); else printf("%d",b);

   (2) if (b) printf("%d",a); else printf("%d",b);

   (3) if (a) x = a; else x=b; printf("%d",x);

9. 請判斷以下輸出為何, 已知 a=0, b=1

   (1) if (a||b) printf("%d",a); else printf("%d",b);

   (2) if (a&&b) printf("%d",a); else printf("%d",b);

   (3) if (!a) printf("%d",a); else printf("%d",b);

10. 請更正以下語法, 正確的請打勾。

```
if(a = = b)                    _____
  printf("a 等於 b");
else if a > b                  _____
  printf("a 大於 b");
else if(a < b ) ;              _____
  printf("a 小於 b");
else
  printf("a 與 b 無法比較");    _____
```

程 式 練 習

1. 寫一程式比較三個任意輸入的數字, 並輸出最小值。

2. 試寫一程式, 讓使用者輸入三角形的 3 個邊長, 並驗證輸入值是否合理 (三角形任 2 邊的邊長的和一定大於第 3 邊)。

3. 寫一使用者輸入密碼的程式, 密碼錯誤時, 螢幕便輸出錯誤訊息, 密碼正確輸出正確訊息。密碼都是數字, 範圍在 1000~9999 之間, 由程式設計者設定。

4. 有一家電話公司的計費方式是：每個月打 600 分鐘以下, 每分鐘 0.5 元；打 600～1200 分鐘所有電話費以 9 折計算；若是打 1200 分鐘以上；全部以 79 折計算, 試寫出計費程式。

5. 寫一程式, 輸入學生的成績, 成績在 80～100 分列為 A；60～79 列為 B；60 分以下列為 C。(利用 if)

6. 承上題, 改用 switch 。

7. 寫一程式, 利用條件算符, 判斷輸入的數字是否為 3 的倍數。

8. 試寫一程式，可將使用者輸入的英文字母，由大寫轉成小寫，或由小寫轉成大寫 (提示：請參考附錄 A 所列大小寫英文字母的 ASCII 碼，此外大小寫英文字母的 ASCII 碼相差 32)。

9. 已知男生標準體重 = (身高 - 80)*0.7，女生標準體重 = (身高 - 70)*0.6。試寫一程式可以計算男女的標準體重 (提示：先選擇性別，然後再決定要用哪一個公式)。

10. 試寫一程式，從鍵盤輸入一週工作的時數，並將應得的薪資顯示在螢幕上。計算方法如下：

(1) 40 小時 (含) 以下的部分，以基本時薪每小時 60 元計算。

(2) 第 41 小時 (含) 以上部分，以基本時薪的 1.33 倍計算。

迴圈控制

- 學習讓程式能重複執行的方法

- 學習控制程式執行次數的方法

- 了解甚麼是迴圈以及認識各種迴圈的語法

- 學習跳出迴圈的方法

電腦程式的方便之處，在於我們可以把各種繁雜、重複、枯燥的計算，寫成程式，讓電腦代替人工處理。程式之所以能完成這類的計算，主要原因是在於利用**選擇性**與**重複性**這兩個重要特性。**選擇性**就是上一章所介紹的，利用條件判斷式及 if-else、switch-case 控制程式執行的流程。而本章則要介紹如何利用**迴圈 (loop)** 來重複執行特定的工作。

迴圈也是利用條件判斷式，來決定是否要重複執行某個程式片段，C 語言提供 while、do-while、for 等不同迴圈語法，在本章會一一介紹。

7-1 預先條件算式迴圈：while

預先條件算式的 while 迴圈，就是先檢查條件算式結果是否為真 (即不等於 0)。若為真，則執行一次迴圈內的動作，然後再跳回條件算式再做檢查。如此一直循環，直到條件算式不成立為止 (等於 0) 才離開迴圈。 while 迴圈語法如下：

```
while (條件算式)
{
   ...動作
}
```

1. **while**：此為 C 語言關鍵字，while 敘述會根據條件算式的真假，來決定是否執行指定的動作。若為真，則執行以大括號括住的動作；若為假則跳過動作不執行，也就是跳出迴圈。

2. **條件算式**：可以為任何算式、變數或數值。如果結果為非 0 的數值，則表示為真；否則為假。

3. **動作**：可以為任何合法的程式語法。

while 的執行流程如下圖所示：

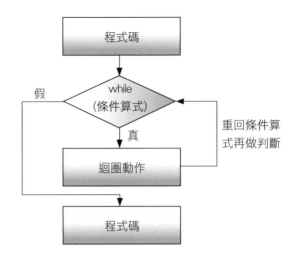

此種迴圈適用於當迴圈內容不一定需要執行時，因為 while 的條件式會先作判斷，再決定是否執行迴圈動作。舉個例子來說，想利用程式計算任 2 個整數數字間的整數和，但要求使用者要先輸入較小的數值，再輸入較大的數值，否則不計算，這時候可將 while 條件算式寫成：當變數數值小於或等於另一個變數值時，才進行累加的運算，程式如下：

■ Ch07_01.c 累加指定範圍內整數

```
01  #include <stdio.h>
02  int main(void)
03  {
04    int start, end, sum=0;
05
06    printf("計算累加總和，請輸入起始值與結束值(需皆為整數)\n");
07    scanf("%d %d",&start,&end);
08    printf("從 %d 累加到 %d 的總和為", start, end);
09
10    while(start<=end)    // 迴圈的條件算式
11    {
12      sum=sum+start;     // 每次都將 start 的值加到 sum
13      start++;           // 將 start 的值加 1
14    }
15    printf("%d", sum);
16
17    return 0;
18  }
```

計算累加總和, 請輸入起始值與結束值(需皆為整數)
23 74　　◀── 輸入先小後大的整數值
從 23 累加到 74 的總和為 2522

計算累加總和, 請輸入起始值與結束值(需皆為整數)
123 74　　◀── 輸入先大後小的整數值
從 123 累加到 74 的總和為 0

1. 第 10 行的迴圈條件算式, 會根據第 7 行輸入的 start 跟 end 值做判斷。如果 start 值小於或等於 end, 則會執行迴圈動作, 開始累加計算;如果 start 值大於 end, 表示條件為假, 不會執行迴圈動作。

2. 第 10~14 行為迴圈的部份,
   其流程圖如右:

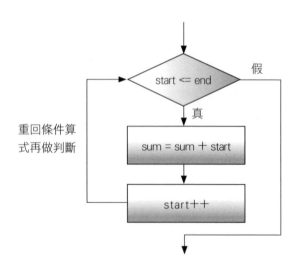

重回條件算式再做判斷

利用 while 進行輾轉相除法

再舉一個例子, 假設要求兩個數的最大公因數, 可以用輾轉相除法。也就是兩個數先相除一次後, 用除數當新的被除數, 餘數當新的除數, 如此不斷的除下去, 直到除數大於被除數為止, 此時除數即為最小公因數。由於要避免除以 0 的情況出現, 所以必須先判斷除數是否為 0, 才能進行相除。針對程式此項需求, 我們可以使用 while 迴圈來完成。程式如下:

■ Ch07_02.c 求兩數的最大公因數

```c
01 #include <stdio.h>
02
03 int main(void)
04 {
05   int num1,num2;    // 要求最大公因數的兩個數
06   int a,b,c;        // 依次為除數、被除數、餘數
07
08   printf("請輸入兩個數字\n");
09
10   scanf("%d %d", &num1, &num2);
11   b=num1;           // 將輸入的數值 1 當成被除數
12   c=num2;           // 將輸入的數值 2 當成餘數
13
14   while(c!=0)       // 計算輾轉相除的迴圈
15   {
16     a=b;            // 指定前一次除數為新的被除數
17     b=c;            // 指定前一次餘數為新的除數
18     c=a%b;          // 求出新的餘數
19   }
20
21   printf("%d 與 %d 的最大公因數是 %d\n",num1,num2,b);
22
23   return 0;
24 }
```

執行結果

請輸入兩個數字
88 99
88 與 99 的最大公因數是 11

1. 第 14 行，為迴圈 while 的條件算式，也就是在 c!=0 為真的情況下，程式會執行第 16～18 行，while 底下大括號內的迴圈內容。

2. 第 16～18 行，為迴圈執行的內容，也就是執行輾轉相除法的程式碼。每次除完就以除數當被除數，餘數當除數，繼續除下去，直到除盡為止。除盡表示餘數為 0，所以第 18 行 c 的值就會是 0，此時又跳到 while 做 c!=0 的條件判斷，此時就會得到假 (false)，因此會跳出迴圈，在第 21 行輸出變數 b 的值，也就是最大公因數。

3. 如果一始輸入的第 2 個數字就是 0, 也會使 c!=0 不成立, 完全不會進入 while 迴圈執行第 16~18 行程式。

7-2 後設條件算式迴圈：do-while

do-while 是後設判斷式的迴圈, 是先執行一次動作後, 再判斷迴圈控制的條件, 若條件成立時再回到前面執行 { } 內的動作, 如此重複直到條件算式的結果為假為止。格式如下：

```
do
{
  ...動作
} while (條件算式);
```

程式執行的流程圖如下：

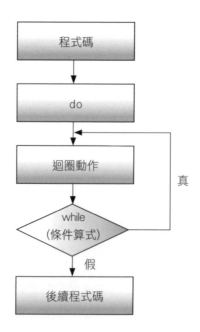

此種迴圈會不管三七廿一，先執行迴圈內容一次後，再判斷是否要繼續執行。我們先來寫一個簡單的程式，就是計算 do-while 迴圈執行幾次，此迴圈會根據使用者輸入，判斷是否要繼續執行迴圈，如下：

■ Ch07_03.c 累計迴圈執行的次數

```
01  #include <stdio.h>
02  #include <conio.h>
03
04  int main(void)
05  {
06    int i=0;        // 迴圈執行次數
07    char input;     // 選擇字元
08
09    do
10    {
11      i++;
12      printf("\n迴圈已經執行 %d 次\n",i);
13      printf("繼續嗎?(y/n)");
14      input=getche();
15    } while(input=='y'); // 迴圈的條件算式
16
17    printf("\n迴圈總共執行了 %d 次\n", i);
18
19    return 0;
20  }
```

執行結果

```
迴圈已經執行 1 次
繼續嗎?（ y /n ）  ←── 按 Y 鍵
迴圈已經執行 2 次
繼續嗎?（ y /n ）  ←── 按 Y 鍵
迴圈已經執行 3 次
繼續嗎?（ y /n ）  ←── 按 Y 鍵
迴圈已經執行 4 次
繼續嗎?（ y / n ）  ←── 按 N 鍵
迴圈總共執行了 4 次
```

第 9~15 行的迴圈執行流
程如右圖：

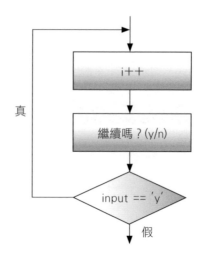

再舉個例子，第 5 章提到，printf() 未提供輸出二進位格式的控制字元，但利用迴圈和位元運算，逐一輸出二進位數字的每個位元，即可設計出輸出二進位格式的功能。若用 do-while 來設計，可寫成如下程式：

■ Ch07_04.c 利用迴圈輸出二進位的數值

```
01  #include <stdio.h>
02
03  int main(void)
04  {
05      int pos=31 ;        // 控制迴圈的變數
06      int number,value;   // 要轉換的數值, 及每次輸出的位元值
07      printf("請輸入整數值: ");
08      scanf("%d",&number);
09
10      printf("二進位表示: ");
11      do
12      {
13          value=(number>>pos) & 1;// 將數值左移指定位數後, 再 AND 1
14          putchar(value+48);       // 輸出數值加 48 (也就是數字的 ASCII 碼)
15          if(pos%4==0) putchar(' '); // 每輸出 4 位數即空一格
16          pos--;
17      } while(pos>=0);             // 持續輸出, 直到 bit 0 為止
18
19      return 0;
20  }
```

執行結果

```
請輸入整數值: 54321
二進位表示: 0000 0000 0000 0000 1101 0100 0011 0001
```

執行結果

```
請輸入整數值: -100
二進位表示: 1111 1111 1111 1111 1111 1111 1001 1100 ◀── 2 的補數表示法
```

第 11～17 行是 do-while 迴圈的程式碼, 程式利用 pos 控制要輸出數值中的第幾個位元:

- 第 13 行用『(number>>pos) & 1』算式取出數值中的第 pos 個位元, 第 5 行設定 pos=31, 所以程式是由整數的 bit 31 開始處理。

- 第 14 行用 putchar() 輸出位元值, 程式用 value+48 的方式, 將位元值 0、1 變成 49、50, 恰好是字元 '0'、'1' 的 ASCII碼。很多嵌入式程式, 會利用此種加 48 或減 48 的方式, 進行『數字字元』與『數值』的轉換。

- 第 15 行是讓輸出位元值時, 每輸出 4 個位元, 就用 putchar(' ') 輸出一個空格。

- 第 16 行將 pos 遞減, 讓迴圈下一輪輸出下一個位元值, 若 pos 變成 -1, 第 17 行的 (pos>=0) 即為假, 也就是結束迴圈。

7-3 範圍設定式迴圈：for

for 迴圈的原理是利用一個變數值的累加或累減來控制迴圈，等到該變數值達到設定的標準時，就會跳出迴圈。其格式如下：

```
for (初始算式；條件算式；控制算式)
{
  ...動作
}
```

● **初始算式**：通常用來設定條件算式中會用到的變數之初始值。

● **條件算式**：用來判斷是否執行迴圈中的程式。這個條件算式，會在每次迴圈開始時檢查一次。例如若設為 i<10，表示只有在 i 小於 10 的情形下才會執行迴圈動作；若 i 大於等於 10，則不會執行迴圈。

● **控制算式**：通常用於調整條件算式中會用到的變數值，例如條件算式為 i<10，通常就會用控制算式來改變 i 的值，例如 i++，使 i 的值最終會大於等於 10，進而使迴圈結束。控制算式會在每次迴圈執行完畢時執行 1 次。

for 迴圈執行步驟如下：

1. 從**初始算式**開始，然後執行**條件算式**判斷是否執行迴圈。若結果為真，則執行迴圈動作。

2. 執行過一次迴圈動作後，執行**控制算式**，然後再次判斷**條件算式**中的結果。

3. 重複步驟 1、2，直到**條件算式**的判斷結果為假，跳出迴圈。

以 for(i=0;i<3;i++) 為例，執行步驟如下：

```
i=0 ➜ i<3 為真 ➜ 執行迴圈動作 ➜ i++ (i 值變成 1)
i=1 ➜ i<3 為真 ➜ 執行迴圈動作 ➜ i++ (i 值變成 2)
i=2 ➜ i<3 為真 ➜ 執行迴圈動作 ➜ i++ (i 值變成 3)
i=3 ➜ i<3 為假 ➜ 跳出迴圈
```

執行流程如下：

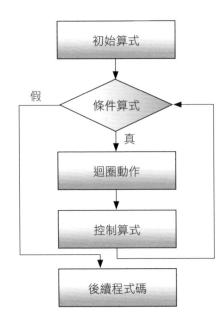

由上面例子可知，只要利用迴圈條件算式與控制算式的設定，就可以控制迴圈的執行次數。也就是說，如果已知需要執行的次數時，for 迴圈將是最好的選擇。

7-3-1　簡單的 for 迴圈累加

假設要用迴圈來計算 1～100 間所有奇數的和。以 for 迴圈的運作方式，可在初始算式中，將用於累加的變數 i 初始值設為 1、在**條件算式**設定 i<100、**控制算式**則設為每次將 i 的值加 2 (因為只計算奇數)，然後在迴圈中做累加的動作。程式如下：

■ Ch07_05.c 求 1～100 間所有奇數的和

```
01 #include <stdio.h>
02
03 int main(void)
04 {
05   int i,sum=0; // i 是迴圈變數, sum 是用來計算總和
06       // 由 1 至 100 每次加 2, 為 1,3,5...的迴圈
```

接下頁

```
07    for (i=1;i<100;i+=2)
08    {
09        sum=sum+i; // 累加計算總合
10    }
11
12    printf("1~100 的奇數和等於 %d\n",sum);
13
14    return 0;
15 }
```

1~100 的奇數和等於 2500

1. 第 7~10 行為 for 迴圈, 因為迴圈動作的程式碼只有一行, 所以也可以省略第 8、10 行的大括號。

2. 第 7 行, 初始算式 i=1 將 i 的值設為 1; 條件算式在 i 小於 100 的情況下為真, 會持續的執行迴圈動作; i+=2 表示每次迴圈執行後, 便將 i 加 2。

3. 當 i 值超過 100 時, 結束迴圈, 並從螢幕輸出計算結果。

7-3-2 for 迴圈中可有兩組算式

for 迴圈也允許在同一個迴圈內, 使用兩組以上的初始算式、條件算式以及控制算式, 每組間以逗號隔開, 如下:

```
for (初始算式1, 初始算式2; 條件算式1, 條件算式 2; 控制算式1, 控制算式2)
{
    ...動作
}
```

例如:

```
for(i = 0, j = 0; i<3, j<3; i++, j++)
```

變數 i、j 的初始值均為 0，每執行一次迴圈，i 就會依照其控制算式 i++，將 i 值加上 1；同時，j 也會依照其控制算式 j++，將 j 值加上 1。一直到兩個條件算式 i<3 且 j<3 同時不成立時，才會跳出迴圈。比如說，要寫一個程式來計算一個多項式 (1+2)+(2+4)+(3+6)...+(n+2*n)，我們就可使用這種 for 迴圈來完成。如下：

■ Ch07_06.c 計算多項式 (1+2)+(2+4)+(3+6)...+(n+2*n) 的和

```
01  #include <stdio.h>
02
03  int main(void)
04  {
05    // i、j 為迴圈變數, n 是多項式項數, sum 是總和
06    int i,j,n,sum=0;
07
08    printf("計算多項式 (1+2)+(2+4)+(3+6)...+(n+2*n) 的值\n");
09    printf("請輸入 n 值\n");
10    scanf("%d",&n);
11
12    // 兩組算式的迴圈
13    for(i=1,j=2;i<=n,j<=2*n;i++,j=j+2)
14    {
15      sum=sum+(i+j);    // 計算總和
16          // 將多項式每一項從螢幕輸出
17      printf("(%d+%d)+",i,j);
18    }
19    printf("\b = %d\n",sum);
20
21    return 0;
22  }
```

執行結果

```
計算多項式 (1+2)+(2+4)+(3+6)...+(n+2*n) 的值
請輸入 n 值
9
(1+2)+(2+4)+(3+6)+(4+8)+(5+10)+(6+12)+(7+14)+(8+16)+(9+18) = 108
```

第 13～18 行是有兩個迴圈變數的迴圈，每次執行一次迴圈，i 變數加 1，j 變數加 2。直到 i<n 以及 j<2*n 兩個條件算式不成立為止。

7-3-3 for 迴圈也可用浮點數來控制

for 迴圈的迴圈變數不一定要以整數來控制，也可以使用浮點數。例如：

for(i=0; i<=1; i+=0.1) ◀── i 的初始值為 0，每執行一次迴圈就加 0.1

比如說，想用迴圈累加計算從 0.1+0.2+0.3+...+1.0 的和，我們可以運用前一小節個初始算式的方式，寫成如下程式：

■ Ch07_07.c 累加計算從 0.1+0.2+0.3+...+1.0 的和

```
01  #include <stdio.h>
02
03  int main(void)
04  {
05    float sum,i;    // sum 是總和，i 是迴圈變數
06    // 兩個初始算式的迴圈
07    for(sum=0, i=0.1; i<1.1; sum+=i,i+=0.1)
08    {
09      printf(" %.1f +",i);
10    }
11    printf("\b = %.1f\n",sum);
12
13    return 0;
14  }
```

執行結果

```
 0.1 + 0.2 + 0.3 + 0.4 + 0.5 + 0.6 + 0.7 + 0.8 + 0.9 + 1.0  = 5.5
```

第 7 行的迴圈有兩個迴圈變數：sum 與 i。每次迴圈執行後，i 的值會加上 0.1，並且將當時的 i 值加到 sum 的變數值中。

此處要再次提醒讀者，要注意在邏輯運算中使用浮點數做比較的問題，本例只算到小數點後一位，不會有什麼問題。如果計算過程有到小數點後面很多位數，就要注意是否可能因誤差導致執行結果不如預期。

7-3-4 使用巢狀迴圈

在迴圈的大括號中也可以加入另一個迴圈，也就是巢狀迴圈，例如使用 for 寫成的巢狀圈結構如下：

```
for(初始算式 1; 條件算式 1; 控制算式 1)
{
    for(初始算式 2; 條件算式 2; 控制算式 2)
    {
        ...動作
    }
}
```

巢狀迴圈的執行流程如右圖所示：

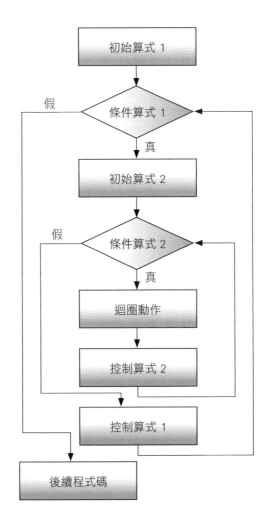

以 2 層的巢狀迴圈為例，每次執行時都會先執行外迴圈的第一圈，然後把內迴圈所有迴圈執行完後，再執行外迴圈的第二圈，這時內迴圈又從初始算式開始，重新執行 1 次。如此，外迴圈每執行一圈，就把內迴圈又重新執行一次，如下面範例：

■ Ch07_08.c 從螢幕輸出九九乘法表

```
01  #include <stdio.h>
02
03  int main(void)
04  {
05     int i, j;                 // 迴圈變數
06
07     for (i=1;i<10;i++)       // 控制被乘數的迴圈
08     {
09        for (j=1;j<10;j++)    // 控制乘數的迴圈
10        {
11           printf(" %d*%d=%2d",i,j,i*j);
12        }
13        printf("\n");
14     }
15
16     return 0;
17  }
```

執行結果

```
1*1= 1 1*2= 2 1*3= 3 1*4= 4 1*5= 5 1*6= 6 1*7= 7 1*8= 8 1*9= 9
2*1= 2 2*2= 4 2*3= 6 2*4= 8 2*5=10 2*6=12 2*7=14 2*8=16 2*9=18
3*1= 3 3*2= 6 3*3= 9 3*4=12 3*5=15 3*6=18 3*7=21 3*8=24 3*9=27
4*1= 4 4*2= 8 4*3=12 4*4=16 4*5=20 4*6=24 4*7=28 4*8=32 4*9=36
5*1= 5 5*2=10 5*3=15 5*4=20 5*5=25 5*6=30 5*7=35 5*8=40 5*9=45
6*1= 6 6*2=12 6*3=18 6*4=24 6*5=30 6*6=36 6*7=42 6*8=48 6*9=54
7*1= 7 7*2=14 7*3=21 7*4=28 7*5=35 7*6=42 7*7=49 7*8=56 7*9=63
8*1= 8 8*2=16 8*3=24 8*4=32 8*5=40 8*6=48 8*7=56 8*8=64 8*9=72
9*1= 9 9*2=18 9*3=27 9*4=36 9*5=45 9*6=54 9*7=63 9*8=72 9*9=81
```

1. 第 7~14 行，為巢狀迴圈。第 9~12 行，為內迴圈。

2. 第 7 行，外迴圈變數 i=1，進入內迴圈連續執行了 9 次。分別為 i=1 j=1，i=1 j=2,...，i=1 j=9。

3. 執行完第 13 行, 輸出換行字元後, 回到第 7 行, 以 i=2 再次進入內迴圈, 執行 i=2 j=1, i=2 j=2...i=2 j=9 九次後, 又回頭重新進入外迴圈再以 i=3 帶入...。以此類推, 直到 i 的值不小於 10 為止。

本例是用 2 個 for 迴圈建立巢狀迴圈, 你也可用 while、do-while 建立巢狀迴圈, 或與 for 混合使用, 都沒有限制。

7-4 強制跳出迴圈的方式

有三個敘述：break、continue 和 goto, 可以改變迴圈的執行流程。這三個敘述的用途都不同, 分別討論於後。

7-4-1 跳出一層迴圈

當 while、do-while 或 for 迴圈在執行中, 若想跳出迴圈只有兩種方法, 一是使判斷的條件算式不成立, 另一就是使用 break。break 敘述會讓程式立即 (無條件) 跳出迴圈, 繼續執行迴圈大括號之後的程式。

但要特別注意, break 只會跳出一**層**迴圈。也就是說, 如果是 3 層的巢狀迴圈, 從最內部的迴圈, 就需要三個 break 才能完全的跳脫迴圈。使用時, 直接將 break 放置於想要跳離的迴圈內即可。參考下面的例子：

■ Ch07_09.c 利用 break 跳出迴圈

```c
01 #include <stdio.h>
02
03 int main(void)
04 {
05   while (1)   // 無窮迴圈
06   {
07     printf("迴圈進行中...\n");
08     break;    // 跳出一層的迴圈
09   }
10   printf("成功\的跳出迴圈了!!\n");
11
12   return 0;
13 }
```

迴圈進行中...　◀─── 這行訊息只出現一次，表示 while 迴圈只執行一次
成功的跳出迴圈了！！

1. 第 5 行 while 迴圈的條件算式直接寫成 1，表示這個條件永遠為真，也就是說迴圈會不斷執行下去，又稱為**無窮迴圈** (本章稍後會進一步說明)。

2. 當執行第 8 行時，程式跳出迴圈，並執行第 10 行，輸出跳出迴圈的訊息。

7-4-2　跳出一輪迴圈

continue 的功能與 break 類似。不同的是，break 是跳脫整個迴圈，而 continue 是跳脫『這一輪』的迴圈，請看底下程式說明：

■ Ch07_10.c 螢幕輸出 1 到 10 之間除了 5 的數

```
01  #include <stdio.h>
02
03  int main(void)
04  {
05    int i;
06
07    for(i=1;i<=10;i++)    // 由 1 到 10 跑 10 次的迴圈
08    {
09      if (i==5)           // 迴圈執行到第 5 輪時,條件算式成立
10      {
11        continue;         // 跳脫第 5 輪迴圈, 繼續第 6 輪
12      }
13      printf(" %d ",i);
14    }
15
16    return 0;
17  }
```

1 2 3 4 6 7 8 9 10

1. 第 7〜14 行是 for 迴圈，輸出從 1 到 10 除了 5 以外的數值。

2. 當迴圈進行到第 5 圈，會使第 9 行 if 條件判斷式的判斷為真。而執行第 11 行的 contiune，也就是立即跳出 i=5 這一輪，直接繼續執行下一輪開始的控制算式。因此這一輪就不會執行 printf() 輸出。

7-4-3 強迫程式執行指定敘述

使用 goto 可以一次跳過數個迴圈，將程式流程移轉到其他的地方去。goto 敘述的寫法如下：

```
goto 標籤名;
. . .
標籤名:
```

程式執行到 **goto 標籤名;**時，程式流程會強制跳到『標籤名：』處，標籤名可以是任何自行定義的名稱，但不可使用 C 語言關鍵字。如以下程式：

■ Ch07_11.c 利用 goto 跳出多重迴圈

```
01  #include <stdio.h>
02
03  int main(void)
04  {
05    int i,j,k;                  // 3 個迴圈的變數
06
07    for (i=0;i<100;i++)         // 最外第一層迴圈，由 0 至 99 跑一百次
08    {
09      for (j=0;j<100;j++)       // 中間第二層迴圈，由 0 至 99 跑一百次
10      {
11        for (k=0;k<100;k++)     // 最內第三層迴圈，由 0 至 99 跑一百次
12        {
13          printf("i=%d, j=%d, k=%d\n",i,j,k);
14          goto endloop;         // 程式流程改執行標籤名 endloop 處
15        }
16      }
17    }
```

接下頁

```
18
19    endloop:   // goto 敘述會讓程式流程直接跳到此處繼續執行
20      printf("迴圈被強制跳脫了\n");
21
22    return 0;
23  }
```

執行結果

```
i=0, j=0, k=0
```

迴圈被強制跳脫了

1. 第 7~17 行是三層的巢狀迴圈。

2. 若先不看 goto 的部份，原來巢狀迴圈的目的是輸出 "i=0, j=0, k=0"、"i=0, j=0, k=1"..."i=100, j=100, k=100" 總共 100*100*100 次的迴圈運算。可是當程式執行到第 14 行時，就因為 goto 敘述，使程式執行流程被強制改到執行第 19 行 (goto 的標籤名)，因而跳出了迴圈，所以迴圈只執行了一次就停了。

goto 並不只限用於迴圈中，在任何位置使用 goto，都可以使程式的執行轉移到指定的位置。這是 goto 優點，善用其優點，可以增加撰寫程式的方便性。

但是，goto 的優點也是其缺點，如果因為其方便性而濫用，將會造成程式閱讀的困難，甚至破壞整個程式的結構。所以建議讀者，如果不是很熟悉 goto 的應用，請盡量少用。

7-5 用無窮迴圈讓系統持續運作

當迴圈的條件算式結果恆為真，迴圈的動作就會不斷的執行，就稱之為**無窮迴圈 (Endless Loop)** (或稱無限迴圈)。例如前面範例 Ch07_09.c 中的 while 迴圈：

```
while (1)  ◀── 條件算式恆為真的無窮迴圈
{
  ...
}
```

在電腦程式中，一般都不會希望程式中出現無窮迴圈，因為這會造成系統一直要執行出現無窮迴圈的程式，導致系統無法運作的情況。以下就是一個無窮迴圈的範例：

■ Ch07_12.c 停不下來的 while 迴圈

```
01 #include <stdio.h>
02
03 int main(void)
04 {
05   while (1) // 無窮迴圈
06   {
07     printf("這是一個停不下來的迴圈\n");
08   }
09
10   return 0;
11 }
```

執行結果

```
這是一個停不下來的迴圈
這是一個停不下來的迴圈
這是一個停不下來的迴圈
這是一個停不下來的迴圈
...          ◀── 按下 Ctrl + C 組合鍵可停止程式
```

在 Windows 作業系統中執行這個程式，會看到執行程式的**命令提示字元**視窗中，不斷輸出 "這是一個停不下來的迴圈" 的文字訊息。必須按 `Ctrl` + `C` 組合鍵，或是用滑鼠關閉**命令提示字元**視窗，才能強制停止程式。

對目前配備多核心 CPU、處理速度快的個人電腦而言，這個無窮迴圈的程式不會造成太大的影響，只是讓 CPU 工作的時間稍微拉長一點點，系統仍有餘裕處理其它的工作。但在效能較差的個人電腦上，或是迴圈中有複雜的處理工作，就可能使系統變得遲鈍，甚至難以操作。因此在個人電腦的程式設計中，都要注意迴圈的條件判斷式，要確認程式一定會在預期的情況下，結束迴圈並繼續後續的工作。

但在嵌入式、單晶片的程式設計中，無窮迴圈就變成讓系統可**持續運作**的主要機制。在許多嵌入式、單晶片的程式設計中，都會將程式的工作放在無窮迴圈之中，例如；

```c
int main(void)
{
  ...          // 系統初始化的動作

  while (1)    // 讓系統持續運作的無窮迴圈
  {
    ...          // 系統的主要工作都是在迴圈中進行
  }

  return 0;
}
```

也可用沒有算式的 for 迴圈來建立無窮迴圈：

```c
for ( ; ; )  // 無窮迴圈
{
  ...
}
```

第 1 章曾提到過, 嵌入式系統是『執行特定功能』的電腦系統, 只要打開開關、通電後, 它就會一直執行設計好的工作, 直到電源關閉為止。例如若用 C 程式來控制一個電子溫度計, 它的運作可能如下:

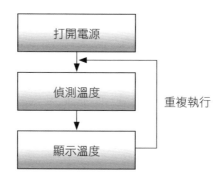

寫成程式就是將『偵測溫度』、『顯示溫度』的程式都寫在無窮迴圈中。

除了讓系統持續運作的無窮迴圈, 嵌入式程式中當然還會有其它的迴圈, 以完成各項的處理工作, 這時候就要回到和撰寫電腦程式相同的原則:要確定迴圈的條件算式有機會結束迴圈, 不要讓程式變成無窮迴圈。

7-6 用迴圈來延遲程式時序

在嵌入式、單晶片的程式設計中, 還有一項比較特別的迴圈應用, 就是利用沒做事的迴圈來延遲程式, 或者說讓程式故意停頓一下。

需要延遲的場合很多, 舉例來說, 像上面提到的電子溫度計, 由於 MCU 的處理速度很快 (雖然比電腦的 CPU 慢很多, 但仍是可在一秒內完成數以千計、或以萬計的敘述), 持續不斷更新溫度不但沒有必要, 有時還可能使得顯示的溫度不斷跳動, 造成閱讀不便。此時可如下延遲系統的運作:

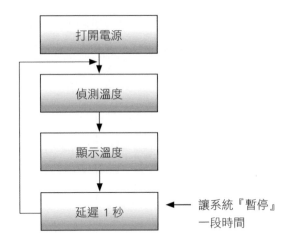

有些廠商會在其廠商自訂的函式庫中，提供像是 delay() 之類的函式，因此在程式中可用延遲的時間為參數 (通常是以毫秒為單位)，呼叫函式讓系統暫停：

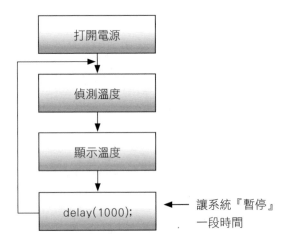

若沒有這類函式可用，或不想使用廠商提供的函式，則可利用『沒有做事』的迴圈來做延遲，例如：

■ Ch07_13.c 利用迴圈做延遲處理

```
01  #include <stdio.h>
02
03  int main(void)
```

接下頁

```
04  {
05    int i=1, j=1;
06    printf("處理中...\n");
07
08    for(i=1; i<=32767; i++)
09    {
10      for(j=1; j<=32767; j++)
11      {   }    // 沒有做事的迴圈
12    }
13
14    printf("處理完成\n");
15
16    return 0;
17  }
```

執行結果

```
處理中...
處理完成    ◄──── 此訊息要等幾秒才會出現
```

在筆者電腦上執行時, 顯示『處理中...』訊息後, 過了約 2 秒才顯示『處理完成』訊息, 也就是說第 8~12 行的迴圈讓程式延遲了將近 2 秒。

在嵌入式程式中就可利用此方式, 延遲系統的處理工作, 並依需要調整迴圈條件算式, 以改變延遲時間的長短。

編譯器的最佳化處理

使用迴圈做延遲時, 要注意, 有些編譯器有**最佳化**處理, 也就是會讓編譯出來的程式執行效率最高。因此編譯器可能會讓沒做事的迴圈, 變成真的不會佔用 CPU 時間, 一下就處理完成, 而沒有延遲的效果。

在這種情況下, 必須在沒有動作的空白迴圈, 加入一些不影響程式的敘述, 讓延遲迴圈不會被**最佳化**。或是參考編譯器的手冊, 關閉其最佳化功能。

7-7　使用迴圈的注意事項

了解各種迴圈的特性後, 最後要補充說明一些使用迴圈的注意事項:

- 兩迴圈之間的範圍不可以交錯

- 條件算式的設定要合理

- 依照程式需求, 選擇使用特性適合的迴圈

7-7-1　兩迴圈之間的範圍不可以交錯

如果迴圈的動作敘述超過了一行, 就需要以大括號 {} 括住敘述的程式碼。當在同一程式中存在兩個以上的迴圈時, 兩迴圈以大括號 {} 括住敘述的程式碼不可以交錯, 如下:

```
迴圈 1 (...)
{
    動作 1
    迴圈 2 (...)
    {
}
        動作 2
    }
```

其實交錯是我們自以為是的感覺, 編譯器在處理時, 編譯器會將『迴圈 2』下面的 { 和 下一行的 } 配對在一起;『迴圈 1』下的 { 則和最後一行的 } 配對;因此迴圈 2 的大括號內容是空的, 而『動作 2』則變成是在迴圈 1 的大括號範圍之內。如以一來, 所得到的結果絕對不是我們想要的答案。

7-7-2 條件算式的設定要合理

不當的條件算式設定會產生如 7-5 節所討論的無限迴圈, 或者根本未執行到迴圈的內容, 所以在設定迴圈的條件算式時, 請仔細檢查條件算式的推算結果, 以下是一些條件算式不不合理的例子:

```
while(a=b)        ◄──── 可能本來要檢查 a==b, 輸入錯誤變成指定運算

for(i=0; i<100; ) ◄──── 缺少控制算式, 可能導致 i<100 永遠為真

for(i=1; i<0; i++) ◄──── 條件算式不可能為真, 永遠不會執行迴圈的動作
```

上列第 1 個例子要說明一下, 用指定運算當條件算式時, 是用指定的值來判斷真假, 以上例而言:若 b 值為 0, 則指定給 a 就是 0, 表示結果為假, 迴圈不會被執行;若 b 值為 1, 則指定給 a 就是 1, 表示結果為真, 迴圈會被執行, 且若迴圈內沒有更改 b 的值, 就會使迴圈變成無窮迴圈。

7-7-3 注意各種迴圈的使用時機

在介紹各種迴圈用法時, 有說明過各種迴圈的適當使用時機, 在此作一整理, 當您的程式需要:

- 先判斷再決定是否執行時, 使用 while 迴圈。

- 先執行一次再決定是否繼續時, 使用 do-while 迴圈。

- 準確控制迴圈內容的執行次數, 使用 for 迴圈。

1. 需先執行再作判斷的迴圈, 用下列何者比較適當 :

   (1) while

   (2) do-wile

   (3) for

2. 需精確的控制迴圈執行次數, 用下列何者比較適當 :

   (1) while

   (2) do-wile

   (3) for

3. 需先判斷再決定是否執行的迴圈, 用下列何者比較適當 :

   (1) while

   (2) do-wile

   (3) for

4. 下列何者為真

   (1) 不同類型的迴圈可以混用

   (2) 兩迴圈的範圍可以交錯

   (3) 迴圈內不可存在 if 條件判斷式。

5. 請指出下面各程式片斷是否有語法或邏輯錯誤, 對的請打勾 :

   (1) while (a>0) do {...} _____

   (2) for (x<10) {...} _____

   (3) while (a>0 ‖ a<5) {...} _____

   (4) for (;;) {...} _____

   (5) do (...) while (1) _____

6. 已知 sum 的初始值為 0, 試寫出下列迴圈運算後 sum 的最後值：

    (1) for (sum=0;sum<10;sum++) sum = sum + 1;

    (2) for (i=0;i<10;i++) { sum = sum + i; break; }

    (3) for (i=0;i<10;i++) sum = sum + i; break;

7. 已知 a=10、b=5, 以下何者會造成無限迴圈?

    (1) while (a>b) { a=a-b; b=b-a; }

    (2) for (a=0;a<b;a++) printf("*");

    (3) while (a==b) { for (a=0;;) printf("*"); }

8. 已知 x=0、y=1, 以下何者會有可能造成無限迴圈, 或無法執行到迴圈內容？

    (1) while((x+y)>(x-y)) {...}

    (2) for(x=0;x>=0;y++)

    (3) while (x>y ‖ x<y)

9. 以下迴圈會執行幾次?

```
for (i=1;i<10;i++)
{
  for (j=1;j<10;j++)
  {...}
}
```

10. 以下迴圈會執行幾次?

```
int i=10;
while (i<0)
{
  for(i=10;i>0;i--)
  {...}
}
```

1. 試寫一程式讓使用者輸入一整數, 並用迴圈計算從 1 到此整數的所有整數的和。

2. 承上題, 請將程式加上是否繼續運算的選項 (輸入 'y' 繼續, 輸入 'n' 結束程式)。

3. 試利用 for 迴圈在螢幕輸出 1*1, 2*2, 3*3.....10*10 之結果。

4. 試寫一程式, 從螢幕輸出 1～100 之間 5 的倍數。

5. 試寫一程式, 從螢幕輸出 1～100 之間的所有質數 (2, 3, 5, 7, 11... 等)。

6. 試寫一程式, 輸入長與寬後, 由螢幕輸出相對的星號矩形, 例如輸入 3 和 5 時, 程式會輸出:

   ```
   * * * * *
   * * * * *
   * * * * *
   ```

7. 試寫一程式, 輸入數字後, 從螢幕輸出以該數字為底的直角三角形, 如輸入 5 便印出以下圖形:

   ```
   *
   * *
   * * *
   * * * *
   * * * * *
   ```

8. 試寫一程式, 驗證輸入的密碼 (四位整數), 輸入三次不正確便輸出錯誤訊息。

9. 試寫一程式從螢幕輸出所有大小寫字母的 ASCII 碼表, 已知：A～Z 為 65～90, a～z 為 97～122 (請參考本書附錄 A)。

10. 試寫一程式, 利用延遲迴圈讓程式延遲使用者指定的秒數, 例如輸入 1 就延遲 1 秒、輸入 2 就延遲 2 秒 (延遲迴圈在配備不同 CPU 的電腦上, 延遲時間可能會不同, 請以您自己的電腦為基準即可)。

08

自訂函式

- 學習將重複以及常用程式碼,寫成函式的方法

- 瞭解宣告函式與定義函式的方法

- 運用各種呼叫函式的方法

當程式愈寫愈大，main() 的內容變得愈來愈複雜時，如果仔細觀察程式，可能會發現許多段功能相同的算式、迴圈、條件判斷式等，一再地重複使用。而且由於程式的需求，這些程式碼無法被省略，只好重複一寫再寫。

在 C 語言中可利用**函式 (Function)** 的語法，將這類重複的程式碼寫成函式，之後在用到相同程式的地方，只需用函式呼叫的語法，即可執行重複的程式，不需每次都複製、貼上相同程式。

8-1 使用函式與未使用函式的比較

在此用一個『從 4 個任意整數中，找出最大值』的程式，來說明函式的應用。首先不使用函式，而是以先前學過的 if-else 結構來撰寫程式，此時要用 3 個 if-else 才能確保比較 4 個數字的過程，能得到正確的結果：

■ Ch08_01.c 比較 4 個數字的大小

```
01  #include <stdio.h>
02
03  int main(void)
04  {
05      // 儲存 4 個數值的變數
06      int num1, num2, num3, num4;
07
08      // 儲存比較過程中，較大數值的變數
09      int bigger1, bigger2, biggest;
10
11      printf("請輸入 4 個數字\n");
12      scanf("%d %d %d %d", &num1, &num2, &num3, &num4);
13
14      // 比較數值1 和數值2 大小，並儲存結果
15      if (num1>num2) bigger1 = num1;
16      else           bigger1 = num2;
17
18      // 比較數值3 和數值4 大小，並儲存結果
19      if (num3>num4) bigger2 = num3;
20      else           bigger2 = num4;
```

接下頁

```
21
22    // 將前 2 次比較的結果再拿來比較
23    // 即可數值1,2,3,4 的最大值
24    if (bigger1>bigger2) biggest = bigger1;
25    else                 biggest = bigger2;
26
27    printf("最大數為 %d ",biggest);
28    return 0;
29 }
```

執行結果

```
請輸入 4 個數字
88 105 4 97
最大數為 105
```

由程式可發現，在第 15、16、19、20、24、25 行都出現相似的的條件判斷式，只要有兩個數值需要比較大小，我們就必須老老實實的重複撰寫這樣的程式碼。像這種重複的程式碼，最適合將其寫成函式，以下就是將用 if-else 比較的動作，改寫成自訂函式，並於 main() 中呼叫自訂函式進行比較：

■ Ch08_02.c 利用自訂函式, 從 4 個數字中找出最大值

```
01 #include <stdio.h>
02 int max(int,int);  // 比較 2 個數的大小，並傳回最大值的函式
03
04 int main(void)
05 {
06    // 儲存 4 個數值的變數
07    int num1, num2, num3, num4;
08
09    printf("請輸入 4 個數字\n");
10    scanf("%d %d %d %d", &num1, &num2, &num3, &num4);
11
12    printf("最大數為 %d ",
13           // 比較數值1 和數值2 大小,
14           // 比較數值3 和數值4 大小,
15           // 再對 2 次比較的結果做比較
16           max( max(num1, num2),
```

接下頁

```
17                    max(num3, num4) ) );
18
19    return 0;
20  }
21
22  // 定義比較兩個數大小的函式
23  int max(int x, int y)
24  {
25    if (x>y)   return x;
26    else       return y;
27  }
```

```
請輸入 4 個數字
88 105 4 97
最大數為 105
```

因為尚未解說自訂函式的相關語法，所以讀者看不懂上面的程式也沒關係。但至少我們可以很明白的看出，在範例 Ch08_01.c 中，那些一再重複的條件判斷式，在這個範例中只出現在第 25、26 行 max() 函式之內。

我們會將函式給予一個函式名稱，如上面程式中的 max()。然後可在程式其他位置呼叫使用 (例如在 main() 中呼叫 max())，這樣可以減少撰寫重複的程式。

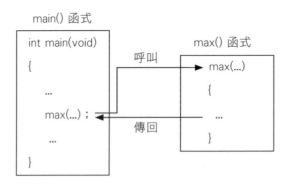

上面 2 個範例的比較，主要是讓讀者了解，函式確實能夠有效的減少重複的程式碼。接下來就要開始介紹如何設計函式，與呼叫函式的方法。

8-2 函式的基本結構與呼叫

在為程式設計函式時,流程是固定的:

8-2-1 函式的組成

在討論如何使用函式前, 我們要先了解函式的組成:

```
傳回值型別  函式名稱 (參數型別 參數名稱)
{
    ...函式主體
}
```

1. **傳回值的型別**:當函式依函式主體的內容敘述作執行完畢, 然後把結果傳回給呼叫者 (例如 main() 函式), 這個結果稱為**傳回值**, 其型別稱為傳回值的型別。傳回值型別可為 int、float、char、void... 等, void 表示無傳回值。

2. **函式名稱**:每個函式都需要給予一個獨立的名稱, 以便與其他函式、變數區隔, 函式的命名規則與變數相同。

3. **參數與參數型別**:main() 或其他函式可以傳遞資料 (可為變數、運算式或常數) 到被呼叫的函式, 讓函式進行處理, 這些資料稱為參數。

4. **函式主體**:就是函式的內容程式碼, 函式就如同 main() 函式一樣, 在大括號中可放進行各種運算、輸出入等敘述。

8-2-2　函式的原型宣告與定義

　　就如同使用變數前要先宣告變數一樣，使用函式前也需要宣告，目的是告訴編譯器該函式的函式名稱、傳回值的型別，以及參數的型別。就如同股票市場中，掛牌的每一個公司會有一個編號與名稱，讓投資人瞭解有哪些家公司可以投資，這就是宣告的目的。

　　此種將程式中要用到的函式，條列在整個程式最前面的方式，即稱為函式的**原型宣告 (Prototyping)**。

> 傳回值的型別　函式名稱(第 1 個參數的型別, 第 2 個參數的型別, ...)

　　使用原型宣告時須注意以下幾點：

● 原型宣告的位置, 通常置於 #include 與 main() 函式的中間：

```
#include<stdio.h >
int func(int);        ◀── 原型宣告的位置

int main(void)
{
   ...
}
```

● 函式不一定要有參數。如果有, 在原型宣告中只需列出參數的型別；沒有參數則須註明為 void。

```
int funa(int, int);  ◀── 有 2 個參數的函式
int funb(int);       ◀── 有 1 個參數的函式
int func(void);      ◀── 沒有參數的函式
```

● 原型宣告完畢必須以分號 (;) 當結尾。

● 原型宣告中的傳回值型別可決定函式是否有傳回值。void 表示無傳回值, void 以外的型別都是有傳回值。

```
void funa(int, int)    ◀── 傳回值型別為 void，表示函式無傳回值
int funb(int)          ◀── 傳回值型別為 int，
                           所以此函式會傳回一個整數
float func(int)        ◀── 傳回值的型別為 float，
                           所以此函式會傳回一個浮點數
```

光是宣告函式還不夠，函式還必須有內容，正如同掛牌的公司，也必須有實際的營運行為一樣。因此我們也需要讓編譯器知道該函式實際的功用是什麼。這個工作叫做定義函式，語法如下：

```
傳回值的型別 函式名稱 （型別 參數1，型別 參數2 ， ...）
{
   ...函式主體
}
```

重點分述如下：

● 定義函式時，須標明相對應於原型宣告的參數型別以及參數名稱。如下：

```
int func (int, float, char);        ◀── 原型宣告
...
int func (int i, float j, char k)   ◀── 定義函式
{   ...   }
```

● 函式主體必須包括在大括號 {...} 內，其內可包含任何合法的宣告和敘述。

```
int func(int i, int j, int k)
{
  k = i + j;
  k = k + 1;      ├─ 函式主體
  return k;
}
```

● 如果函式有傳回值，則該函式要用 return 敘述將處理後的結果值傳出函式：

```
int funa(int, int, int);    ◀── 傳回值的型別為 int，
                                所以要 return 型別為 int 的傳回值
void func(int);             ◀── 傳回值的型別為 void，所以無傳回值
```

接下頁

```
...
int funa(int i, int j, int k)
{
  k = ...;
  return k;          ◄───  必須要有 return 敘述將值傳出
}

void func(int c)     ◄───  void 表示函式無傳回值
{
  printf("%d", c);
}  ◄─── 不需要 return 敘述
```

● 函式的定義通常習慣放在 main() 函式的後面, 不過此點並非強制規定, 因此
  也有人會將自訂的函式放在 main() 之前。

　　以下用實際的例子, 來示範函式的宣告和定義。這個範例定義了一個
showmsg() 函式, 這個函式會輸出固定的文字訊息:

■ Ch08_03.c 利用函式, 從螢幕輸出一段字串

```
01 #include <stdio.h>
02 void showMsg(void);   // 宣告函式
03
04 int main(void)
05 {
06   showMsg();            // 呼叫輸出文字的函式
07   return 0;
08 }
09
10 void showMsg(void)     // 定義函式
11 {
12   printf("這是一個簡單的函式!!");
13 }
```

執行結果

這是一個簡單的函式!!

1. 第 2 行，原型宣告從螢幕輸出字串的函式。宣告傳回值型別為 void，表示無傳回值。另外參數也是 void，表示呼叫函式不需傳遞參數。

2. 第 6 行為呼叫函式的語法。程式執行到此時，會先跳到第 10 行的 showMsg() 函式的定義處，也就是執行第 12 行呼叫 printf() 函式輸出字串，之後再返回繼續執行第 7 行的 return 0；敘述。

3. 第 10～13 行，定義 showMsg() 函式的內容，其內只有一個呼叫 printf() 輸出訊息的敘述。

函式傳回值型別不必與參數型別相同，例如：

■ Ch08_04.c 計算兩個數的總和

```
01 #include <stdio.h>
02 float add(int,int);        // 原型宣告，計算 2 數總和的函式
03
04 int main(void)
05 {
06   int i=396, j=548;      // 測試用的數值
07
08   // 以 sum 接受 add() 函式的傳回值
09   float sum = add(i,j);
10   printf("%d + %d = %.0f\n",i,j, sum);
11
12   return 0;
13 }
14
15 float add(int x,int y) // 定義算出總和的函式
16 {
17   float = (float)x + y;
18   return total;          // 把總和傳回 main()
19 }
```

執行結果

```
396 + 548 = 944
```

1. 第 2 行, 原型宣告計算總和的函式。傳回值型別為 float, 表示此函式被呼叫、執行後, 會傳回一浮點數數值。另外函式有兩個 int 型別的參數。

2. 第 9 行, 呼叫 add() 函式, 並且以變數 sum 接受函式的傳回值。

3. 第 15～19 行, 定義 add() 函式的內容。

4. 第 15 行宣告的 x、y 變數, 是用來接受由 main() 函式傳來的 i、j 參數值, 接受方式是以相對位置來看。以此程式為例, 第 1 個參數 i 的值, 會由函式定義中, 第 1 個變數 x 來接受, j 則由 y 來接受。

5. 第 17 行, 計算出 x、y 的和, 並指定給變數 total。由於 2 整數相加, 其值有可能會超過整數型別的數值範圍, 所以此處利用 (float) 強制轉型, 讓算式以浮點數進行, 以免發生溢位的情況 (雖然在本範例中不會發生)。在第 18 行處, 以 return 將 total 的值傳回呼叫函式處。

TIP 有些書籍會將呼函式時所用的數值 (例如上例中的 i、j) 稱為『引數』(argument), 函式本體中的變數 (上例中的 x, y) 稱為『參數』(parameter)。本書為方便起見, 一律都稱為參數, 不予區分。

8-2-3 函式的基本型態

根據需求不同, 函式的設計方式可分下列 2 種:

● **無傳回值的函式**:程式呼叫的函式會完成特定的工作, 但不會 (不需) 將資料傳回呼叫函式的程式。要設計此類的函式, 需把函式型別宣告成 void。

● **有傳回值的函式**:程式呼叫函式後, 函式會將資料的處理結果傳回程式。撰寫此類函數時, 在原型宣告中就要確實宣告傳回值的型別, 另外在函式定義中要用 return 敘述將指定型別的變數值傳回。

無傳回值的函式

　　在以下程式中，從鍵盤輸入性別以及身高後，計算出標準體重，並將結果傳到函式中從螢幕輸出，所以不需要傳回值。這時需要將函式原型宣告中的傳回值型別宣告成 void，如下：

■ **Ch08_05.c 計算標準體重**

```
01 #include <stdio.h>
02 void printResult(float) ; // 原型宣告輸出結果的函式
03
04 int main(void)
05 {
06   int i,height; // i 是性別選項變數, height 是身高
07   float weight; // 計算出來的標準體重
08
09   do  // 一定要選擇 1 或 2, 否則持續要求選擇男或女
10   {
11     printf("性別:(1)男 (2)女\n");
12     scanf("%d",&i);
13   } while (i!=1 && i!=2);
14
15   printf("請輸入身高\n");
16   scanf("%d",&height);
17   if (i == 1)
18     weight = (height-80) * 0.7;     // 計算男生的體重
19   else
20     weight = (height-70) * 0.6;     // 計算女生的體重
21
22   // 呼叫函式將計算結果輸出
23   printResult(weight);
24
25   return 0;
26 }
27
28 void printResult(float result)    // 定義輸出結果的函式
29 {
30   printf("您的標準體重是 %.1f 公斤\n", result);
31 }
```

性別: (1)男 (2)女
1
請輸入身高
176
您的標準體重是 67.2 公斤

1. 第 2 行, 原型宣告 printResult() 函式, 用來將計算結果輸出的函式。

2. 第 9～13 行, 用來避免使用者輸入錯誤選項的迴圈。如果使用者輸入 1、2 以外的值, 則迴圈會控制程式再執行一次, 要求使用者重新輸入值。

3. 第 17 行, 根據第 12 行的從鍵盤輸入的變數 i 值, 決定執行的行數。如果 i==1, 表示要計算男生的標準體重, 將第 16 行, 從鍵盤輸入的身高 height 變數值, 代入第 18 行的算式。若 i 不等於 1, 表示要計算女生的標準體重, 則代入第 20 行的算式。

4. 第 23 行, 呼叫輸出結果的函式, 並將 weight 的變數值當成參數, 傳到函式中。

5. 第 28～31 行, 定義輸出結果的函式, 並以變數 result 接受, 由呼叫函式處傳來的參數值。第 30 行, 利用 printf() 從螢幕輸出 result 值。

有傳回值的函式

同樣用計算標準體重為例, 這次將程式改成使用有傳回值的函式 stdWeight(), 此函式會接收性別與身高當參數, 並傳回標準體重值。main() 函式取得傳回值後, 再呼叫 printf() 將結果輸出:

■ Ch08_06.c 計算標準體重

```
01 #include <stdio.h>
02 float stdWeight(int,int);  // 體重計算函式
03
04 int main(void)
```

接下頁

```
05 {
06   int i,height;    // i 是性別選項變數, height 是身高
07   float weight;      // 計算結果的體重值
08
09   do  // 一定要選擇 1 或 2, 否則一直要求選擇男或女
10   {
11     printf("性別: (1)男 (2)女\n");
12     scanf("%d", &i);   // 選擇計算男生或女生的體重
13   } while (i!=1 && i!=2);
14   printf("請輸入身高\n");
15   scanf("%d",&height);
16
17   // weight 接受 stdweight() 傳回的標準體重值
18   weight = stdWeight(i,height);
19   printf("您的標準體重是 %.1f 公斤\n", weight);
20
21   return 0;
22 }
23
24 float stdWeight(int s,int h)   // 標準體重計算函式
25 {
26   float result;
27
28   if (s == 1)
29     result = (h - 80)*0.7;
30   else
31     result = (h - 70)*0.6;
32
33   return result;
34 }
```

執行結果

```
性別: (1)男 (2)女
1
請輸入身高
178
您的標準體重是 68.6 公斤
```

1. 第 2 行, 原型宣告計算標準體重的函式。

2. 第 17 行, 呼叫函式, 並且將性別與身高當成參數傳遞到函式當中。以變數 weight 接受函式的傳回值。

3. 第 24～34 行, 定義計算標準體重的函式, 並將計算結果傳回呼叫函式處。

在原型宣告中, 宣告傳回值的型別時, 一定要與程式中實際傳回的變數型別符合 (或使用範圍更大的資料型別), 否則可能會造成取得的傳回值不正確。例如上面範例中的函式會傳回 float, 若第 18 行是用整數型別的變數來接收資料, 就會造成無法正確取得傳回值:

```
int weight;    ◄── 改用 int
...
weight = stdWeight(i,height);    ◄── 無法接收到正確數字
```

8-2-4 return 的專案研究

要有函式傳回值時, 需要在函式的定義內容裡加上 return 的敘述。return 可以傳回任何型態的數值, 但是 return 只能傳回 1 個數值, 而且該數值必須符合傳回值型別, 才能正確的傳回。

傳回數字

在 return 後面, 可以加上欲傳回的數字, 比如:

```
return 10;      ◄── 傳回 10
return 100.1;   ◄── 傳回 100.1
```

傳回變數

return 後面如果加上變數, 則會將該變數的值傳回, 比如:

```
return age;     ◄── 傳回年齡 age 的值
return area;    ◄── 傳回面積 area 的值
```

傳回算式

我們也可以在 return 後面加上一個完整的算式, 此時會傳回算式的結果:

```
return length * width;   ◄── 傳回 length 乘以 width 的結果
return income - output;  ◄── 傳回 income 減 output 的結果
```

傳回函式

如果 return 後面是函式, 則表示將傳回該函式的傳回值, 如下:

```
int add(...)
{
  ...
  return answer;
}

int result(...)
{
  ...
  return add(...);   ◄── 傳回呼叫 add( ) 的傳回值
}
```

不傳回任何數值

如果在 return 後不加上任何數值, 表示要終止函式的執行, 而且不會傳任何
數值回呼叫函式處, 如下:

```
void function (...)
{
  ...
  return;   ◄── 函式會在此被終止, 而且不會傳任何數值回去
  ...       ◄── 如果下面還有程式碼, 不會執行
}
```

8-3 函式的其他宣告方式

除了原型宣告的宣告方式外，還有另外兩種方式，一種是把函式定義放在 main() 之前，另一種是使用像變數一樣的宣告方式，將函式宣告在 main() 裡，這兩種方式各有利弊，詳述如後。

8-3-1 把函式的定義放在 main() 之前的方式

本章前面的例子，都是將函式宣告是寫在 #include 與 main() 之間，而將函式定義寫在 main() 之後，另有一種方式是省略函式宣告，而直接將函式定義寫在 #include 與 main() 之間。

使用這種方式的好處就是，定義函式時便兼具宣告的意義，不用像原型宣告一樣，多寫一次宣告。寫法如下：

```
#include<stdio.h>
func1( )          // 將函式放在 main( ) 之前的寫法
{
  ...
}

func2( )          將要被呼叫的函式定義在這裡，
{                 可以兼具宣告的功能
...
}


int main(void)  ◀── main( ) 放在後面
{
  ...
  func1( ) ;  呼叫語法還是相同
  func2( ) ;
  ...
}
```

範例如下：

■ Ch08_07.c 計算圓型的面積

```c
01 #include <stdio.h>
02 double area(float r)        // 計算圓型面積
03 {                          // 在 main()之前定義的函式
04   return r*r*3.14159;       // 兼具宣告的功用
05 }
06
07 int main(void)
08 {
09   float r;    // 半徑
10
11   printf("請輸入半徑: ");
12   scanf("%f",&r);
13                             // 將 r 傳入函式 area()
14   printf("圓型面積 = %f \n", area(r));
15   return 0;
16 }
```

執行結果

```
請輸入半徑: 123
圓型面積 = 47529.115110
```

1. 第 2～5 行, 宣告並定義完成計算圓面積的函式。

2. 第 14 行, 呼叫計算圓面積的函式, 並將第 12 行由鍵盤輸入的半徑 r, 當成參數傳遞給函式。最後再利用 printf() 轉出函式傳回值。

使用此種寫法, 雖可以省去在 main() 前做原型宣告的麻煩, 可是卻有 3 個缺點。

1. 函式需在使用之前定義

　　由於已經沒有放在程式開頭的函式宣告，所以為避免編譯時發生錯誤，任何函式在使用之前，一定要完成定義。否則如下的例子，就會在編譯時發生錯誤：

```
int scissors(...)
{
  ...
  cloth(...);      ←── 不能在此呼叫 cloth( )，因為該函式定義在
}                        後面，而且前面也沒有宣告 cloth( )

int stone(...)
{
  ...
  scissors(...);   ←── 可以在此呼叫，因為 scissors( ) 在前面已經定義
}

int cloth(...)     ←── cloth( ) 定義在此處
{
  ...
}
```

　　所以當函式排列需要有特定的順序時，此種宣告方式不適用。此時仍需在使用函式前補上函式宣告。例如：

```
int cloth(...);    ←── 在呼叫者的前面宣告

int scissors(...)
{
  ...
  cloth(...);      ←── 可以呼叫 cloth( ) 了，因為前面已宣告 cloth( )
} i

...
int cloth(...)     ←── cloth( ) 定義在此處
{
  ...
}
...
```

2. 兩個函式互相呼叫時, 會發生錯誤

　　在呼叫函式時, 若是出現兩個函式需要互相呼叫的情形, 省略原型宣告的寫法, 也會發生錯誤。比如說：

```
int right(...)
{
  ...
  left(...);        ◄── 呼叫 left( ) 函式, 但尚未宣告與定義,
  ...                   因此編譯時會出現錯誤
}

int left(...)
{
  ...
  right(...);       ◄── 呼叫 right( ) 函式
  ...
}
```

　　最簡單的解決方式, 就是在前面補上函式的宣告。

3. 對於所定義的函式, 無法一目了然

　　原型宣告將所有函式的宣告 (包括傳回型別, 參數型別等) 都放在程式的開始處, 就如同是一本書的目錄一樣, 該程式會用到哪些函式都一目了然。但若使用省略宣告、直接定義的方法將無此好處。

8-3-2　將函式放在 main() 中宣告

　　最後要介紹的用法, 則是把函式當成一般變數一樣, 放在 main() 中宣告, 如以下範例：

■ Ch08_08.c 將攝氏溫度轉成華氏溫度

```c
01  #include <stdio.h>
02
03  int main()
04  {
05     float c;
06     float ctof(float);   // 將攝氏溫度轉華式溫度的函式宣告在此
07
08     printf("請輸入攝氏溫度: ");
09     scanf("%f",&c);
10     printf("攝氏溫度 %.1f 度等於華氏 %.1f 度\n",c, ctof(c));
11
12     return 0;
13  }
14
15  float ctof(float c)    // 轉換溫度的函式
16  {
17     return c * 9 / 5 + 32;
18  }
```

執行結果

```
請輸入攝氏溫度: 33
攝氏溫度 33.0 度等於華氏 91.4 度
```

　　計算溫度轉換的函式宣告在第 6 行, 也就是 main() 裡面。此種宣告方式也有缺點, 因為若其他函式想要呼叫宣告在 main() 裡面的函式時, 發生函式未宣告的編譯錯誤 (除非函式已先定義完成了)。

使用原型宣告雖然多了一道手續 (宣告+定義), 可是卻可以免去一些不必要的編譯錯誤, 麻煩一點是值得的, 所以本書建議採用原型宣告的方式。

1. C 程式中最少有幾個函式? _____。

2. 函式宣告時須具備哪些組成? _____ 、 _____ 、 _____。

3. 將以上的組成寫在 #include 指令與 main() 之間又稱為何種宣告? _____。

4. 定義一個函式時, 須具備哪些組成? _____、_____、_____、_____。

5. 無傳回值的函式要宣告成哪一種型別? _____

6. 函式中可以再呼叫函式嗎? _____ (可/否)。

7. 試回答下列 return 敘述的傳回值為何? (已知 a=2, b=5)

   (1) return a*b; _____

   (2) return 20; _____

   (3) return; _____

8. 請寫出下列程式需求的原型宣告:

   (1) 傳入 3 個整數, 傳回平均值後, 在 main() 中列印。

   (2) 傳入 2 個整數, 在函式中列印 2 個數的和。

   (3) 不傳入任何參數, 在函式中輸入 2 個數, 計算和後傳回列印。

9. 試判斷下列定義函式正確否? 正確請打勾, 錯誤請改正:

```
test (a);          _____
{
  int a;           _____
  if(a>0)          _____
  a = a + 1 ;      _____
  return ( a );    _____
}
```

10. 編譯下列程式時, 會產生什麼錯誤? _____

```c
#include<stdio.h>
void main(void)
{
  printf("%d \n", fun( 2 ));
  printf("%d \n", fun( 2.0 ));
}

fun(int a)
{
  return a * 5 + 1;
}
```

程 式 練 習

1. 試寫出一個函式, 從呼叫此函數時, 會輸出 "HELLO C WORLD!!!"。

2. 承上題, 請輸出指定行數的 "HELLO C WORLD!!!" (執行時由鍵盤輸入要輸出幾行)。

3. 試寫一個比較大小的函式, 由 main() 輸入兩個數當作參數傳入函式。函式最後會傳回最大值給 main(), 然後在 main() 中輸出最大值。

4. 試設計一個函式, 可判斷傳入的參數是否為 7 的倍數 (是則傳回 1, 否則傳回 0)。並在 main() 函式中用迴圈搭配此自訂函式, 輸出 1～100 中所有 7 的倍數。

5. 試寫出一個求最大公因數的函式。

6. 試寫一個函式來計算階乘值, 例如函式名稱為 fact(), 則 fact(5) 會傳回 120 (5!=120), fact(10) 傳回 3628800 (10!=3628800)。請注意階乘值與 C 資料型別的範圍, 可在函式中檢查參數值, 若數值過大一律傳回 0。

7. 試設計一個函式可將參數傳入的整數值, 以 16 進位格式輸出。

8. 試設計一個函式 clearBit(unsigned char b, int pos), 參數 pos 表示要將 b 中的第幾個位元值清為 0, 傳回值即為執行結果。例如呼叫 clearBit(3,0), 傳回值為 2。

9. 呈上題, 試設計一個函式 setBit(unsigned char b, int pos), 參數 pos 表示要將 b 中的第幾個位元值設為 1, 傳回值即為執行結果。例如呼叫 setBit(0,3), 傳回值為 8。

10. 試寫出一個模擬換零錢機程式: (1) 只接受紙鈔 (100, 200, 500, 1000 元) (2) 可選擇零錢面額 (壹元、伍元、拾元、伍拾元) 以及個數。(3) 剩下金額以最少的零錢數找出 (假設要以 100 元換 10 個壹元, 結果會出來 10 個壹元以及 9 個拾元)

Memo

09

記憶體位址與變數等級

學習目標

- 了解變數的全域性與區域性

- 認識變數等級的分類方式與意義

- 了解變數生命期與視野的意義

在宣告變數的同時，除了確定變數在記憶體所佔的空間大小外，也決定了在程式中，變數可以被使用的範圍。本章要介紹的變數存放等級 (Storage Class)，簡稱為**變數等級**，就是用來決定變數可以被使用的範圍，以及在記憶體中配置的方式。

在此之前我們先簡單認識一下處理器的記憶體類型。

9-1 處理器的記憶體類型

在電腦上撰寫 C 程式，通常編譯好的程式都是存於硬碟、隨身碟等『次要記憶體』。當使用者執行程式時，系統才會將程式載入到記憶體 RAM (Random Access Memory)，並在這個時候，隨著程式指令一個個被執行，要執行的指令、用到的變數等，會進一步被載入到 CPU 中的暫存器 (Register) 執行和處理。

但不管如何，不同變數除了一些用法上的限制 (例如 const 變數，及本章稍後介紹的不同變數用法)，在執行時，其存放位置都是相同的 (存於 RAM 中等待處理)。

但開發嵌入式程式時，就會有許多不同的記憶體類型。程式設計者，可依功能、需求，選擇將變數、資料存放在不同記憶體中使用，介紹幾個目前嵌入式系統、MCU 常見的基本記憶體類型。

9-1-1 唯讀記憶體

在嵌入式系統、MCU 上不會配備像硬碟這類週邊，大部份也無法使用隨身碟，因此程式是在開發完成時，如第 1 章介紹的方式，以特定的裝置『燒錄器』燒錄到晶片的**唯讀記憶體 (ROM, Read Only Memory)** 中。ROM 中的資料和硬碟上的資料一樣，不會因為沒有電源而遺失，所以一般用來存放程式 (一通電就可執行) 以及不常修改的資料 (例如密碼等)。

雖然稱為『唯讀』，其實 ROM 的內容視情況仍是可以修改的。只是不同類型的 ROM，其修改記憶體內容的方式、難易度不同，目前 MCU 上常見的唯讀記憶體有下列 2 種：

● **FLASH**：稱為『快閃』記憶體，意指其改寫記憶體內容的方式就像閃電一樣快 (不過這只是形容詞)。一般 MCU 程式都是存放在 FLASH 之中，執行到個別指令時，再載入處理器中執行。至於變數仍是存於 RAM 中 (後詳)，不過廠商通常也提供自訂語法，讓程式設計者可指定變數存於 FLASH 中 (通常是唯讀變數)。

● **EEPROM**：為 Electrically Erasable-programmable Read-only Memory 的縮寫，EEPROM 通常用來存放不常修改的資料 (例如密碼、設定值等)，廠商通常會提供可改寫 EEPROM 內容的自訂語法或函式，以便我們可用程式載入 EEPROM 中的資料，或是改寫資料。

 EEPROM 允許一次只改寫一個位元組 (Byte)，而 Flash 則是每次要修改就需修改一個區域 (Sector、Block) 的內容，例如每次要修改 256 位元組。

就如同不同等級的電腦會配備不同數量的記憶體，不同等級、用途的 MCU，其配備的 FLASH、EEPROM 也不會相同，一般而言，EEPROM 的容量會遠小於 FLASH 的容量。

唯讀記憶體也被歸類為是**不可揮發 (non-volatile)** 記憶體，可揮發的意思是說，記憶體的內容是否會因沒有供電，即遺失所儲存的資料。接下來要介紹的隨機隨取記憶體，即為**可揮發 (volatile)** 式記憶體。

9-1-2　隨機存取記憶體

選購電腦時，RAM 的多寡是消費者重要的參考，在嵌入式系統中也是如此，因為程式中用到的的變數，大多存於此處。隨機存取記憶體分為 2 類：

- **DRAM (Dynamic RAM)**：動態隨機存取記憶體，動態指的是 DRAM 本身的運作特性，DRAM 必須隨時『更新』(Refresh) 才能保存資料，也就是說 DRAM 本身的電路會不時重新讀取記憶體中的內容，然後再重新寫入。此更新動作雖然很短暫，但仍會影響存取資料的動作，且難免要消耗一些電力，因此 MCU 一般都是配備 SRAM 而非 DRAM。

- **SRAM (Static RAM)**：靜態隨機存取記憶體，如上述，SRAM 不需更新其記憶體內容，但這個『優點』是透過較佔空間的體積、較昂貴的造價換來的，所以一般 MCU 配備的 SRAM 容量都不多，大多是以 KB (千位元組) 計。而需要大量記憶體來處理影像、視訊的嵌入式系統，就有可能選擇使用單位體積有較大容量，且價格較便宜的 DRAM。

TIP 雖然多數的隨機存取記憶體，都是未供電即遺失所儲存資料的**可揮發 (volatile)** 式記憶體，不過目前已有廠商開發出沒電時也能保存資料的 nvSRAM (non-volatile SRAM)。

　以上簡單介紹了一些 MCU 常見的記憶體類型，以下接著介紹在 C 程式中使用記憶體的方式。

9-2　變數的視野與生命期

　在一個程式中，變數可以被使用的區域，是以區塊 (Block) 來作區分。例如程式中會有迴圈、條件判斷式、函式等，而這些語法都會帶有一段由大括號 {} 括住的程式碼，而這些被大括號括住的部分就是所謂的區塊：

```
nt main(void)
{
  ...
  while(...)
  {
    ...  ── 小區塊        ── main() 函式區塊
  }
}
int func(...)
{
  ...  ── func() 函式區塊
}
```

　　以上面的範例來說，main() 函式的大區塊內所宣告的變數，可以在小區塊內使用，但是小區塊內所宣告的變數，卻無法在大區塊內使用，這可以用『視野』(Scope) 來解釋，也就是變數所能作用的範圍。

　　視野就是指變數的可見性，也就是所宣告的變數需要被『看見』後，才能被使用。其特性是**由內向外看**：

● 小區塊內要使用的變數，如果自己沒有宣告，就向外層區塊看看是否有宣告。

● 大區塊中要用到的變數，如果自己沒有宣告，不會向小區塊裏看。

　　例如：

```
int main (void)
{
  int value1 = 10;    ◀── value1 宣告在外區塊
  for(...)
  {
    int value2 = 10;  ◀── value2 宣告在內區塊
    printf("%d", value1);  ◀── 看得到外區塊的 value1, 正確
    printf("%d", value2);  ◀── 看得到自己的 value2, 正確
  }
  printf("%d", value1 );  ◀── 看得到自己的 value1, 正確
  printf("%d", value2 );  ◀── 看不到內區塊的 value2, 錯誤
  ...
```

接下頁

```
  }

  int func(void)
  {
    int value3 = 30;          ◄── value3 宣告在函式的區塊
    printf("%d", value1);     ◄── 看不到另一個區塊中的 value1，錯誤
    printf("%d", value3);     ◄── 看到自己的 value3，正確
  }
```

依視野的大小，可以將宣告的變數區分成全域性與區域性變數。所謂全域性變數 (Global Variable)，顧名思義就是變數的影響範圍，遍及整個程式的所有區域，也就是說整個程式的任何區塊都可以看見該變數，並且可使用該變數。而區域性變數 (Local Variable)，則只有在該變數宣告的區塊內才能被看到並使用。

變數經宣告可被使用開始，一直到變數所佔的空間被釋放，這段期間稱為該變數的生命期 (Life time)。以區域性變數為例，生命期就是該變數宣告的區塊範圍，如下所示：

```
int main (void)
{
  int value1 = 10;
  ...
  {
    int value2 = 10;                    value1 的生命期
    ...                    value2
  }                        的生命期
  ...
}

int func(...)
{
  int i , j ;
  ...                    i,j 的生命期
}
```

在了解變數的視野與生命期之後，接著就來認識 C 語言的變數等級。

9-3 內部變數

其實在本章之前的範例，都是使用內部變數（或稱為自動變數）。其特點就是宣告在區塊內的開始處，視野僅限於該區塊內。當區塊結束的同時，所宣告的內部變數所佔空間，以及空間內的數值都會被釋放。也就是說，該區塊以外的程式碼，都看不到內部變數。

```
int main (void)
{
  int id;      ◄── 宣告內部變數 id，生命期開始
  ...
  func( ) ;                                    ┐
  ...                                          ├── 變數 id 的視野
}            ◄── 區塊結束，變數 id 生命期結束    ┘

func( )
{
  int age;   ◄── 宣告內部變數 age，生命期開始
  ...        ◄── 雖然 id 的生命期未結束，但是此
                 區塊內不能使用內部變數 id，因   ┐
                 為視野不及無法看到變數 id       ├── 變數 age 的視野
                                                │
}            ◄── 區塊結束，變數 age 生命期結束   ┘
```

9-3-1　宣告內部變數的 auto 關鍵字

宣告內部變數時，可在資料型別前加上 auto，並且將變數宣告於區塊內。但其實有無加上 auto 關鍵字都沒有關係，通常也會省略掉 auto 字樣。

但要注意！加上 auto 宣告的內部變數一定要宣告在區塊內，否則編譯會發生錯誤，例如：

```
auto int banana;      ←── 錯誤，在此處不可使用 auto 變數
int main(void)
{
  auto int apple;     ←── 宣告內部變數
  int orange;         ←── 省略 auto 宣告內部變數，效果相同
  ...
}
```

 不加 auto 宣告的變數，可以放在區塊外面，此種變數稱為外部變數，請參見 9-4 節。

內部變數的生命期之所以會隨著區塊而結束，主要與其在記憶體中被配置空間的方法有關。

 內部變數僅能用於宣告的區塊內，故也稱之為區域變數或局部變數。

9-3-2 生命期結束就被釋放的內部變數

內部變數是以堆疊 (stack) 的方式被配置，也就是說每當內部變數所在的區塊結束，內部變數的配置空間以及數值被釋放後，下次再配置的空間位址不一定會相同，原先儲存的數值也會消失，然後被存入新數值。

請參考以下圖文說明：

```
int main()
{
  int a;
  func1();
  func2();
  ...
}

func1()
{
  int b;
  int c;
  ...
```

接下頁

```
}

func2()
{
  int d;
  ...
}
```

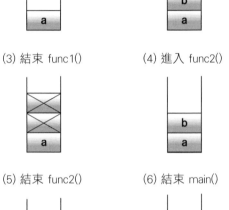

(1) 執行 main()　　(2) 進入 func1()

　　　　　　　　　　　　c
堆疊　　　　　　　　　　b
　　　　　a　　　　　　a

(3) 結束 func1()　　(4) 進入 func2()

　　　　　　　　　　　　b
　　　　　a　　　　　　a

(5) 結束 func2()　　(6) 結束 main()

　　　　　a

　　　以下是一個簡單的例子，這個程式的目的是想利用函式來累加數字。但因為內部變數不能保留上次計算的結果，使得最後計算結果不正確：

■ Ch09_01.c 累加數字的錯誤例子

```
01  #include <stdio.h>
02
03  void addsum(void);
04
05  int main(void)
06  {
07    int i;
```

接下頁

```
08
09   for (i=0;i<3;i++)      // 執行 3 次 addsum()
10     addsum();
11
12   return 0;
13 }
14
15 void addsum(void)
16 {
17   int number=100;        // 內部變數, 有初始值
18
19   printf("number=%d\n",number++);  // 將數字加 1
20 }
```

執行結果

```
number=100
number=100
number=100
```

　　addsum() 函式中 number 變
數的變化情形如右圖所示, 迴圈每次
呼叫 addsum() 時, 其中的 number
值雖會由 100 變成 101, 但函式結
束時, 其儲存空間就被釋放。下次呼
叫, 又重新建立並設定初始值 100。
因此由執行結果可看到, 函式並不會
使 number 持續累加:

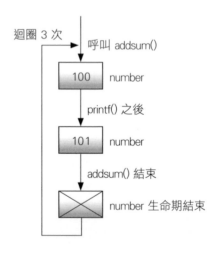

　　若改用靜態變數則可解決上述的問題, 詳見 9-5 節的說明。

9-4 外部變數

外部變數簡言之，就是其位置在各區塊之外 (也就是在各函式之外)，例如在 int main() 之前，或是在函式與函式之間的位置。外部變數除了擺放位置與內部變數不同之外，記憶體的配置方式也不同。

內部變數在記憶體中的配置，是用堆疊的方式，當程式執行到的時候，才會在記憶體堆疊中配置空間；尚未用到的變數，則不會佔記憶體。

而外部變數則不同，是在程式編譯時，即為該變數保留一塊固定的記憶體空間。因此當程式執行的時候，該變數就已被配置一塊空間，而不用像內部變數那樣，等執行到宣告的時候，才去取得記憶體空間。

外部變數的視野，是從定義的敘述開始，到程式結束為止。如果定義在程式開頭，其視野會涵蓋整個程式，也就是全域性的視野，所以也有人將外部變數稱之為**全域變數 (Global Variables)**，其生命期會一直到程式結束。例如：

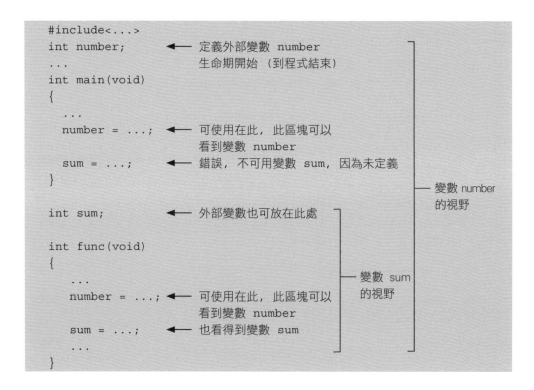

9-4-1 將函式共用的變數, 定義成外部變數

外部變數最常見的用法, 就是將不同函式都要用到的變數, 定義成外部變數。這樣一來, 因為所有函式都能存取到該外部變數, 定義、呼叫函式時, 就不需定義參數、傳遞參數了。

舉個例子來說, 我們想要寫一個模擬簡易計算機的程式, 為了減少傳遞變數值的麻煩, 將所有函式都設計成無引數的形式, 並將函式會用到的變數, 都以外部變數的方式定義。程式如下:

■ Ch09_02.c 簡易計算機程式

```
01  #include <stdio.h>
02  float plus(void);          // 加法函式
03  float minus(void);         // 減法函式
04  float multiply(void);      // 乘法函式
05  float division(void);      // 除法函式
06  float num1,num2;           // 將欲運算的兩變數定義成外部變數
07  char  operation;           // 定義算符的變數成外部變數
08
09  int main(void)
10  {
11    printf("輸入算式, 輸入完畢請按 Enter: \n");
12    scanf("%f%c%f", &num1, &operation, &num2);
13
14    if (operation=='+')      // 加法算符
15      printf("= %f\n",plus());
16    else if (operation=='-') // 減法算符
17      printf("= %f\n",minus());
18    else if (operation=='*') // 乘法算符
19      printf("= %f\n",multiply());
20    else if (operation=='/') // 除法算符
21      printf("= %f\n",division());
22    else
23      printf("算符輸入錯誤\n");
24
25    return 0;
26  }
27
```

接下頁

```
28  // 傳回兩變數和的函式
29  float plus(void)     { return num1+num2; }
30
31  // 傳回兩變數差的函式
32  float minus(void)    { return num1-num2; }
33
34  // 傳回兩變數積的函式
35  float multiply(void) { return num1*num2;}
36
37  // 傳回兩變數商的函式
38  float division(void) { return num1/num2;}
```

執行結果

```
輸入算式, 輸入完畢請按 Enter :
3.5+7.35
= 10.850000
```

1. 第 6、7 行, 分別將計算的數值變數以及儲存算符的字元變數, 採用外部變數
   等級。

2. 第 12 行, 從鍵盤輸入計算的算式, 因為 num1、num2 與 operation 都是外
   部變數, 所以可以直接在此處使用。

3. 第 14～23 行, 依照鍵盤輸入的算符字元, 呼叫相對應的函式作運算, 並將運
   算結果傳回。

4. 第 28～38 行, 所有的函數均可直接存取外部變數 num1 與 num2, 而不用
   再另行宣告。

9-4-2 不在外部變數視野內的使用方法

　　若外部變數定義的位置不在程式的開頭, 而是在程式的中間或是後面, 那麼
排在前面的函式, 想要使用此外部變數, 可以加上 extern 字樣, 將外部變數的視
野, 擴展到此函式中。這個動作即稱為『宣告』外部變數:

```
int main()
{
  extern int var;  ←── 做 extern 宣告
  ...              ←── 宣告後即可使用『後面』定義的外部變數
}

int var;  ←── 外部變數

func()
{
  ...  ←── 在此使用 var 沒有問題
}
```

　　例如上面的 Ch09_02.c 計算程式, 若將變數宣告移到 main() 之後, 就要
改寫成;

■ Ch09_03.c 使用 extern 宣告外部變數

```
01 #include <stdio.h>
02 float plus(void);            // 加法函式
03 float minus(void);           // 減法函式
04 float multiply(void);        // 乘法函式
05 float division(void);        // 除法函式
06
07 int main(void)
08 {
09   char   operation;          // 定義算符的變數
10   extern float num1,num2;    // 使用外部變數
11
12   printf("輸入算式, 輸入完畢請按 Enter: \n");
13   scanf("%f%c%f", &num1, &operation, &num2);
14
15   if (operation=='+')        // 加法算符
16     printf("= %f\n",plus());
17   else if (operation=='-')   // 減法算符
18     printf("= %f\n",minus());
19   else if (operation=='*')   // 乘法算符
20     printf("= %f\n",multiply());
21   else if (operation=='/')   // 除法算符
22     printf("= %f\n",division());
23   else
```

接下頁

```
24      printf("算符輸入錯誤\n");
25
26    return 0;
27 }
28
29 float num1,num2;                    // 將欲運算的兩變數定義成外部變數
30
31 // 傳回兩變數和的函式
32 float plus(void)    { return num1+num2; }
33
34 // 傳回兩變數差的函式
35 float minus(void)   { return num1-num2; }
36
37 // 傳回兩變數積的函式
38 float multiply(void) { return num1*num2;}
39
40 // 傳回兩變數商的函式
41 float division(void) { return num1/num2;}
```

執行結果

```
輸入算式，輸入完畢請按 Enter:
850*0.75
= 637.500000
```

在程式中，變數 num1、num2 是在第 29 行才宣告，也就是說，main() 原本不在其視野中。所以 main() 要使用此變數，必須如第 7 行的用法，以 extern 宣告外部變數才行。

9-4-3 內部、外部變數，避免使用相同名稱

當程式中內部變數與外部變數，使用相同的名稱時，那麼在程式中存取變數時，究竟會以哪一個來運算？答案是以內部變數為優先。參考下面的例子，這個程式中有 2 個函式都會計算圓面積，但一個使用內部變數定義的圓周率，另一個使用外部變數定義的圓周率，導致計算結果不同：

```
01  #include <stdio.h>
02  double area1(double);           // 計算圓面積函式之一
03  double area2(double);           // 計算圓面積函式之二
04  double pi = 3.1415926;
05
06  int main(void)
07  {
08    double r=0;
09    printf("輸入圓的半徑, 輸入完畢請按 Enter: \n");
10    scanf("%lf", &r);
11
12    printf("圓面積為: %f 或 %f", area1(r), area2(r));
13
14    return 0;
15  }
16
17  double area1(double r)          // 計算圓面積函式之一
18  {
19    return pi*r*r;
20  }
21
22  double area2(double r)          // 計算圓面積函式之二
23  {
24    double pi = 3.14;             // 與外部變數同名的內部變數
25    return pi*r*r;
26  }
```

執行結果

```
輸入圓的半徑, 輸入完畢請按 Enter:
100
圓面積為: 31415.926000 或 31400.000000
```

函式 area1() 與 area2() 都是傳回相同的算式, 但第 19 行處, area() 中的 pi 是外部變數的值; 而在第 24、25 行處, area2() 中的 pi 則是內部變數的值, 所以兩個函式計算結果不同。由此可知, 當外部變數與內部變數同名時, 會以內部變數為優先。

這個程式我們很容易就看出來，外部變數與內部變數使用了相同的名稱。但是當程式寫得很大，是不是還那麼容易就發現到這個問題呢？因此讀者在定義外部變數時，最好是取一個不太容易重複的名稱。

9-4-4　跨檔案使用外部變數

外部變數主要應用場合，是當程式分成數個檔案時，各個檔案間可利用 extern 宣告來擴展外部變數的視野，達到跨檔取用變數的目的。參考下圖，一個程式分別寫成 file1.c 與 file2.c。在 file2.c 中，如果需要使用到 file1.c 中所宣告的 var 外部變數，就可以用宣告 extern 變數的方式來取用：

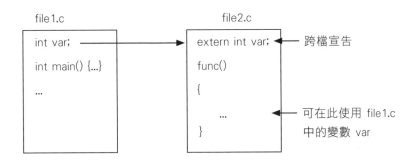

下面的例子，是將前面計算兩數和、差、積、商運算的程式改寫，將程式分成多個檔案 (這幾個程式檔，需放在同一個**專案 - project -** 中進行編譯、連結，請參考附錄 B-4)。在 Ch09_05.h (自訂含括檔，詳見第 13 章)，宣告計算的函式；在 Ch09_05.c 中定義計算的函式，並宣告 extern 變數；所用的變數來自於 Ch09_06.c：

■ Ch09_05.h 宣告和、差、積、商運算函式

```
01 float plus(void);          // 宣告傳回兩變數和的函式
02 float minus(void);         // 宣告傳回兩變數差的函式
03 float multiply(void);      // 宣告傳回兩變數積的函式
04 float division(void);      // 宣告傳回兩變數商的函式
```

■ Ch09_05.c 定義和、差、積、商運算函式

```
01  extern float num1,num2;      // 加入此行才能使用 Ch09_06.c 中
02                               // 宣告的外部變數
03  float plus(void)             // 傳回兩變數和的函式
04  { return num1+num2; }
05  float minus(void)            // 傳回兩變數差的函式
06  { return num1-num2; }
07  float multiply(void)         // 傳回兩變數積的函式
08  { return num1*num2; }
09  float division(void)         // 傳回兩變數商的函式
10  { return num1/num2; }
```

讀取使用者輸入的 main() 寫在 Ch09_06.c 檔：

■ Ch09_06.c 簡易計算機主程式

```
01  #include <stdio.h>
02  #include "Ch09_05.h"   // 含括函式的宣告檔
03
04  float num1,num2;        // 將欲運算的兩變數宣告成外部變數
05  char operation;         // 宣告算符的變數成外部變數
06
07  int main(void)
08  {
09    printf("輸入算式, 輸入完畢請按 Enter:\n");
10    scanf("%f%c%f",&num1,&operation,&num2);
11
12    if (operation=='+')        // 加法算符
13      printf("= %f\n",plus());
14    else if (operation=='-')   // 減法算符
15      printf("= %f\n",minus());
16    else if (operation=='*')   // 乘法算符
17      printf("= %f\n",multiply());
18    else if (operation=='/')   // 除法算符
19      printf("= %f\n",division());
20    else
21      printf("算符輸入錯誤\n");
22
23    return 0;
24  }
```

執行結果

```
輸入算式, 輸入完畢請按 Enter:
9.5/2.3
= 4.130435
```

Ch09_06.c 的第 2 行, 將檔案 Ch09_05.h 的內容含括到程式中使用, 這是自訂含括檔的方式, 會在第 13 章進一步說明。另外在 Ch09_05.c 的第 1 行也利用 extern 宣告外部變數 num1 與 num2 (原本宣告於 Ch09_06.c 中)。

外部變數看起來相當好用, 只要在其視野內的函式都可以使用, 甚至還可以跨檔使用。

但也就因為外部變數視野廣大, 若程式寫得較大時, 外部變數的值, 可能會不當地被好幾個函式修改, 若使用不當有可能造成使程式執行結果不正確。

因此設計程式時應做適當的安排, 讓外部變數只供必要的函式使用, 無關的函式排除在視野外, 即可避免誤用的情況。

嵌入式程式中的外部變數

在嵌入式程式中, 有時也會利用外部 (全域) 變數, 減少每個函式都要各自宣告內部變數的情形、或方便跨檔存取同一變數。

但在資源有限的嵌入式系統中, 過度使用外部變數, 也會耗用寶貴的記憶體資源。因為外部變數是在程式編譯時, 即為該變數保留一塊固定的記憶體空間, 若使用了大量外部變數, 表示用掉了許多的記憶體空間。嚴重時可能會造成程式無法編譯、連結 (程式＋資料 ＋函式庫...佔用空間超過 MCU 記憶體容量)。

發生這種情況時, 就要檢查外部變數是否必要, 是否改成內部變數也可以運作, 因為內部變數是函式執行時, 才會在記憶體堆疊中配置空間;尚未用到的變數, 則不會佔記憶體。所以重新安排變數的用法後, 就可能會使原本無法編譯、連結的程式, 變成可順利編譯、連結成功。

9-5 靜態變數

靜態變數配置記憶體的方式，與外部變數相同，擁有一塊固定的記憶體，不使用堆疊。定義在區塊或函式內的靜態變數，稱之為**內部靜態變數**。宣告方式與內部變數相似，只要在內部變數前加上變數等級關鍵字 **static**，就成了內部靜態變數；若加在外部變數前面，就是**外部靜態變數**。例如：

```
int main(void)
{
  static int sum;    ◀── sum 為內部靜態變數
  ...
}


static int i;        ◀── i 為外部靜態變數

int func( )
{
  ...
}
```

9-5-1 內部靜態變數的初始值設定

內部靜態變數的宣告方式雖和一般內部變數相同，但由於其存放方式並非使用堆疊，且是在程式一開始執行就先配置記憶體空間，使得它有一項特性：就是在程式中指定初始值時，這個初始值只會設定一次。例如在函式中定義如下的變數：

```
int func( )
{
  int a=10 ;        // 內部變數
  static int b=10; // 內部靜態變數
  a++;
  b++;
  ...
}
```

那麼當程式 第 1 次呼叫 func() 時, 分別初始化變數 a、b 的值, 並累加。當函式結束時, a 的值即因生命期結束而遺失, b 的值則會被保留下來。接著若再呼叫 func(), 此時變數 a 會再次被建立並初始化為 10, 至於 b 的值則不會重新初始化為 10, 而是會保持前一次函式結束時的值。

我們嘗試將 Ch09_01.c 程式 addsum() 中的變數 number, 改採用內部靜態變數, 再觀察其執行結果。程式如下:

■ Ch09_07.c 利用靜態變數保留函式計算結果

```
01  #include <stdio.h>
02
03  void addsum(void);
04
05  int main(void)
06  {
07    int i;
08
09    for (i=0; i<3; i++)
10      addsum();
11
12    return 0;
13  }
14
15  void addsum(void)
16  {
17    static int number=100;    // 改用內部靜態變數
18
19    printf("number=%d\n", number++);
20  }
```

執行結果

```
number=100
number=101
number=102
```

因為靜態變數每次的變數值都被保存下來，並未因為區塊或函式結束而被釋放。而且因為靜態變數的初始化只做一次，不會因為程式重複進入 addsum() 而將 number 值重設為 100，因此在執行結果中，number 的值會累加。

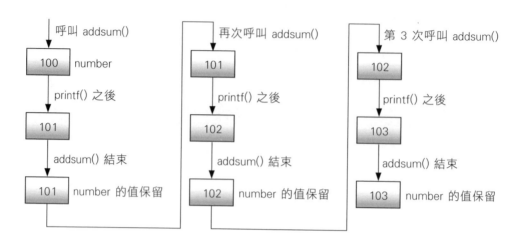

9-5-2　利用外部變數與內部靜態變數記錄數值

外部變數可供在其視野範圍內的所有函式使用；內部靜態變數可以記憶函式內的變數值，因此將兩者搭配使用，就不需要傳遞變數值給函式了。

以下範例是模擬銀行帳戶提款，將帳戶餘額使用內部靜態變數。如此一來，每次領錢後的結餘就可以記錄下來。

■ Ch09_08.c 模擬提款動作

```
01  #include <stdio.h>
02  #include <conio.h>
03
04  void withdraw(void);
05  int money;        // 宣告提款金額 money 為外部變數
06
07  int main(void)
08  {
09    char option; // 迴圈判斷字元
```

接下頁

```
10
11   do{
12       printf("請輸入提款金額:\n");
13       scanf("%d",&money);
14       withdraw();
15       printf("還要再領錢嗎?(y/n)\n");
16       option=getch();
17     } while(option=='y');
18
19    return 0;
20 }
21
22 void withdraw(void)            // 處理提款金額的函式
23 {
24    static int balance= 10000; // 結餘為內部靜態變數
25
26    if (balance-money>=0)       // 判斷帳戶餘額是否足夠
27    {
28      balance -= money;         // 計算提款後的結餘
29      printf("您的帳戶內還有 %d 元\n",balance);
30    }
31    else
32      printf("餘額不足, 您的帳戶只剩 %d 元\n",balance);
33 }
```

執行結果

```
請輸入提款金額:
9900
您的帳戶內還有 100 元
還要再領錢嗎?(y/n)        ◄── 按  Y  鍵
請輸入提款金額:
1000
餘額不足, 您的帳戶只剩 100 元
還要再領錢嗎?(y/n)        ◄── 按  N  鍵
```

1. 第 4 行, 將 main() 與 withdraw() 兩個函式都會用到的變數 money, 宣告成外部變數。

2. 第 11~17 行的迴圈會依據輸入 y 或 n, 判斷是否繼續領錢。

3. 第 22~33 行為計算領錢後帳戶餘額的函式。在此將餘額 balance 變數宣告為靜態變數, 所以函式中對 balance 進行計算後, 變數值仍會被保留下來, 而下次此函式再被呼叫時, 會用原來的 balance 值作運算, 而非使用第 24 行宣告的初始值。

9-5-3　外部靜態變數

外部靜態變數用法和性質就像外部變數一樣, 定義在函式之外, 定義後到檔案結束前的程式都可使用它。

但外部靜態變數和外部變數有一項差異, 就是外部變數可以被另外一個檔案, 透過宣告 extern 來取用；但如果將這個外部變數加上 static 關鍵字變成外部靜態變數, 此變數就**僅限在同一個檔案中使用**。

讀者可以用 9-4 節的範例程式 Ch09_05.c 與 Ch09_06.c 來測試, 原本 Ch09_06.c 第 4 行所定義的外部變數 num1 與 num2, 若如下改定義為外部靜態變數：

```
static float num1,num2;
```

接著再編譯程式, 就會出現錯誤而無法編譯成功了。在嵌入式程式的設計中, 有時不得不使用外部變數, 又怕被別的程式檔動到外部變數的值, 就會加上 static 讓變數成為外部靜態變數, 僅限目前的檔案使用。

9-6 暫存器變數與 volatile 變數

9-6-1 認識暫存器與暫存器變數

在 CPU、MCU 中, 除了進行運算處理的單元外, 也有幾個用來儲存資料的特殊記憶體。其用途是用來存放與目前執行指令相關的資料或位址等, 由於 CPU 執行的指令會一直變換, 所以這幾個記憶體儲存的內容也會視需要更動, 所以稱之為**暫存器 (register)**。

例如當我們寫程式做 2 個變數相加時, CPU 必須將變數值從記憶體複製到暫存器中 ,才能做相加的動作。相加所得的和, 也是會存於暫存器中, 因此 CPU 又必須將這個值從暫存器複製到用來存放和的變數位址 (記憶體), 才能進行後續的動作。

MCU 內的暫存器可分為兩類:一種就是如上述, 供平時計算、處理資料用的『通用暫存器』, 也就是說此暫存器可以現在用來存放 A 資料、稍後用來存 B 資料。

另一種則是具有特殊用途的暫存器, 稱為 **SFR (Special Function Register)**, 像第 3 章曾提到 MCU 中會有暫存器代表輸出入腳位的設定、目前狀態, 也會有代表某些週邊功能設定值的暫存器, 這些暫存器功能已固定, 不能移作它用。

在 C 程式中, 可利用 register 關鍵字, 將變數宣告為暫存器變數, 表示請編譯儘量將變數存於通用暫存器。由於存取暫存器的動作比存取記憶體 (RAM) 快很多, 所以使用暫存器變數可提昇的處理效率。要宣告暫存器變數, 只要在宣告內部變數的敘述前面加上 register 關鍵字即可:

```
register int i;
```

但是實際上編譯器通常會忽略 register 的宣告, 仍是將變數當成一般的內部變數。因此是否能使用暫存器變數, 要看編譯器是否支援。

暫存器變數不能宣告為外部變數

暫存器變數只能宣告在函式中，不能宣告在函式的外部。像下面這樣的寫法會產生編譯錯誤：

```
register int reg=10;
int main(void)
{
  ...
}
```

9-6-2　使用 volatile 變數

宣告變數時使用 volatile 關鍵字，是用來告訴編譯器：此變數值是會隨時被『外界』變動的，請不要對變數的存取做任何最佳化處理（例如最佳化後，變數值可能放在快取、暫存器中以便加速存取，而非實際到記憶體中讀取)。語法如下：

```
volatile int x;  ←  volatile 變數
```

在一些嵌入式系統中，會有 Memory-Mapped I/O (記憶體映射輸出入)，也就是說，存取特定的記憶體位址，就是在輸出或輸入資料，因此用變數代表此記憶體空間時，若變數的存取動作被編譯器最佳化成由快取讀取，那麼外界輸入新資料，就不會被讀到，此時就要利用 volatile 關鍵字。

撰寫電腦程式時，加上 volatile 關鍵字對變數的使用並無影響。

1. 下面關於內部變數的敘述何者正確

   (1) 視野為全域性

   (2) auto 關鍵字可省略

   (3) 宣告位置在程式一開始, 所有函式上方

2. 下面關於靜態變數的敘述何者正確？

   (1) 配置的空間是放在堆疊中

   (2) 區塊結束後, 數值與空間會保留

   (3) 視野為全域性

3. 下面關於外部變數的敘述何者正確？

   (1) 生命期在所有變數等級中最長

   (2) 安全型很高

   (3) 數值不會被更改

4. 下面關於暫存器變數的敘述何者正確？

   (1) 暫存器位於一般記憶體中

   (2) 速度快, 容量小

   (3) 屬於全域性的變數

5. 以下哪一種變數等級是使用堆疊的方式來存放資料？

   (1) 外部靜態變數

   (2) 內部靜態變數

   (3) 外部變數

   (4) 內部變數

6. 請寫出下列變數等級的視野範圍：

(1) 內部變數 _____

(2) 外部變數 _____

(3) 外部靜態變數 _____

(4) 內部靜態變數 _____

7. 試判斷下面變數 i、j 的變數等級以及生命期：

```
int i=100;

int main(void)

{
  int j=50;
  printf("i+j= %d\n",i+j);
  return 0;
}
```

8. 試判斷下列程式中，變數 i、j 的變數等級以及生命期：

```
void words(int);
static int i=100;
int main(void)
{
  int j=50;
  words(j);
  return 0;
}

void words(int j)
{
  printf("i+j= %d\n",i+j);
}
```

9. 請問下面的程式，所輸出的結果數值是多少?

```
int main(void)
{
  int result;
  func();
  func();
  result=func();
  printf("結果 =%d\n", result);
  return 0;
}

int func(void)
{
  static int i=50;
  i++;
  return i;
}
```

10. 請問下面程式中, 2 個 printf() 的輸出結果各為多少?

```
#include <stdio.h>

int main(void)
{
  int i=100; int j=100;
  {
    int i=50;
    int j=50;
    printf("i+j= %d\n",i+j);
  }
  printf("i+j= %d\n",i+j);
  return 0;
}
```

1. 請宣告兩個浮點數的內部變數，並輸出兩數的和。

2. 請定義兩個整數的內部靜態變數，並輸出兩數的差。

3. 請定義兩個浮點數的外部變數，以及一個內部變數，寫一個比大小的函式，最後由大到小輸出這三個數字。

4. 請宣告兩個整數的暫存器變數，算出最大公因數。

5. 請定義一個整數的外部變數，其值由鍵盤輸入，在一函式中計算立方值，然後在 main() 輸出結果。

6. 用程式以累加的方式計算 1 加到 100 的結果，累加運算在函式中完成，但是限制函式中不可以使用迴圈。

7. 試寫一單位換算程式，內含公尺換算英呎、英呎換算公尺的函式。將公尺換算英呎的比值定義成外部變數，函式進行換算時，都用外部變數為基準，來進行換算。

8. 試寫一程式，利用內部靜態變數，可以持續累加使用者從鍵盤輸入的數字，直到輸入 0 結束。在 main() 讀入鍵盤輸入的數字，並在另一函式中做累加。

9. 試寫一程式，判斷由鍵盤輸入的數字是正或負數、奇數或偶數，並將結果列印出 (請使用外部變數的寫法，main() 必須排除在視野之外)。

10. 試寫一模擬溫室溫度監控的函式，函式中用靜態變數保存最近 1 次溫度值，參數則為最新讀到的溫度值，每次呼叫時，都會回報目前溫度最近 1 次溫度的差異 (上升或下降幾度)。

10

陣列

- 宣告與使用陣列來代替多個變數

- 如何將數值存入陣列中

- 如何將數值從陣列中取出

- 二維陣列的觀念

由於一個變數只能存放一個數值, 如果程式需處理大批資料 (如學生、員工資料等), 就必須宣告許多的變數來存放這些資料。這時候, 光是想變數名稱, 就會令人頭痛了。所幸 C 語言提供了一種特殊的資料結構: **陣列 (Array)**。利用陣列語法, 很容易就能建立可存放多筆資料的變數, 讓程式更容易撰寫和閱讀。

10-1 使用陣列

陣列是一組相同型別的資料集合, 通常用來存放相同性質的資料。當我們宣告一個陣列時, 就相當於宣告了多個變數。以下就來介紹如何宣告及使用陣列。

10-1-1 宣告陣列

陣列的宣告語法, 就是在變數名稱後加上中括號 [ ], 並在中括號內填入陣列的容量, 表示可以容納多少筆資料:

```
資料型別 陣列名稱[陣列容量];
```

1. **資料型別**: 為陣列的資料型別, 也就是陣列可存放的資料型別, 如 int、char、float、double 等, 也可以使用自訂型別 (請參閱第 15、16 章)。

2. **陣列名稱**: 與變數名稱的命名原則相同, 不可使用中文。

3. **陣列容量**: 中括號內的數字代表陣列可儲存多少筆資料。

陣列宣告的例子如下

```
int id[10];        ◀── 可容納 10 個整數的 id 陣列
float score[20];   ◀── 可容納 20 個浮點數的 score 陣列
```

陣列的用法如下:

1. 儲存在陣列中的資料, 其型別需與陣列的型別相同, 否則資料將無法正確的被儲存。

2. 陣列中每個用來存放資料的空間稱為**元素**，每個元素都有索引編號，編號是從
   0 開始，例如宣告為 10 個元素的陣列，則陣列元素的索引編號為 0～9。而
   每個陣列元素的表示語法為：『**陣列名稱[索引編號]**』。例如 int id[10]; 這
   個陣列，其 10 個元素分別是 id[0]、id[1]、id[2]...、id[9]。每個元素都可存
   放一筆資料，例如：

```
int id[10];      ←── 建立含 10 個整數元素的 id 陣列
id[0] = 3;       ←── 透過索引指定要使用的陣列元素，每個元素
id[1] = 300;          都可存放與陣列型別相同的資料（本例為 int）
```

3. 指定索引編號時，不可以超過索引範圍。例如：

```
char answer[10];
answer[11]= 'C';  ←── 錯誤，指定的索引編號超出範圍，
                       只能使用 answer[0]～answer[9]
```

10-1-2　設定陣列初始值

我們可以在宣告陣列的同時，將元素值指定給陣列，成為陣列的初始值。指
定的方式是用大括號括住初始值，各初始值間以逗號分開，例如：

```
int number[5]= { 2, 4, 12, 6, 18};  ←── 相當於指定 number[0] = 2、
                                           number[1] = 4、
                                           number[2] =12、
                                           number[3] = 6、
                                           number[4] =18
```

以下範例就是指定陣列元素初始值後，再用迴圈的方式依序將各元素的值輸
出：

■ Ch10_01.c 設定陣列初值

```
01 #include <stdio.h>
02
03 int main(void)
04 {
05   int number[5]={2,4,12,6,18}; // 宣告陣列並設定初始值
```

接下頁

```
06    int i;                              // 迴圈變數
07
08    printf("陣列的大小為 %d bytes\n",sizeof(number));
09
10    for(i=0;i<5;i++)
11      printf("number[%d] 的值為: %d\n",i,number[i]);
12
13    return 0;
14 }
```

執行結果

陣列的大小為 20 bytes　　　　記憶體空間配置圖:
number[0] 的值為: 2　　　　　　number[0]　2
number[1] 的值為: 4　　　　　　number[1]　4
number[2] 的值為: 12　　　　　 number[2]　12　　─ 陣列 number
number[3] 的值為: 6　　　　　　number[3]　6
number[4] 的值為: 18　　　　　 number[4]　18

初始化陣列為 0

　　如果設定的初始值個數少於陣列容量, 不足的部份會自動的補上 0。如下:

```
int a[5]= {0};
```

　　上面程式片段相當於只設定 a[0] 的值等於 0, 而剩下的 a[1]～a[4] 因為未被設定初始值, 所以都會被初始化為 0。依程式需要, 可利用此種方法將陣列所有值設定為 0。比如說, 想模擬投擲一個骰子多次, 並計算各個點數出現的機率, 可如下範例利用陣列儲存各點數出現的次數:

■ Ch10_02.c 計算骰子點數出現的或然率

```
01 #include <stdio.h>
02 #include <stdlib.h>
03 #include <time.h> // 使用 time() 函式需含括此檔
04 #define SIZE 6     // 骰子點數的數量 (1~6 點共 6 種)
05
06 int main(void)
07 {
08    int dice[SIZE]={0};      // 初始陣列內所有元素的值都為 0
```

接下頁

```
09    int i, play, point;
10
11    srand((unsigned)time(NULL));  // 取得系統時間
12                                  // 並用系統時間來設定亂數種子
13    printf("請輸入骰子投擲次數: ");
14    scanf("%d", &play);
15
16    for(i=0;i<play;i++)
17    {
18      point=rand()%6+1;    // 產生 1~6 間的亂數
19      dice[point-1]++;     // 陣列元素值加 1
20    }
21
22    for(i=0;i<SIZE;i++)
23      printf("點數 %d 出現 %d 次\n",i+1,dice[i]);
24
25    return 0;
26 }
```

執行結果

```
請輸入骰子投擲次數: 600
點數 1 出現 86 次
點數 2 出現 107 次
點數 3 出現 95 次
點數 4 出現 102 次
點數 5 出現 110 次
點數 6 出現 100 次
```

1. 第 2、3 行含括程式用到的函式庫之函式宣告。

2. 第 4 行定義了常數 SIZE, 用以表示骰子點數的數量 (1~6 點共 6 種), 之後宣告陣列時, 就以此常數指定陣列的容量; 之後在迴圈中, 也利用此常數限制迴圈圈執行次數, 透過這種方式, 可避免在迴圈中指定了超出範圍的元素編號。

3. 第 8 行, 將陣列 dice 的所有元素值都初始化為 0。

4. 第 11 行呼叫 srand() 設定設定亂數種子, 這是配合第 18 行的 rand() 函式, 這兩個函式的原型都在 stdlib.h 中。此處利用 time() 函式來取得系統時間 (函式原型在 time.h 中), 並用此傳回值當參數, 呼叫 srand() 來設定亂數種子。

5. 第 16～20 行的迴圈, 是模擬擲骰的動作, 迴圈會執行使用者指定的次數, 例如第 14 行讀到使用者輸入 100, 迴圈就跑 100 次, 模擬擲骰 100 次的情形。

- 每次擲骰的點數, 就是第 18 行 rand()%6+1, 也就是計算 rand() 傳回的亂數除以 6 的餘數再加 1, 範圍就是 1～6 間的亂數。

- 接著根據點數值, 將對應的陣列元素值加 1, 表示該點數出現的次數加 1。因為陣列元素索引是由 0 開始, 所以第 19 行將點數值減 1 當成索引。也就是說, 擲骰的點數等於 1, 則 dice[0] 的值加 1；點數等於 2, 則 dice[1] 的值加 1, 以此類推。

此處是為了幫助理解, 所以在先後 2 行敘述做加 1、減 1 的計算。您可發現, 此加、減動作互相抵消, 因此刪除程式中的加、減運算, 對程式也不會有影響。

關於 rand() 與 srand() 亂數函式

標準函式庫中的 rand() 函式, 會傳回一個隨機的整數, 範圍為 0 到 RAND_MAX, RAND_MAX 也是定義在 stdlib.h 中, 以 Dev-C++ 為例, 其值為 32767, 也就是說 rand() 會傳回 0 到 32767 之間的隨機整數。

不過電腦程式是用特定的演算法來產生亂數, 又稱為『虛擬亂數』。如果某程式呼叫 rand() 數次, 傳回 "41、18467、6334、26500.." 等一連串數字, 稍後重新執行程式, 出現的『亂數』又會是 "41、18467、6334、26500.." 等數字。

要讓 rand() 傳回的數字不要有這樣的規律性, 就必須在呼叫 rand() 之前, 以無號整數值為參數, 呼叫 srand() 設定亂數種子。例如上面範例程式是用 time() 傳回以整數表示的系統時間, 當做呼叫 srand() 的參數。

在嵌入式程式中, 有時則會利用未使用到的輸出入腳位的值, 來當做亂數種子 (因為輸出入腳位未外接裝置時, 以類比的方式讀值, 會讀到不固定的值, 恰好適合用來當亂數種子)。

以初始值個數決定陣列容量

用大括號指定陣列初始值時, 若大括號中的初始值個數, 超過陣列容量, 編譯時會出現錯誤, 表示宣告了過多的初始值。

```
int x[5]={1, 2, 3, 4, 5, 6};  ←  陣列只有 5 個元素,
                                  卻設定了 6 個初始值
```

為了避免犯此錯誤, 在宣告含初始值的陣列時, 可以不指定陣列的大小 (也就是使用空的中括號 [])。如此一來, 編譯器會以初始值的個數當成該陣列的容量。例如:

```
int number[]= { 2, 4, 6 };  ←  未指定陣列容量, 編譯器會自動
                                依初值個數決定陣列的大小為 3
```

如以下範例, 宣告一個未指定容量大小的陣列, 來儲存學生成績, 指定初始值時, 只指定了 10 筆成績, 所以陣列大小就會是 10。

■ Ch10_03.c 用陣列儲存學生的成績

```
01  #include <stdio.h>
02
03  int main(void)
04  {
05    float score[]={69,    87, 97, 54, 79.5,
06                   60, 69.5, 75, 85, 76 };
07    int i;
08
09    for(i=0;i<10;i++)
10      printf("座號 %2d 國文成績 %5.1f 分\n", i+1, score[i]);
11
12    return 0;
13  }
```

```
座號  1 國文成績  69.0 分
座號  2 國文成績  87.0 分
座號  3 國文成績  97.0 分
座號  4 國文成績  54.0 分
座號  5 國文成績  79.5 分
座號  6 國文成績  60.0 分
座號  7 國文成績  69.5 分
座號  8 國文成績  75.0 分
座號  9 國文成績  85.0 分
座號 10 國文成績  76.0 分
```

1. 第 5 行，宣告陣列 score 陣列，未指定容量。但是因為初始值含 10 筆成績，所以陣列容量也自動被設為 10。初始值會依序存入 score[0]、score[1]、...、score[9]。

2. 第 9、10 行，利用迴圈將每一輪 i 的值 (0~9) 代入 score[i] 中，然後再由 printf() 從輸出陣列元素值。為了讓顯示的座號是以一般慣用的由 1 開始，所以顯示座號數字時，是將 i 的值加 1，使其範圍變成 1~10。

10-1-3　宣告陣列後再設定其值

宣告陣列時，如果沒有同時設定初始值，**一定要指定陣列容量**。之後可像使用一般變數一樣，有需要時再用程式設定陣列元素值。但要注意，許多初學者會不習慣陣列元素編號是從 0 開始算，寫程式時常會從編號 1 開始處理陣列元素，而造成錯誤，這點要特別注意。

為了避免自己算錯編號、或者手誤打錯數字，造成程式處理陣列時發生錯誤。我們可用 #define 定義常數來設定陣列容量。如下：

```
#define SIZE 10
...
int main(void)
{
    int a[SIZE];    ◄── 陣列容量大小為 10
    ...
}
```

　　比如說，要用陣列來儲存員工年齡，並計算計算員工的平均年齡，過程中會多次用到陣列容量 (元素筆數) 控制迴圈、計算平均值等。此時就可先定義陣列容量的常數，以便在程式中使用：

■ Ch10_04.c 計算員工年齡資料的平均

```
01  #include <stdio.h>
02  #define SIZE 5    // 定義常數 SIZE 為 5
03
04  int main(void)
05  {
06    int age[SIZE];   // 宣告儲存年齡資料的陣列
07    int i,sum=0;     // i 為迴圈變數, sum 為總和
08    float avg;       // avg 為年齡的平均
09
10    printf("開始輸入員工的年齡:\n");
11    for(i=0;i<SIZE;i++)     // 控制輸入的迴圈
12    {
13      printf("輸入第 %d 筆年齡資料: ", i+1);
14      scanf("%d",&age[i]); // 由鍵盤輸入年齡資料
15      sum+=age[i];         // 計算年齡總和, 稍後用來計算平均年齡
16    }
17
18    avg=(float)sum/SIZE;    // 計算平均年齡
19    printf("員工的平均年齡為 %.2f\n",avg);
20
21    return 0;
22  }
```

執行結果

```
開始輸入員工的年齡:
輸入第 1 筆年齡資料: 25
輸入第 2 筆年齡資料: 37
輸入第 3 筆年齡資料: 48
輸入第 4 筆年齡資料: 52
輸入第 5 筆年齡資料: 19
員工的平均年齡為 36.20
```

1. 第 2 行, 定義常數 SIZE 值為 5, 此常數是用來設定陣列容量。

2. 第 6 行的宣告陣列、第 11 行設定迴圈範圍以及第 18 行計算平均值, 所有與陣列容量有關的設定, 都使用常數 SIZE。

10-1-4　陣列的應用

　　本章到目前為止, 所介紹的陣列又稱為『一維陣列』, 適合用來處理『單獨一列』的資料, 如數列、序號等, 我們可藉由迴圈來控制要使用的陣列元素之索引編號, 達到操作、控制陣列的目的, 在前面範例已示範過一些基本的操作。本節繼續介紹一些應用範例, 讓讀者熟悉陣列的應用。

查表的應用：利用陣列簡化程式處理

　　將資料存於陣列, 供程式取用是陣列的基本應用。但有些時候, 將程式需要用到資料,以特定的排列存放在陣列中, 有時可簡化程式的處理邏輯。

　　舉例來說, 第 7 章介紹用迴圈來輸出數值的二進位表示時, 利用數值加上 48 的方式, 讓數值變成對應的字元 '0'、'1', 但此方式只適用於數字字元 '0'~'9'；若程式要輸出十六進位, 就變成要用 if 判斷, 超過 10 的改成加 55, 才能輸出 'A'~'F' (ASCII 值 65~70)。但利用陣列, 則可省掉這個 if 判斷, 程式也完全不用做加法計算：

■ Ch10_05.c 利用陣列儲存十六進位的 '0'~'F' 字元

```
01  #include <stdio.h>
02
03  int main(void)
04  {
05      // 用字元陣列儲存十六進位數字中的字元
06      char hex[]={'0','1','2','3','4','5','6','7',
07                  '8','9','A','B','C','D','E','F'};
08      int pos=28 ;        // 控制迴圈的變數
09      int number,value; // 要轉換的數值, 及每次輸出的位元值
10      printf("請輸入整數值: ");
```

接下頁

```
11    scanf("%d",&number);
12
13    printf("十六進位表示: ");
14    for(pos=28;pos>=0;pos-=4)       // 每輪迴圈取 4 個 bit 的值
15    {
16      value=(number>>pos) & 0xF;   // 將數值左移指定位數後, 再 AND 0xF
17      putchar(hex[value]);          // 用數值當索引, 取得對應的字元
18      if(pos%16==0) putchar(' ');  // 每輸出 4 位數即空一格
19    }
20
21    return 0;
22 }
```

執行結果

請輸入整數值: 128773
十六進位表示: 0001 F705

此程式的結構其實和第 7 章輸出二進位的 Ch07_04.c 相似, 但改用字元陣列儲存要輸出的字元, 而非用程式算出字元的 ASCII 值:

1. 第 6、7 行初始化含 '0'∼'9'、'A'∼'F' 的陣列, 剛好索引值 0 的字元就是 '0'、索引 1 的元素為 '1'..., 所以之後程式只要用數值當索引, 就能取得對應的字元。

2. 第 8 行初始化控制迴圈的變數 pos, 同時也是每次右移的位元數, 因為 4 個位元恰好表示 0∼15 的數值範圍, 所以 14∼19 行的迴圈, 每輪迴圈就取 4 位元的值, 並輸出對應的十六進位字元。

不管是個人電腦或嵌入式系統的程式, 都經常會有類似此種『查表』的應用, 也就是將程式要做轉換、換算的資料, 放在陣列中, 使用是可利用索引值的控制, 立即存取到所需的資料, 省下一連串邏輯判斷、數值計算的處理時間。

利用陣列儲存處理過程中的資料

程式中不同階段, 處理資料的順序, 不一定相同。例如某程式從網路接收資料的順序是 A、B、C, 但實際要處理時是 C、B、A, 這時就可先用陣列中儲存資料, 之後再依程式的需要由陣列中取出資料來處理。

在此就用十進位換算為二進位的計算來做範例說明。第 2 章介紹『十進位換算為二進位』 (參見 2-7 頁), 是用十進位數字連續除以 2, 取餘數組合起來就是二進位數字。但最先算出來的餘數是最小的位數、最後算出來的餘數是最大的位數。若想用程式來模擬這個計算過程, 就要先用陣列儲存計算過程中的結果, 完成後再依相反的順序輸出, 才是正確的 2 進位數字。

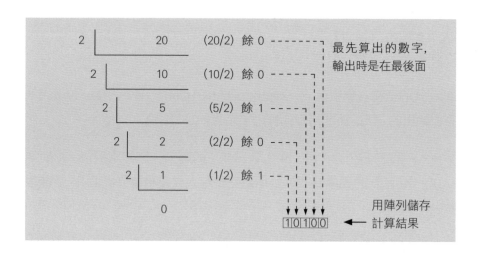

程式如下:

■ Ch10_06.c 用程式模擬十進位轉二進元的除法計算

```
01 #include <stdio.h>
02 #include <conio.h>
03 #define SIZE 32        // 代表 32 位元的陣列
04
05 int main(void)
06 {
07   int i= SIZE-1;       // 迴圈變數與陣列元素值
08   int number;          // 使用者輸入值
```

接下頁

```
09    unsigned char binary[SIZE]={0};  //  儲存除法計算中的餘數，
10                                      //  即二進位數字中的 1 位數字
11    printf("請輸入十進位數字: ");
12    scanf("%d", &number);
13
14    if(number<0) number = -number;   // 若是負數，將之轉成正數
15
16    do     // 做連除法的迴圈
17    {
18      printf("%d 除以 2=> 商 %d, 餘數 %d\n",   // 輸出計算過程
19             number, number/2, number%2);
20      binary[i--] = number%2;  // 取餘數，也就是二進位中的數字
21      number=number/2;         // 取商數，當做下一輪被除數
22    } while(number>0);          // 被除數為 0 即結束迴圈
23
24    printf("\n二進位表示: ");
25    for(i=i+1; i<SIZE; i++)    // 迴圈從除法運算剛處理完的元素開始
26        printf("%d", binary[i]);
27
28    return 0;
29 }
```

執行結果

```
請輸入十進位數字: 20
20 除以 2=> 商 10, 餘數 0
10 除以 2=> 商 5, 餘數 0
5 除以 2=> 商 2, 餘數 1
2 除以 2=> 商 1, 餘數 0
1 除以 2=> 商 0, 餘數 1

二進位表示: 10100
```

1. 第 16～22 行用 do-while 迴圈做不確定要算幾次的除法運算，每次都將計算
   結果輸出，並於第 20 行將餘數存到陣列，同時將 i 的值減 1，表示位數大的
   數字，會存到陣列前面 (索引值較小)。第 22 行判斷被除數為 0 時，即結束
   迴圈。

2. 第 25、26 行用 for 迴圈輸出陣列中儲存的計算結果, 由位數大的數字 (索引值較小) 開始, 每輸出一位數, 就將 i 值加 1, 所以依序輸出的就是正確的 2 進位數字。

尋找陣列中的最大值

若陣列中已儲存一堆資料, 要從中找出最小、最大值、某個特定的數值, 最簡單的方式, 就是利用迴圈一一比對、尋找。以下就是尋找陣列中最大值的簡例:

■ Ch10_07.c 從使用者輸入的值中, 找出最大值

```
01  #include <stdio.h>
02  #define SIZE 5  // 本例只處理 5 筆數值
03
04  int main(void)
05  {
06    int number[SIZE];  // 儲存數值的陣列
07    int max=0, i;        // max 是最大值, i 是迴圈變數
08
09    printf("請輸入 5 個整數, 我會找出最大值\n");
10    for (i=0;i<SIZE;i++) // 用迴圈來控制陣列
11    {
12      printf("請輸入第 %d 個數字: ", i+1);
13      scanf("%d",&number[i]);  // 將輸入值依序存到陣列
14    }
15
16    for (i=0;i<SIZE;i++)  // 比對陣列值的迴圈
17      // 如果陣列值大於 max 則以陣列值取代 max 變數值
18      if(number[i]>max) max=number[i];
19
20    // 先列出全部數字再輸出最大值
21    printf("\n");
22    for (i=0; i<SIZE; i++)
23      printf("%d, ",number[i]);
24
25    printf("中的最大值為 %d\n",max);
26
27    return 0;
28  }
```

執行結果

```
請輸入 5 個整數, 我會找出最大值
請輸入第 1 個數字: 75
請輸入第 2 個數字: 38
請輸入第 3 個數字: 26
請輸入第 4 個數字: 107
請輸入第 5 個數字: 62

5, 38, 26, 107, 62, 中的最大值為 107
```

1. 第 10～14 行的迴圈是用來控制鍵盤輸入, 每次 i 的值會加 1, 迴圈跑了 5 次, 所以輸入的值依序會存入 number[0]～number[4]。

2. 第 16～18 行的迴圈是用來找出最大值, 尋找的方式就是將變數 max (初始值為 0) 與陣列元素比較, 若陣列元素值較大, 就將其值指定給 max, 所以下一輪迴圈就是用新的 max 值與下一個陣列元素比較。

3. 第 22、23 行的迴圈, 會將輸入陣列中的數值顯示在螢幕上。

像這樣利用迴圈逐筆處理陣列元素的技巧, 也可用於搜尋等應用, 讀者可自行推衍。

10-2 二維陣列

前面使用的陣列元素, 就像大家在排隊一樣, 一個接著一個, 不管橫向、縱向, 都只有一個維度, 所以稱為**一維陣列**。

如果大家排隊進教室坐好, 每一個座位都是一個陣列元素, 要描述一個座位的位置, 就是說座位是在『第幾列、第幾行』。這種元素排列方式, 就稱為**二維陣列** (2 Dimension Array)。

二維陣列的宣告語法就是在一維陣列增加一組中框號, 例如:

```
int a[5][6];    ← 宣告一個共有 5 列、6 行的二維陣列
```

我們可用如圖的結構來表示這個陣列的內容：

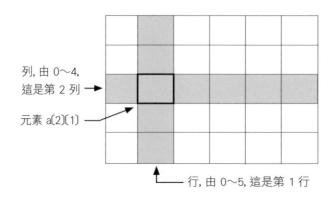

列, 由 0~4,
這是第 2 列 ➞

元素 a(2)(1) ➞

行, 由 0~5, 這是第 1 行

10-2-1　設定二維陣列的初始值

要指定二維陣列的初始值, 同樣可用一對大括號括住全部的初始值內容, 但這樣不太容易瞭解哪個元素對應到哪個初始值, 除非特意像下面這樣列出：

```
int a[5][4]={54, 65, 87, 95,   ◀── a[0][0], a[0][1], a[0][2], a[0][3]
             41, 18, 24, 98,   ◀── a[1][0], a[1][1], a[1][2], a[1][3]
             45, 33, 35, 70,   ◀── a[2][0], a[2][1], a[2][2], a[2][3]
             23, 11, 79, 64,   ◀── a[3][0], a[3][1], a[3][2], a[3][3]
             97, 67, 40, 37};  ◀── a[4][0], a[4][1], a[4][2], a[4][3]
```

如上所示, 每一『橫列』中所有『行』都填滿後, 才會換下一列 (先由左至右, 再由上而下)。以下將此例寫成程式來驗證：

■ Ch10_08.c 從螢幕輸出二維陣列的內容

```
01  #include <stdio.h>
02  #define ROW 5
03  #define COL 4
04
05  int main(void)
06  {
07    int a[ROW][COL]={54,65,87,95,   // 註明位置的宣告方式
08                     41,18,24,98,
09                     45,33,35,70,
```

接下頁

```
10                    23,11,79,64,
11                    97,67,40,37};
12    int i,j;
13
14    for (i=0;i<ROW;i++)    // 外迴圈控制二維陣列的第 1 個維度
15    {
16      for (j=0;j<COL;j++)  // 內迴圈控制二維陣列的第 2 個維度
17      {
18        printf("a[%d][%d]=%d  ",i,j,a[i][j]);
19      }
20     printf("\n");
21    }
22
23    return 0;
24  }
```

執行結果

```
a[0][0]=54    a[0][1]=65    a[0][2]=87    a[0][3]=95
a[1][0]=41    a[1][1]=18    a[1][2]=24    a[1][3]=98
a[2][0]=45    a[2][1]=33    a[2][2]=35    a[2][3]=70
a[3][0]=23    a[3][1]=11    a[3][2]=79    a[3][3]=64
a[4][0]=97    a[4][1]=67    a[4][2]=40    a[4][3]=37
```

　　另外，我們也可以把二維陣列看成是由一維陣列組成的陣列，這時可用 2 組大括號來括住初始值，如此比較容易一目瞭然：

```
int arr[5][4]= { { 54, 65, 87, 95 },      // a[0][0~3]
                 { 41, 18, 24, 98 },      // a[1][0~3]
                 { 45, 33, 35, 70 },      // a[2][0~3]
                 { 23, 11, 79, 64 },      // a[3][0~3]
                 { 97, 67, 40, 37 } } ;   // a[4][0~3]
```

　　上例將陣列中每 4 個初始值就以大括號括住，表示這是『一維陣列』的數值，這種宣告方式所得到結果會與範例 Ch10_8.c 的結果相同，兩種二維陣列初始值的宣告方式，所得到的結果都相同，所以讀者可以自行挑選較容易理解的方式宣告。

以初始值個數決定二維陣列容量

在宣告二維陣列並指定初始值時，也可將第 1 個中括號留空 (不指定大小)，讓初始值決定二維陣列大小。以範例 Ch10_08.c 中的二維陣列為例，可寫成如下的樣子：

```
int a[][4]= { 54, 65, 87, 95,     ◄── 填滿 4 行，換下一列
              41, 18, 24, 98,     ◄── 填滿 4 行，換下一列
              45, 33, 35, 70,     ◄── 填滿 4 行，換下一列
              23, 11, 79, 64,     ◄── 填滿 4 行，換下一列
              97, 67, 40, 37 };   ◄── 共填滿 5 列，自動配置列數為 5
```

如果我們未註明行數，只註明列數，則編譯時會出現錯誤，因為編譯器無法判斷每列有幾個元素：

```
int a[4][]= {54, 65, 87, 95, 41, 18... };   ◄── 錯誤的宣告方式，
                                                  不知道何時該換列
```

同理，如果列數與行數都未註明，一定也是錯誤的。

10-2-2　未含初始值的二維陣列

二維陣列與一維陣列相同，不一定要設定初始值，同樣可在程式執行過程中再指定其值。例如想製作如下的簡易九九乘法表：

```
1  2  3  4  5  6  7  8  9
2  4  6  8 10 12 14 16 18
3  6  9 12 15 18 21 24 27
4  8 12 16 20 24 28 32 36
5 10 15 20 25 30 35 40 45
6 12 18 24 30 36 42 48 54
7 14 21 28 35 42 49 56 63
8 16 24 32 40 48 56 64 72
9 18 27 36 45 54 63 72 81
```

我們可以很清楚的看出，橫座標與縱座標的交叉處數值，剛好等於橫座標與縱座標的乘積。以下範例，就用程式將計算出的乘積存於二維陣列中，然後輸出結果：

■ Ch10_09.c 製作九九乘法表

```
01  #include <stdio.h>
02  #define ROW 9
03  #define COL 9
04
05  int main(void)
06  {                              // 集合一維陣列的宣告方式
07    int a[ROW][COL];
08    int i,j;
09
10    for (i=0;i<ROW;i++)      // 外迴圈控制二維陣列的列數
11      for (j=0;j<COL;j++)    // 內迴圈控制二維陣列的行數
12        a[i][j]=(i+1)*(j+1);   // 設定元素值
13
14    for (i=0;i<ROW;i++)      // 控制二維陣列的列數
15    {
16      for(j=0;j<COL;j++)       // 控制二維陣列的行數
17      {
18          printf("%2d ",a[i][j]);  // 輸出元素值
19      }
20     printf("\n");             // 輸出一列就換行
21    }
22
23    return 0;
24  }
```

執行結果

```
1   2   3   4   5   6   7   8   9
2   4   6   8  10  12  14  16  18
3   6   9  12  15  18  21  24  27
4   8  12  16  20  24  28  32  36
5  10  15  20  25  30  35  40  45
6  12  18  24  30  36  42  48  54
7  14  21  28  35  42  49  56  63
8  16  24  32  40  48  56  64  72
9  18  27  36  45  54  63  72  81
```

1. 第 10～12 行的巢狀迴圈, 是用來控制二維陣列的行數與列數, 然後計算出行數與列數的乘積, 並存在相關位置。

2. 第 14～21 行, 輸出二維陣列的內容。

10-2-3　二維陣列運算

我們可以利用二維陣列來做矩陣運算。比如說，將兩個矩陣的值分別存入陣列 A 與陣列 B 中。接著要將兩陣列相加，就是，將兩個陣列中相同位置的元素值相加，並將結果存到陣列 C 中，這時可先定義二維陣列如下：

```
陣列 A:                                陣列 B:
A[0][0]  A[0][1]  A[0][2]              B[0][0]  B[0][1]  B[0][2]
A[1][0]  A[1][1]  A[1][2]              B[1][0]  B[1][1]  B[1][2]
A[2][0]  A[2][1]  A[2][2]              B[2][0]  B[2][1]  B[2][2]

陣列 C:
C[0][0]  C[0][1]  C[0][2]
C[1][0]  C[1][1]  C[1][2]
C[2][0]  C[2][1]  C[2][2]
```

計算方法如下：

```
C[0][0]=A[0][0]+B[0][0]    C[1][0]=A[1][0]+B[1][0]    C[2][0]=A[2][0]+B[2][0]
C[0][1]=A[0][1]+B[0][1]    C[1][1]=A[1][1]+B[1][1]    C[2][1]=A[2][1]+B[2][1]
C[0][2]=A[0][2]+B[0][2]    C[1][2]=A[1][2]+B[1][2]    C[2][2]=A[2][2]+B[2][2]
```

將以上算式寫成程式，如下：

■ Ch10_10.c 計算兩陣列相加的和

```
01  #include <stdio.h>
02  #include <stdlib.h>
03  #define ROW 3
04  #define COL 4
05
06  int main(void)
07  {
08     int A[ROW][COL]={18,44,21,25,
09                      21,19,65,41,
10                      78,21,33,54};
11     int B[ROW][COL]={65,32,45,74,
12                      11,24,10,41,
13                      12,45,18,11};
14     int C[ROW][COL];
```

接下頁

```
15  int i,j;          // 控制迴圈的變數
16
17  for(i=0;i<ROW;i++)
18  {
19    for(j=0;j<COL;j++)     // 輸出陣列 A  的內容
20      printf("%3d",A[i][j]);
21
22    if(i==1)    // 在 A, B 兩陣列間輸出空白或加號
23      printf("  +  ");
24    else
25      printf("     ");
26
27    for(j=0;j<COL;j++)     // 輸出陣列 B  的內容
28      printf("%3d",B[i][j]);
29
30    if(i==1)              // 在 B, C 兩陣列間輸出空白或等號
31      printf("  =  ");
32    else
33      printf("     ");
34
35    for(j=0;j<COL;j++)     // 進行加法計算的迴圈
36    {
37      C[i][j]=A[i][j]+B[i][j];
38      printf("%3d",C[i][j]);
39    }
40
41    printf("\n");
42  }
43
44  return 0;
45 }
```

執行結果

```
 18 44 21 25    65 32 45 74    83 76 66 99
 21 19 65 41 + 11 24 10 41 = 32 43 75 82
 78 21 33 54    12 45 18 11    90 66 51 65
```

　　第 17～42 行的巢狀迴圈會依序輸出 A、B 陣列元素值，並將之相加存入 C 陣列，最後再輸出其值。

宣告陣列變數時，還可加入更多中括號 []，建立三維、四維等多維陣列，但實務上最常用的仍是一維、二維陣列。

10-3 陣列在函式間的傳遞

陣列也可當成參數在函式間傳遞。若只是傳遞陣列中的某個元素，則用法就和傳遞一般變數相同。

```
int func(int);    // 接受整數為參數的函式
int a[5]={...};   // 整數陣列
...
func(a[0]);       // 用 a[0] 當參數呼叫 func()
func(a[2]);       // 用 a[2] 當參數呼叫 func()
```

但若是要傳遞整個陣列給函式，則函式的原型宣告、定義的方法略有不同。

10-3-1 傳遞一維陣列

要將整個陣列當參數傳遞到函式，需在原型宣告的參數型別，以及定義函式時的參數，都加上一個中括號 ([])，如下：

```
傳回值的型別 函式名稱( 陣列的型別[] );    ◄─── 原型宣告
                              └── 使用空白的中括號
int main(void)
{
    函式名稱(陣列名稱);    ◄─── 呼叫時，陣列名稱不用加上中括號
    ...
}

傳回值的型別 函式名稱( 型別 陣列名稱[] )
{                        └── 使用空白的中括號
    ...
}
```

　　由於參數中的陣列中括號，並未指定大小，因此實際上函式並不會知道傳入的陣列含多少元素。所以若想讓函式能知道陣列大小，就必須增加一個參數，在呼叫時也將陣列大小傳遞給參數。例如以下範例，程式中將尋找陣列最大值的動作寫成函式，用陣列當參數呼叫函式，即可傳回陣列元素中最大的值。程式如下：

■ Ch10_11.c 求整數陣列的最大值

```
01 #include <stdio.h>
02 int find_max(int[], int);
03
04 int main(void)
05 {
06   int number1[] = {49,62,199,23,57};
07   int number2[] = {15,86,72,65,46,44,66,33};
08
09   // 呼叫並將陣列值傳到判斷最大值的函式
10   printf("number1[] 最大值為 %d\n",find_max(number1, 5));
11   printf("number2[] 最大值為 %d\n",find_max(number2, 8));
12
13   return 0;
14 }
15
16 int find_max(int number[], int size) // 判斷最大值的函式
17 {
18   int max=0,i;
19
20   for (i=0;i<size;i++)  // 逐一比較每個元素值
21     if(number[i]>max) max=number[i];
22
23   return max;
24 }
```

執行結果

```
number1[] 最大值為 199
number2[] 最大值為 86
```

1. 第 2 行定義函式原型 find_max(int[], int); 包含 2 個參數, 第 1 個參數是陣列, 第 2 個參數即為陣列大小 (元素個數)。

2. 第 10、11 行分別用不同的陣列呼叫 find_max() 找出陣列最大值, 並輸出其傳回值。

3. 第 16~24 行為 find_max() 函式的定義內容, 第 1 個參數 number 為陣列, 所以在名稱後面加上 [ ] 以與一般變數區別。

4. 第 23 行, 把判斷結果傳回。

10-3-2 傳遞二維陣列

若用二維陣列傳遞給函式當參數時, 函原型告處的引數要加上兩個中括號。其中第 1 個中括號為空白, 但是第 2 個中括號中, 一定要填入容量, 否則編譯時會出現錯誤, 表示編譯器無法判斷陣列的大小。

舉個例子, 若要將前面範例 Ch10_09.c 中的二維陣列輸出迴圈, 改寫到函式之中。程式必須將整個二維陣列傳遞到函式中, 才能順利的輸出。如下:

■ Ch10_12.c 傳遞二維陣列

```
01  #include <stdio.h>
02  #define SIZE 9
03  void output(int[][SIZE]);  // 輸出陣列內容的函式
04
05  int main(void)
06  {                          // 集合一維陣列的宣告方式
07    int array[SIZE][SIZE];
08    int i,j;
09
16    // 用迴圈設定陣列內容
10    for (i=0;i<SIZE;i++)     // 外迴圈控制二維陣列的列數
10    {
11      for (j=0;j<SIZE;j++)   // 內迴圈控制二維陣列的行數
12        array[i][j]=(i+1)*(j+1);
```

接下頁

```
13    }
14
15    output(array);              // 呼叫函式輸出陣列內容
16
17   return 0;
18 }
19
20 void output(int ary[][SIZE])   // 定義輸出陣列內容的函式
21 {
22    int i,j;
23
24    for (i=0;i<SIZE;i++)
25    {
26      for(j=0;j<SIZE;j++)
27        printf("%2d ",ary[i][j]);
28
29      printf("\n");
30    }
31 }
```

執行結果

```
1   2   3   4   5   6   7   8   9
2   4   6   8  10  12  14  16  18
3   6   9  12  15  18  21  24  27
4   8  12  16  20  24  28  32  36
5  10  15  20  25  30  35  40  45
6  12  18  24  30  36  42  48  54
7  14  21  28  35  42  49  56  63
8  16  24  32  40  48  56  64  72
9  18  27  36  45  54  63  72  81
```

1. 第 15 行，呼叫輸出陣列內容的函式，以二維陣列的名稱當參數。

2. 第 20～31 行，定義輸出陣列內容的函式。在第 20 行處，利用一個二維陣列
   來接受參數值。第 2 個中括號要指定大小，否則編譯器無法判斷。

1. 下列敘述何者為非？

    (1) 一個陣列只能儲存一個變數

    (2) 陣列可以被設定容量

    (3) 陣列可以被指定初始值

2. 下列敘述何者為非？

    (1) 陣列宣告時必須加上資料型別

    (2) 陣列在宣告時不可指定初始值

    (3) 陣列名稱可以使用中文

3. 陣列的維數是以何者決定？

    (1) 陣列名稱

    (2) 陣列容量的大小

    (3) 陣列容量的個數

4. 陣列適合用於：

    (1) 一群不同型別的變數

    (2) 一群相同型別但是不同性質的變數

    (3) 一群相同型別而且相同性質的變數

5. 如果填入陣列的資料數超過陣列容量會發生何種結果？

    (1) 執行錯誤

    (2) 得到亂數

    (3) 沒有影響

6. 填入陣列的資料個數不可多於陣列的 _____。

7. 陣列元素的編號從 _____ 開始。

8. 請更正下列陣列宣告語法的錯誤, 正確者請打勾:

   (1) int 陣列[10];

   (2) char char[10];

   (3) int number[];

9. 請更正下列陣列宣告語法的錯誤, 正確者請打勾:

   (1) int array[3]={1,2,3,4};

   (2) int array[]={1,2,3,4};

   (3) int array={1,2,3,4};

10. 計算下列陣列中最多可以填入幾個陣列元素:

   (1) int array[2][3];

   (2) int array[3][4][5];

程 式 練 習

1. 將一維陣列中放入 1～10 的整數, 並計算每個陣列元素的平方和。

2. 將一維陣列中放入 a～z 的字母, 然後以相反的順序從螢幕輸出。

3. 請宣告 2 個整數型別的一維陣列, 其中一個設定初始值。然後將此陣列的值, 複製到另一個陣列。

4. 從鍵盤輸入 10 個浮點數到一維陣列中, 並利用函式計算平均值。

5. 請修改範例 Ch10_02.c, 將程式改成計算兩個骰子投擲 600 次, 點數 2～12 出現的機率。

6. 請修改範例 Ch10_10.c, 將程式改成計算陣列 A 減 B 的值。

7. 請利用二維陣列從螢幕輸出本月份的月曆。

8. 請修改範例 Ch10_06.c，將程式改成模擬十進位轉十六進位的除法計算。

9. 請宣告一個二維陣列，並存入數字。然後利用函式，來找出此陣列中的最大值與最小值。

10. 試寫一程式，在一字元陣列中存入 6 個字元密碼 (字母或數字)，使用者從鍵盤輸入密碼，每次只能輸入 1 個字元。要第 1 個字對才能輸入第 2 個，以此類推直到 6 個字元都輸入完成，每個字只能有 3 次的輸入機會。

指位器

- 了解記憶體位址的觀念

- 如何將變數的位址存入指位器中

- 了解陣列與指位器之間的關係

- 指位器在函式之間的傳遞

指位器 (pointer) 也是一種變數, 但是此種變數儲存的並非一般數值, 而是記憶體位址。當指位器變數所存的值是位址時, 我們稱此指位器『指向』該位址所表示的記憶體空間。在程式中使用指位器, 能以更具彈性的語法存取記憶體中儲存的變數、資料等。

11-1　指位器的基本用法

11-1-1　變數的記憶體位址

指位器與記憶體位址具有密不可分的關係。因為指位器是專門用來存放記憶體位址的變數。所以, 在開始介紹指位器之前, 先對記憶體位址做個說明。

何謂位址?我們可以把記憶體的內部, 想像成一個一個排列整齊可用來裝填資料的儲物格 (櫃), 每個格子的大小都相等 (1 byte)。而位址就相當於儲物格的編號, 可用來區別這些小格子。

在 C 語言中, 可以利用 & 算符, 取得變數在記憶體中被配置的位址:

&變數名稱　◀── 表示傳回變數的位址

在任何變數名稱前加上 & 算符後, 就表示該變數在記憶體中的位址, 而不是變數值。利用 printf() 配合輸出格式 %p, 就可以輸出以 16 進位數值表示的記憶體位址, 參見以下範例:

■ Ch11_01.c 從螢幕輸出各變數的位址

```
01 #include <stdio.h>
02
03 int main(void)
04 {
05   int i=1, j=2, k=3;
06
07   printf("i 變數的位址 %p\n",&i); // 輸出變數的位址
08   printf("j 變數的位址 %p\n",&j);
09   printf("k 變數的位址 %p\n",&k);
10
11   return 0;
12 }
```

執行結果

```
i 變數的位址 000000000022FE4C
j 變數的位址 000000000022FE48
k 變數的位址 000000000022FE44
```

 本例是在 Dev-C++ 中選擇編譯成 64 位元版本的結果；若選擇編譯成 32 位元版本, 則輸出的位址只有 8 位數 (相當於 32 位元, 4 位元組)。

在 Dev-C++ 視窗右上角, 可選擇要建置的程式執行檔版本 (參見附錄 C-2 頁畫面)。

因為 3 個變數都是整數型別, 所以在記憶體中各佔 4 bytes 。在記憶體中, 每個 byte 都有獨立的位址, 以代表該空間在記憶體中的位置。如下圖:

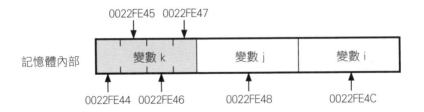

11-1-2 宣告指位器變數

指位器的運用, 主要是在一種稱為『指向』的觀念。當指位器中儲存著一個變數的位址時, 我們稱此指位器指向該變數。宣告的語法如下:

資料型別 *指位器;

1. **資料型別**：指位器的型別，必須與該指位器所指向的變數型別相同。

2. *****：稱為『間接』算符 (indirection)，意指指示器存放的是儲存變數的位址，不能經由指位器變數取得變數的值，必須在指位器上使用間接算符才能取得變數值。**宣告指位器變數時，需在變數名稱前加上 * 算符。**

3. **指位器**：也就是指位器變數的名稱，命名的原則和一般變數相同。

比如說：

```
int *ptr, number=10;   ←── 宣告指位器 ptr 與變數 number
ptr = &number;         ←── 讓指位器 ptr 指向變數 number 的位址
```

如此一來，ptr便是指向 number 的指位器了。

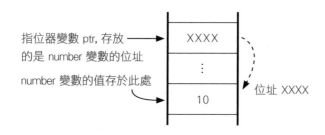

11-1-3　指位器的空間大小

由於指位器記錄的是記憶體位址，所以不管指位器宣告成何種型別，在記憶體中都會配置相同的空間，我們可以利用 sizeof() 來驗證，如下：

■ Ch11_02.c 計算各種型別指位器的容量

```
01  #include <stdio.h>
02
03  int main(void)
04  {
05    int     *intptr;    // 宣告整數型別的指位器
06    char    *charptr;   // 宣告字元型別的指位器
07    float   *floatptr;  // 宣告浮點數型別的指位器
```

接下頁

```
08    double *doubleptr; // 宣告倍精數型別的指位器
09
10    printf("各種型別指位器的容量大小\n");
11    printf("intptr    = %d bytes\n",sizeof(intptr));
12    printf("charptr   = %d bytes\n",sizeof(charptr));
13    printf("floatptr  = %d bytes\n",sizeof(floatptr));
14    printf("doubleptr = %d bytes\n",sizeof(doubleptr));
15
16    return 0;
17 }
```

執行結果

```
各種型別指位器的容量大小
intptr    = 8 bytes
charptr   = 8 bytes
floatptr  = 8 bytes
doubleptr = 8 bytes
```

 本例是在 Dev-C++ 中選擇編譯成 64 位元版本的結果；若選擇編譯成 32 位元版本, 則輸出的指位器大小為 4 (位元組)。

第 10~14 行, 將各種型別指位器的容量, 利用 sizeof() 取得其大小並輸出。

11-1-4 設定指位器的值

指位器也是一個變數, 所以和變數一樣可以設定其值。但是此處的『值』有兩個意思, 首先是指位器本身儲存的值, 也就是 Ch11_01.c 輸出的記憶體位址；另一個則是這個位址所存的值 (指位器所指的值), 也就是平常程式使用的變數值。

當我們宣告指位器變數, 未初始化其值, 這時候指位器儲存的值 (記憶體位址) 可能是任意的值, 表示指位器不曉得指到什麼地方去了, 如果這時指定指位器所指的變數值, 就可能導致程式發生問題：

```
int *ptr;
*ptr = 35;    ← 錯誤的初始值設定方法
```

由於 ptr 本身未被設定初始值，所以其值有可能是任何數值，換言之，ptr 可能指向任何的記憶體空間，例如其它程式、甚至作業系統正在使用的記憶體空間。

簡單的說，要像上面的例子來指定指位器所指的變數值，必需先確定指位器指向我們可使用的儲存空間 (也就是必須先設定指位器本身所存的記憶體位址值)。通常可宣告一個同型別的變數，再讓指位器指向此變數位址：

```
int *ptr, number = 10;   // 取得變數 number 的儲存空間
ptr = &number;           // 讓 ptr 指向 number 儲存的位址
```

上面步驟完成後,指位器與變數間的關係如下圖：

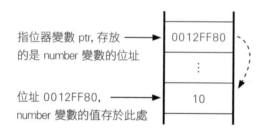

指位器變數 ptr, 存放 ——→ 0012FF80
的是 number 變數的位址

⋮

位址 0012FF80, ——→ 10
number 變數的值存於此處

完成上述指定動作之後，就可以利用 * 算符，從指位器中取出數值。也就是說 *ptr 的值會等於 10, 當然也可將 *ptr 設為其它的數值。

```
*ptr = 35;   ◀—— 將 ptr 所指的變數 (上圖中的 number) 值設為 35
```

以下做個簡單的練習，程式先宣告 3 種不同型別的指位器，讓其分別指向 3 個變數，然後輸出其值。如下：

■ Ch11_03.c 利用指位器變數儲存個人資料

```
01 #include <stdio.h>
02
03 int main(void)
04 {
05   int   *iptr, age=19;        // 宣告整數型別指位器與變數
06   float *fptr, weight=64.5;   // 宣告浮點數型別指位器與變數
```

接下頁

```
07    char   *cptr, bloodtype='A'; // 宣告字元型別指位器與變數
08
09    iptr=&age;                    // iptr 指向 age 的位址
10    fptr=&weight;                 // fptr 指向 weight 的位址
11    cptr=&bloodtype;              // cptr 指向 bloodtype 的位址
12
13    printf("年齡: %d 歲\n",*iptr);
14    printf("體重: %.1f 公斤\n",*fptr);
15    printf("血型: %c 型\n",*cptr);
16
17    return 0;
18 }
```

執行結果

年齡: 19 歲
體重: 64.5 公斤
血型: A 型

11-1-5　指位器的轉型

指位器只能指向同型別的變數位址, 絕對不能有如下的情形:

```
char *ptr;   // 宣告字元型別的指位器
int i;
ptr = &i;    // 錯誤：將字元型別的指位器指向整數變數
```

若想將指位器指向不特定型別的變數, 可在宣告指位器變數時使用 **void** 型別。void 型別的指位器可指向任何型別, 編譯器不會發出警告。但要由 void 型別的指位器取得所指的變數值時, 必須做**強制型別轉換**才能取出正確的值:

```
void *ptr;   // 宣告 void 型別的指位器
int i = 10;
ptr = &i;
printf("%d", *(int *) ptr); ◄── 將 ptr 由 (void *) 型別轉型
                                為 (int *) 型別, 再用 * 取值
```

下面的範例程式，就宣告了 2 個 void 型別的指位器，並分別指向整數和浮點數變數，而在算式中用指位器參與計算時，就要先做強制型別轉換：

■ Ch11_04.c 計算汽油售價

```c
01  #include <stdio.h>
02
03  int main(void)
04  {
05    int litre;                // 宣告一個整數型別的變數
06    float price = 25.5, total;
07    void  *vIptr, *vFptr;  // 宣告 void 型別的指位器
08
09    vFptr= &price;            // 將變數位址指定給 void 型別指位器
10    vIptr= &litre;
11
12    // 以強制轉型取得指位器所指的變數
13    printf("汽油每公升 %.1f 元\n",*(float*)vFptr);
14    printf("加幾公升? ");
15    scanf("%d", (int*) vIptr);
16    total=(*(int*)vIptr) * (*(float*)vFptr);
17    printf("小計 %.1f 元\n",total);
18
19    return 0;
20  }
```

執行結果

```
汽油每公升 25.5 元
加幾公升? 42
小計 1071.0 元
```

如執行結果所示，void 型別的指位器，只要做適當的強制型別轉換，程式就能以正確的型別來取用指位器所指的變數。

11-1-6 指位器的運算

因為指位器內儲存的是位址，所以對指位器做加減，就等於是將所存的位址做加減，得到的將會是鄰近的位址。如以下範例：

■ Ch11_05.c 指位器加減

```c
01  #include <stdio.h>
02
03  int main(void)
04  {
05    int *ptri,i;
06    char *ptrc,c;
07
08    ptri=&i;
09    ptrc=&c;
10
11    for(i=3;i>=1;i--)   // 指位器減去 3~1 的數值
12    {
13      printf("指位器 ptri-%d = %p, ", i, ptri-i);
14      printf("指位器 ptrc-%d = %p\n", i, ptrc-i);
15    }
16
17    printf("指位器 ptri   = %p, 指位器 ptrc   = %p\n",ptri, ptrc);
18
19    for(i=1;i<=3;i++)   // 指位器加上 1~3 的數值
20    {
21      printf("指位器 ptri+%d = %p, ", i, ptri+i);
22      printf("指位器 ptrc+%d = %p\n", i, ptrc+i);
23    }
24
25    return 0;
26  }
```

執行結果

```
指位器 ptri-3 = 000000000022FE30, 指位器 ptrc-3 = 000000000022FE38
指位器 ptri-2 = 000000000022FE34, 指位器 ptrc-2 = 000000000022FE39
指位器 ptri-1 = 000000000022FE38, 指位器 ptrc-1 = 000000000022FE3A
指位器 ptri   = 000000000022FE3C, 指位器 ptrc   = 000000000022FE3B
指位器 ptri+1 = 000000000022FE40, 指位器 ptrc+1 = 000000000022FE3C
指位器 ptri+2 = 000000000022FE44, 指位器 ptrc+2 = 000000000022FE3D
指位器 ptri+3 = 000000000022FE48, 指位器 ptrc+3 = 000000000022FE3E
```

1. 第 5 到 9 行的程式，分別宣告整數變數和整數指位器、以及字元變數和字元指位器，並將這 2 個指位器指向同型別的變數。

2. 第 11 行的迴圈，將指位器減去 3～1 的數值，求出較低位元方向，鄰近 3 『格』的位址。

3. 第 19 行的迴圈，將指位器加上 1～3 的數值，求出高位元方向，鄰近 3 『格』的位址。

從上述的執行結果，讀者應會發現 ptri 和 ptrc 的位址加減結果並不同：對 int 型別的 ptri 而言，加減 1 時，位址值是加減 int 的大小 4 (bytes)；但對 char 型別的 ptrc 加減 1，位址值則只加減 char 型別的大小 1 (bytes)。

```
ptri   = 000000000022FE3C
ptri+1 = 000000000022FE40 // int 型別指位器加 1, 位址值就增加 4

ptrc   = 000000000022FE3B
ptrc+1 = 000000000022FE3C // char 型別指位器加 1, 位址值就增加 1
```

同理，對 float、double 型別的指位器做加減時，位址值分別是加減 4、8 (bytes)。

指位器做加減，變成鄰近記憶體位址後，可再加上 * 算符取得該位址儲存的值：

```
*(ptri + 1)
```

由於 * 算符的優先權高於算術算符，所以要在 ptri+1 外面加上括號，否則會變成 *ptri 的值再加上 1。不過像這樣取得鄰近記憶體位址後，再取其值，就和未初始化指位器的問題一樣：無法確定該位址的記憶體空間是不是可以存放資料、或是已存有其它資料，因此指位器的加減操作，通常都是搭配陣列來使用，詳見下一小節的介紹。

另外我們也可利用指位器的加減來驗證第 2 章介紹過的 Little Endian 與 Big Endian 資料儲存的順序：第 2 章提到，x86 系統的處理器採 Little Endian 的儲存方式，也就是資料中位數小的部分，儲存於位址低的位元組。我們可模仿上面的指位器加減方式，將整數變數中，不同位元組設為不同的值，看結果是否為『位數小的部分，儲存於位址低的位元組』：

■ Ch11_06.c 利用指位器設定整數中個別位元組的值

```
01 #include <stdio.h>
02
03 int main(void)
04 {
05   int i;        // int (4 Bytes) 變數
06   short s;      // short (2 Bytes) 變數
07   char *ptr;  // char (1 Byte) 指位器
08
09   ptr=(char *)&i; // 讓 char 指位器指向 i 的位址
10   *ptr    = 0x56; // 個別設定 int 中每個位元組的值
11   *(ptr+1)= 0x34;
12   *(ptr+2)= 0x12;
13   *(ptr+3)= 0;
14   printf("i= %08X\n", i);
15
16   ptr=(char *)&s; // 讓 char 指位器指向 s 的位址
17   *ptr    = 0x00;  // 個別設定 short int 中每個位元組的值
18   *(ptr+1)= 0x77;
19   printf("s= %04X", s);
20
21   return 0;
22 }
```

執行結果

```
i= 00123456
s= 7700
```

1. 第 5～7 行宣告了 int、short int 型別的變數，以及 char 型別的指位器。

2. 第 9～14 行將 int 變數的位址設定給 char 型別的指位器，接著透過指位器，將 int 變數的 4 個位元組個別設為不同的值，最後輸出 int 變數值 (十六進位)。由執行結果可驗證，資料儲存時，位數小的部份存於位址低的記憶體空間：

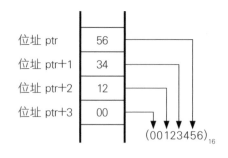

3. 第 16～19 行將 short int 變數的位址設定給 char 型別的指位器，接著透過指位器，將 short int 變數的 2 個位元組個別設為不同的值，最後輸出其值 (十六進位)。由執行結果同樣可發現，位數小的部份存於位址低的記憶體空間：

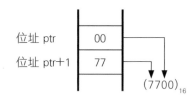

11-2　指位器與陣列

11-2-1　透過指位器存取陣列元素

　　指位器儲存的是記憶體的位址，而陣列是記憶體中一段位址連續的記憶體空間。所以，如果將陣列起點的位址存入指位器中，就可以藉著此指位器的加法，來取得陣列中每個陣列元素的值。

```
int number[3];
int *ptr= &number[0]];    // 指位器指向 number[0]
*(ptr )= 0;               // 相當於 number[0]= 0
*(ptr+1)=10;              // 相當於 number[1]=10
*(ptr+2)=20;              // 相當於 number[2]=20
```

　　如上所示，將指位器變數指向陣列變數，那麼做指位器加法時，就相當在對陣列元素索引做加法一樣。

以下的範例將前一章求陣列最大值的範例做一些修改，利用指位器來存取陣列各元素的值：

■ Ch11_07.c 利用指位器加法來存取陣列中不同的元素

```
01  #include <stdio.h>
02  #define SIZE 5   // 陣列大小
03
04  int main(void)
05  {
06    int number[SIZE], max=0, i;
07    int *ptr= &number[0];   // 指位器指向第 0 個元素
08
09    printf("請輸入 5 個數值:");
10    for(i=0;i<SIZE;i++)
11    {
12      scanf("%d",ptr+i);
13      if(*(ptr+i)>max) max=*(ptr+i); // 找出最大值
14    }
15
16    for(i=0;i<SIZE;i++)
17    {
18      printf("%d ",*(ptr+i));
19    }
20    printf("最大值為 %d\n",max);
21
22    return 0;
23  }
```

執行結果

```
請輸入 5 個整數值: 101 47 89 65536 7
01 47 89 65536 7 最大值為 65536
```

1. 第 7 行將指位器指向陣列第 0 個元素。

2. 第 10 行的迴圈讀取使用者輸入的 5 個數值，並立即與目前的最大值做比較。第 12 行的 scanf() 第 2 個參數直接用指位器變數取得位址，所以不必再加 & 算符。

3. 第 13、18 行以指位器加法來取得陣列元素中的值。

11-2-2 陣列變數就是指位器

由上面的例子可發現，操作指位器和陣列非常相似，指位器加 1，就相當於陣列元素加 1。其實陣列變數本身就是一個指位器，它指向陣列中第 0 個元素的位址，所以將陣列位址指定給指位器時，可直接寫成：

```
int arr[10]={0};
int *ptr = arr;   ◄── 不必使用 & 算符取址，
                       因為 arr 本身就是指位器，其值就是陣列存放的位址
```

因此如果對陣列變數做加減，也就是對記憶體位址做加減，所以也可利用如下的方式取陣列中的元素值：

```
int arr[10]={0};
*(arr)   = 0;   ◄── 相當於 arr[0]=0;
*(arr+1) = 1;   ◄── 相當於 arr[1]=1;
```

但指位器變數仍和陣列變數有所不同：指位器可隨時改變其值，指向不同的位址；但陣列一經宣告就不能更動，所以不可修改其所指的位址。

以下示範用指位器存取陣列，將陣列變數當指位器使用的情況。程式會將字元陣列中所有小寫英文字母都轉成大寫，因為英文字母大小寫的 ASCII 值相差 32 (參見附錄 A)，所以大小寫字元加、減 32，就能讓大寫變小寫、小寫變大寫，這也是很多程式使用的技巧。

■ Ch11_08.c 將陣列變數當成指位器使用

```
01  #include <stdio.h>
02  #define SIZE 11   // 陣列大小
03
04  int main(void)
05  {
06    char msg[SIZE]={'H','e','l','l','o',' ','W','o','r','l','d'};
07    char *ptr= msg;   // 指位器指向陣列
08    int i=0;
09
10    for(i=0;i<SIZE;i++)
```

接下頁

```
11  {
12    putchar(*ptr);
13    ptr+=1;              // 將指位器的值加 1
14  }
15  printf("\n");
16
17  for(i=0;i<SIZE;i++)  // 此迴圈將陣列變數當指位器操作
18  {
19    if(*(msg+i)>=97 && *(msg+i)<=122)  // 若是小寫字元
20      *(msg+i) = (*(msg+i)-32);         // 轉成大寫 (ASCII 值減 32)
21    putchar(*(msg+i));// 用指位器加法, 取得各元素值
22  }
23
24  return 0;
25 }
```

執行結果

```
Hello World
HELLO WORLD
```

1. 第 6 行建立字元陣列, 第 7 行將陣列位址指定給指位器。

2. 第 10 行的迴圈用來輸出陣列原始的內容, 第 13 行直接將 ptr 變數的值加 1 再設定給自己, 所以第 12 行 *ptr 每次取得的都是陣列中下一個元素的字元。

3. 第 17 行的迴圈將小寫字元轉成大寫並輸出。此迴圈中改用陣列變數 msg 當成指位器來使用, 但 msg 的值不能修改, 所以每次都是用 msg+i 來取得下個元素的位址, 再用 * 取得其值。

4. 第 19 行的 if 判斷字元的 ASCII 值是否在小寫字母的範圍 (97～122), 是就將其值減 32, 變成大寫。雖然標準函式庫中也有大小寫轉換的函式, 但很多嵌入式程式為節省記憶體, 都會利用類似此處的方法, 自行處理字元的大小寫轉換或類似的操作。

TIP 在字元陣列中儲存文字訊息的用法, 又稱為字串 (String), 不過 C 語言中的字串並不是像上面範例這樣設定, 在下一章會完整介紹 C 語言的字串與應用。

11-3　指位器與函式

　　變數可以在函式中作數值的傳遞，指位器當然也可以被傳遞。但是由於兩者所儲存資料的意義完全不同，所以傳遞給函式的效用也不相同，以下要討論兩者的不同。

11-3-1　傳值呼叫 (Call by Value)

　　學過第 8 章函式和第 9 章變數視野後，我們已知道，當呼叫者 (例如 main() 函式) 呼叫函式傳遞參數，此時參數是以『複製變數值』的方式傳遞到被呼叫函式中的局部變數。所以就算 main() 與被呼叫函式使用相同的變數名稱，事實上兩個變數值卻是儲存在不同的記憶體空間，我們可由以下的程式來證明：

■ Ch11_09.c 交換變數值

```
01  #include <stdio.h>
02  void swap(int,int); // 將 2 個變數值對調的函式
03
04  int main(void)
05  {
06    int a=5,b=10;
07
08    printf("在 main()中...\n");
09    printf("交換前 a=%d,b=%d\n",a,b); // 輸出交換前的變數值和位址
10    printf("變數 a 的位址為 %p\n",&a);
11    printf("變數 b 的位址為 %p\n",&b);
12
13    swap(a,b);  // 呼叫函式，並將 a,b 的變數值傳給函式
14    printf("在 main()中...\n");
15    printf("交換後 a=%d,b=%d\n",a,b); // 輸出『交換後』的
16    printf("變數 a 的位址為 %p\n",&a); // 位址以及變數值
17    printf("變數 b 的位址為 %p\n",&b);
18
19    return 0;
20  }
21
22  void swap(int a,int b)
```

接下頁

```
23  {
24     int temp;   // 交換數值過程中, 用來暫存的數值的變數值
25
26     temp=a;
27     a=b;
28     b=temp;
29     printf("在 swap() 函式中...\n");
30     printf("交換中 a=%d,b=%d\n",a,b); // 輸出函式中局部變數的值
31     printf("變數 a 的位址為 %p\n",&a); // 和位址
32     printf("變數 b 的位址為 %p\n",&b);
33  }
```

執行結果

```
在 main()中...
交換前 a=5,b=10
變數 a 的位址為 000000000022FE4C
變數 b 的位址為 000000000022FE48
在 swap() 函式中...
交換中 a=10,b=5
變數 a 的位址為 000000000022FE20
變數 b 的位址為 000000000022FE28
在 main()中...
交換後 a=5,b=10
變數 a 的位址為 000000000022FE4C
變數 b 的位址為 000000000022FE48
```

如執行結果所示, 在 main() 中的 a、b 變數與在函式中的 a、b 變數儲存
位址完全不同, 所以在 swap() 函式中做交換, 只對函式中的 a、b 變數值有效,
對 main() 函式中的 a、b 完全沒有影響。請看以下圖解:

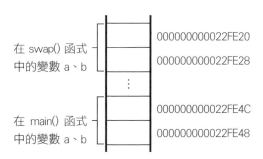

main() 的 a、b 變數值完全不受 swap() 函式的影響, 因為實際傳到函式中的只是 a、b 的值而已, 所以此種參數傳遞方式稱為**傳值呼叫 (Call by Value)**。

11-3-2　傳址呼叫 (Call by Address)

變數儲存的資料是數值, 而指位器儲存的資料是位址。如果函式的參數改成指位器, 此時傳遞給函式的就是變數的位址, 在函式中就能用指位器來存取呼叫者中的變數。以下就將剛才的 swap() 函式參數, 修改成指位器:

■ Ch11_10.c 交換變數值

```
01  #include <stdio.h>
02  void swap(int*,int*);    // 參數為指位器
03
04  int main(void)
05  {
06    int a=5,b=10;
07
08    printf("在 main()中...\n");
09    printf("交換前 a=%d,b=%d\n",a,b); // 輸出交換前的變數值和位址
10    printf("變數 a 的位址為 %p\n",&a);
11    printf("變數 b 的位址為 %p\n",&b);
12
13    swap(&a,&b); // 呼叫函式, 要用 & 取得變數 a,b 的位址
14                 //  表示傳給函式的是變數位址而非變數值
15    printf("在 main()中...\n");
16    printf("交換後 a=%d,b=%d\n",a,b);  // 輸出交換後的
17    printf("變數 a 的位址為 %p\n",&a);  // 位址以及變數值
18    printf("變數 b 的位址為 %p\n",&b);
19
20    return 0;
21  }
22
23  void swap(int *a,int *b)   // 參數是指位器
24  {
25    int temp;   // 交換數值過程中, 用來暫存的數值的變數值
26
27    temp=*a;
28    *a=*b;
```

接下頁

```
29    *b=temp;
30    printf("在 swap() 函式中...\n");
31    printf("交換中 *a=%d,*b=%d\n",*a,*b);      //  輸出在函式中交換時
32    printf("指位器 a 所指的位址為 %p\n",a);      //  的值和位址
33    printf("指位器 b 所指的位址為 %p\n",b);
34  }
```

執行結果

```
在 main()中...
交換前 a=5,b=10
變數 a 的位址為 000000000022FE4C
變數 b 的位址為 000000000022FE48
在 swap() 函式中...
交換中 *a=10,*b=5
指位器 a 所指的位址為 000000000022FE4C
指位器 b 所指的位址為 000000000022FE48
在 main()中...
交換後 a=10,b=5
變數 a 的位址為 000000000022FE4C
變數 b 的位址為 000000000022FE48
```

　　如執行結果所示, main() 用 & 算符取得變數 a、b 的值傳遞到 swap()
函式中, 而 swap() 函式中則用指位器變數 a、b 來接受傳遞進來的位址值。
所以在 swap() 函式的指位器 a、b 就是指向 main() 中的變數 a、b, 因此在
swap() 函式中用指位器來交換數值後, main() 中的 a、b 變數值也跟著被交換
了。如以下圖解:

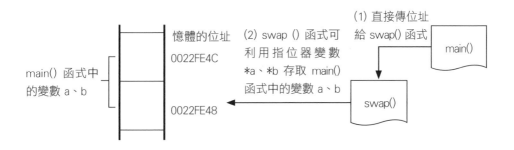

這種將位址當成參數來呼叫函式的方式, 稱為**傳址呼叫 (Call by Address)**。

用指位器當函式傳回值

指位器不只能當參數, 也可以當傳回值。return 只能傳回單一變數, 當函式想傳回陣列時, 就可以傳回陣列的起始位址, 然後在主程式中以指位器來接收。要傳回位址, 需在宣告函式時, 就將其傳回值宣告為指位器型別:

```
int *func(int);   ◀── 傳回值為位址的函式
```

如此一來, 函式傳回值就會是記憶體位址值。

11-4　動態記憶體配置 (Dynamic Memery Allocation)

甚麼是動態記憶體配置呢?我們先前學過的定義整數或字元變數、陣列都是所謂的靜態配置, 也就是程式開始執行時, 就將所要用到的儲存空間都配置好, 每個變數都會佔用一塊固定大小的記憶體空間, 就算程式臨時想擴大、縮小佔用的空間也不行。

而動態記憶體配置則是:當程式執行到一半, 發現它需要一塊記憶體空間來存放資料, 才向系統索取一塊沒有被其他程式使用的記憶體空間。當此記憶體空間用不到時, 也可隨時將之釋放供其它程式使用, 如此可提高記憶體的使用效率, 缺點則是程式會變得複雜。

11-4-1　動態記憶體配置的語法

向系統索取記憶體區塊主要是透過 malloc() 函式來做, 此函式的原型宣告放在 stdlib.h, 使用時要將此含括檔含括進來。呼叫的語法如下:

```
(資料型別 *) malloc(sizeof (資料型別) * 個數);
```

1. **資料型別**：新配置空間的型別。

2. **個數**：新配置多少同型別的變數空間。

　　如果記憶體空間不夠分配時，函式會傳回 NULL；記憶體配置成功後，則會傳回所配置記憶體空間的起始位址，所以要先宣告一個指位器來接受傳回的位址。如下：

```
// 動態配置 10 個 int 型別的記憶體空間
int *num = (int *) malloc (sizeof(int) * 10);

// 動態配置 5 個 char 型別的記憶體空間
char *code = (char *) malloc (sizeof(char) * 5);
```

　　上面的範例，是初始化動態記憶體配置的寫法，也就是在宣告指位器的同時，便配置記憶體空間。配置成功後，使用 num 和 code 時，就和使用以 int num[10]; 和 char code[5]; 取得的陣列記憶體空間一樣，可任意儲存資料於其中。

11-4-2　釋放動態配置的記憶體

　　動態配置的空間使用完畢，必須用 free() 函式將配置的記憶體釋放。接續上面的例子就是：

```
...
free(num);   ◀── 呼叫 free() 函式釋放 num 的記憶體空間
free(code);  ◀── 呼叫 free() 函式釋放 code 的記憶體空間
```

11-4-3　動態記憶體配置的特色：有需要,才配置

　　動態記憶體配置的主要特色，就是不必在程式開始就先配置記憶體空間，而是可在程式執行到一半，發現有需要時，才配置所需的空間。例如：

```
int *num;
...
num = (int *) malloc(sizeof(int) * 10);  // 配置記憶體空間
...
free( num);                              // 釋放記憶體空間
```

不管是哪種配置方式，記憶體空間使用完畢後，一定要以 free() 的語法將配置的記憶體空間釋放，這是一個很重要的習慣，可以讓記憶體的使用更具效率，也避免因記憶體空間未釋放，造成程式耗用的記憶體增加。

例如，要寫程式來計算多個數值的和，而且數字的數量，是由使用者決定。由於寫程式時無法預知使用者想計算多少個數字，因此可設計成在使用者輸入數字個數後，再動態配置所需的記憶體空間來存放數值。程式如下：

■ Ch11_11.c 計算數個數值的和

```
01  #include <stdio.h>
02  #include <stdlib.h>
03
04  int main(void)
05  {
06    int *num;
07    // sum 是總和, i 是迴圈變數, n 為數值個數
08    int sum=0, i, n;
09
10    printf("請問要計算多少個數字的總和: ");
11    scanf("%d",&n);
12
13    num=(int*)malloc(sizeof(int)*n); // 配置記憶體
14
15    for(i=0;i<n;i++)                    // 以迴圈儲存數值
16    {
17      printf("請輸入第 %d 個數值: ",i+1);
18      scanf("%d",(num+i));
19    }
20
21    for(i=0;i<n;i++)                    // 以迴圈計算總和
22    {
```

接下頁

```
23      sum += *(num+i);                  // 計算總和
24    }
25    printf("總和等於 %d\n",sum);
26    free(num);  // 釋放配置的記憶體
27
28    return 0;
29  }
```

執行結果

```
請問要計算多少個數字的總和: 6
請輸入第 1 個數值: 72
請輸入第 2 個數值: 115
請輸入第 3 個數值: 18
請輸入第 4 個數值: 94
請輸入第 5 個數值: 2001
請輸入第 6 個數值: 3
總和等於 2303
```

其實要加總數字, 並不需用到動態記憶體配置功能。本例只是試著模擬動態記憶體配置的可能應用, 如果需要用到不定數量的記憶體來儲存資料, 及處理資料, 就可像上面的例子:

1. 第 13 行先動態配置一塊記憶體。

2. 第 18 行將資料存放在動態配置的記憶體中, 第 23 行將資料取出來使用。

3. 動態配置的記憶體使用完畢, 要如第 26 行釋放記憶體。

在嵌入式系統中, 由於可使用的記憶體空間有限, 再者程式所需處理的資料量大多已預先規劃好, 因此不一定會用到動態記憶體配置功能。但若有需要使用, 一定要記得用完的記憶體要用 free() 釋放掉, 否則可能會造成系統記憶體被用完, 而發生無法預期的問題。

11-5 直接指定位址存取變數內容

在嵌入式系統中，MCU 的記憶體位址、配置都有一定的規劃。而且 SRAM、EEPROM、FLASH、暫存器等，都使用相同的定址方式，例如：

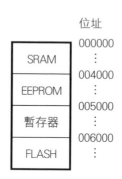

由於指位器變數儲存的是位置，所以只要將暫存器的位址指定給指位器，就能透過指位器來存取暫存器的內容，如果是代表 MCU 組態的暫存器，就能直接讀取、設定其值；若是輸出入腳位的暫存器，就可直接讀取輸入、或寫入輸出。

例如假設輸出入埠 A 的 8 位元暫存器在 0x5002，就可如下設定；

```
#define PORTA_ADDRESS 0x5002
unsigned char volatile *port = (unsigned int *) PORTA_ADDRESS;

*port |= 1;              // 寫入暫存器 (輸出)
...
unsigned value = *port; // 讀取暫存器 (輸入)
```

上面用到的 volatile 在第 9 章介紹過，它是告訴編譯器不要對此變數的存取進行最佳化，每次都要真的由記憶體中讀取/寫入。

此處是用 8 位元暫存器為例，若使用 16 位元、32 位元暫存器，可使用 unsigned short、unsigned int 宣告指位器變數的型別。

1. 下列敘述何者正確

    (1) 指位器是用來儲存變數值

    (2) 指位器變數只能用來儲存位址

    (3) 指位器可以用來儲存變數值與位址

2. 下列敘述何者正確

    (1) 取址算符 & 是用來取指位器的值

    (2) 間接算符 * 是用來取指位器所指的值

    (3) 取址算符 & 是用來取變數的值

3. 下列敘述何者正確

    (1) 變數與變數的運算結果是位址

    (2) 指位器變數與指位器的運算結果是數值

    (3) 指位器與指位器變數的運算結果是位址

4. 指位器可用來代替 (1) 陣列 (2) 迴圈 (3) 巨集

5. 若要讓指位器變數, 可指向任何資料型別的變數空間, 則應宣告為 _____ 型別。

6. 程式編譯成 64 位元版本時, 一個指位器佔用 _____ bytes 的記憶體空間。

7. 假設 ptr 是 short int 型別的指位器, 則 ptr+1 時, 其所指的位址會增加 _____。

8. 陣列名稱代表一個 _____。

9. 函式傳參數時, 只作數值的傳遞稱為 _____ , 若傳遞的是變數位址則稱為 _____。

10. 請更正下面指位器宣告語法的錯誤, 如果沒有錯誤請打勾:

(1) int &ptr; _____

(2) int ptr; _____

(3) char *ptr=This is a book; _____

(4) int *(ptr[10]); _____

程 式 練 習

1. 試寫一程式, 利用指位器把變數 i=5 的值從螢幕輸出。

2. 試寫一程式, 從螢幕輸出變數 a, b, c, d 的位址。

3. 承上題, 將 a,b,c,d 的位址指定給指位器 *e, *f, *g, *h 並從螢幕輸出 *e, *f, *g, *h 的內容以及位址。

4. 接第 2 題, 增加一個自訂函式, 函式中含變數 o, p, q, r, 並輸出其位址。

5. 撰寫一個程式, 模擬由通訊介面收到 Big-Endian 的 int 整數 (例如 0x12345678 或其它自訂值), 試將此 Big-Endian 整數轉成 Little-Endian 格式, 並輸出結果。

6. 利用指位器從螢幕輸出陣列 array[5]={2,3,4,5,6} 的內容。

7. 試寫一程式, 用陣列儲存學生分數, 並設計一計算分數平均的函式, 函式參數型別需為指位器。

8. 承上題, 增加會傳回最高分與最低分的函式, 函式傳回值為指位器。

9. 試設計一函式, 函式會將傳入的字元陣列中的英文字母, 都改成小寫。

10. 承上題, 改寫函式, 大寫轉小寫的處理結果, 不會寫入原本的字元陣列, 而是以另一個字元陣列傳回。

字串

12-1 字元、字元陣列與字串的差異

我們已經習慣了數值與字元的輸出、輸入與處理。但是，在使用上卻略嫌不足，例如要處理如人名、地名或密碼等資料時，這些『多個字元』的資料，以數值或字元的方式來存取並不方便。而字串就是設計來處理這類的資料。

12-1-1 'C' 與 "C" 的差異

第 2 章就介紹過，以單引號括住任一字母、符號或數字，便成了字元。如果將單引號改成雙引號，就成了字串。而兩者的差別在於，編譯器會在字串結束處，加上一個結束字元 '\0' (ASCII 碼為 0)。以 'C' 與 "C" 為例，兩者所佔的記憶體空間比較，如下圖：

字串 "C" 的記憶體配置：

```
┌─ 2 bytes ─┐
│ 'C' │ '\0' │
```

字元 'C' 的記憶體配置：

```
│ 'C' │
1 byte
```

所以假設有一個字元變數 ch，要將其值設為 'C'，可寫成：

```
ch = 'C';
```

但不能寫成：

```
ch = "C";   ◄── 此寫法在編譯時會出現錯誤
```

由於字串是『多個字元』，就相當於一個字元陣列，但因為字串的最後會補上結束字元 '\0'，所以它和單純宣告字元陣列不同：

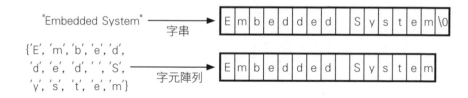

雖然都是字元陣列，但第 1 個寫法，會由編譯器自動在最後補一個結束字元 '\0'，而在程式使用時可當做字串使用；但第 2 個字元陣列則無此特性。

簡單的說，在 C 語言中，各種字串處理，就是以結束字元 '\0' 來判斷字串的結尾，以下就來看如何使用字串。

12-1-2 宣告字串

宣告字元陣列，並設定其初始值為字串的語法如下：

```
char 字串名稱[陣列容量] = "字串內容";
```

1. char：如前所述，因為字串是由字元組成，所以陣列必須宣告成 char 的資料型別。

2. **字串名稱**：命名原則與變數名稱相同。

3. **陣列容量**：表示可容納的字串加上結束字元的長度。不填數字，則會依初始值設定的字串長度 (字元數 +1)，來設定陣列容量。

4. **字串內容**：所要使用的字串文字內容。

字串的宣告方式和宣告一般字元陣列並無太大不同，主要的差異是在設定初始值時，可用雙引號字串來指定其值。

```
char str[]= "Embedded System";
```

此時編譯器會自動在字串後面補上一個結束字元 '\0'，因此 name 陣列被配置到的記憶體大小是除了容納 "Embedded System" 的所有字元外，再加上一個 '\0'，因此其大小是 16 bytes，而非 15 bytes。

以下範例用 sizeof() 巨集來驗證字串 (字元陣列) 的大小：

```
01 #include <stdio.h>
02
03 int main(void)
04 {
05   char name[]="Embedded System";   // 設定字串初始值
06
07   printf("name 陣列大小 = %d\n",sizeof(name));
08   printf("name 字串的內容為 %s\n",name);
09
10   return 0;
11 }
```

執行結果

```
name 陣列大小 = 16
name 字串的內容為 Embedded System
```

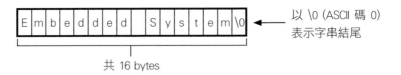

以 \0 (ASCII 碼 0)
表示字串結尾

共 16 bytes

第 8 行呼叫 printf() 函式輸出字串時, 使用了 %s 這個專用於輸出字串的
格式控制符號。使用這個格式時, printf() 會將指定的字元陣列內容都輸出, 直到
遇到 '\0' 字元為止。所以如果 '\0' 字元出現在陣列的中間, 那麼用 %s 就只會
輸出一半的內容, 請看下面的例子:

■ Ch12_02.c 輸出中間夾有結束字元的字串

```
01 #include <stdio.h>
02
03 int main(void)
04 {
05   char str[]="Embedded\0System";   // 定義字串
06   printf("str 字串內容為 %s", str); // 輸出字串
07
08   return 0;
09 }
```

str 字串內容為 Embedded

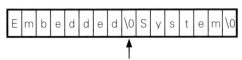

函式庫看到結束字元就視為字串
結束, 所以其後的內容不會被輸出

12-1-3 以定義字元陣列的方式建立字串

既然字串是存放在字元陣列中, 我們也可用設定字元陣列初始值的方法, 一個字元、一個字元地設定整個字串的內容, 但必須在陣列結尾, 再加上結束字元。若沒有加上結束字元, 則使用字串函式時, 可能會出現非預期的結果, 參見以下範例:

■ Ch12_03.c 以字元陣列建立字串

```
01  #include <stdio.h>
02
03  int main(void)
04  {
05
06    char str1[]={'S','u','p','e','r','m','a','n','\0'}; // 自行補上結束字元
07    char str2[]={'H','e','l','l','o',',',' ','W',
08                 'h','e','r','e',' ','i','s',' '};        // 未加上結束字元
09
10    printf("str1 = %s\n",str1);   // 輸出陣列 str1 內容
11    printf("str2 = %s\n",str2);   // 輸出陣列 str2 內容
12    return 0;
13  }
```

str1 : Superman
str2 : Hello, Where is Superman

如執行結果所示，%s 的輸出格式只能正確的輸出具有結束字元的字元陣列。上例字元陣列 str2 未加上結束字元，加上恰好在記憶體中，str1 的內容是接續在 str2 之後存放，所以程式輸出 str2 內容後，又會繼續輸出 str1 的內容，直到遇到 str1 陣列中的結束字元為止。

 有時字元陣列後沒有結束字元，以字串方式輸出沒有遇到問題，是因為恰好在陣列之後的記憶體內容也是存放數值 0，所以就被當成字串結束字元。

12-1-4 利用指位器設定字串

我們也能用上一章介紹的指位器來建立字串，例如：

```
char *str= "pointer";
```

以下將前面的範例 Ch12_01.c 略做修改，改用指位器來操作字串：

■ Ch12_04.c 利用指位器宣告並設定字串初始值

```
01  #include <stdio.h>
02
03  int main(void)
04  {
05    char *ptr="Embedded System";  // 設定字串初始值
06    int i=0;  // 迴圈變數
07
08    printf("ptr 字串的內容為 %s\n",ptr);
09
10    for(i=0;i<16;i++)  // 用指位器輸出字串中各字元的位址與值
11      printf("*(ptr+%02d) (%p) : %c (%#3d) \n",
12              i, (ptr+i), *(ptr+i), *(ptr+i));
13
14    return 0;
15  }
```

執行結果

```
ptr 字串的內容為 Embedded System
*(ptr+00) (0000000000404000) : E ( 69)
*(ptr+01) (0000000000404001) : m (109)
*(ptr+02) (0000000000404002) : b ( 98)
*(ptr+03) (0000000000404003) : e (101)
*(ptr+04) (0000000000404004) : d (100)
*(ptr+05) (0000000000404005) : d (100)
*(ptr+06) (0000000000404006) : e (101)
*(ptr+07) (0000000000404007) : d (100)
*(ptr+08) (0000000000404008) :   ( 32)
*(ptr+09) (0000000000404009) : S ( 83)
*(ptr+10) (000000000040400A) : y (121)
*(ptr+11) (000000000040400B) : s (115)
*(ptr+12) (000000000040400C) : t (116)
*(ptr+13) (000000000040400D) : e (101)
*(ptr+14) (000000000040400E) : m (109)
*(ptr+15) (000000000040400F) :   (  0)
```

第 10 行的迴圈利用 %p、%c、%d 3 種不同方式輸出字串中每個字元的位址、字元及 ASCII 值。字串結尾的結束字元, 無法顯示, 所以上面最後一個字元是空白, 但可看到其值為 0。

以指位器設定字串, 與前面兩種設定的方法效果相同, 不過使用指位器時, 無法由 sizeof() 來判斷字串大小 (長度), 此時可改用標準函式庫中計算字串長度的函式 (見下一節)。

12-1-5　宣告字元陣列後才指定字串值

如果在宣告用來存放字串的陣列時, 未設定初始值字串, 就必須註明足夠大的陣列的容量, 以便稍後將字串內容指定到陣列時, 有足夠的空間來存放字串全部的字元加上結尾結束字元。

宣告空的字元陣列後，就可將字元填入其中，當然在最後要記得補上結束字元，範例如下：

■ Ch12_05.c 設定無初始值字元陣列來存放字串

```
01  #include <stdio.h>
02
03  int main(void)
04  {
05     char name[16];   // 宣告一字元型別的陣列
06
07     // 將字串內容依序填入陣列中
08     name[0]='R'; name[1]='o'; name[2]='b';
09     name[3]='e'; name[4]='r'; name[5]='t';
10     name[6]='\0';
11
12     printf("name: %s\n",name);
13
14     return 0;
15  }
```

執行結果

```
name: Robert
```

因為 C 語言又不支援以指定算符 (=) 直接指定字串值給字元陣列，所以要如程式第 8～10 行的方式，將字元個別指定給各元素。

雖然這樣使用和設定字串內容不太方便，不過在嵌入式系統中有時會有類似的應用，例如程式要接收外界傳來的字元資料，但處理過程中，想利用字串函式 (參見下節) 進行處理，此時就可宣告空的字元陣列，收到資料時再如上將字元填入其中，最後再補上結束字元。

12-2　字串處理

　　除了單純輸出入字串外，程式必須能針對字串作各種處理，如計算長度、比對、複製、串接等，字串才有應用的價值。因此 C 語言標準函式庫中就提供許多專門用於處理字串的函式，這類函式中有大半的原型都是放在含函括式檔 string.h 中。

12-2-1　由標準輸入輸入字串

　　許多程式都會讓使用者輸入字串到程式中處理，由於在寫程式的當下，無法事先知道使用者會輸入的字串長度，所以在宣告用來存放此字串的字元陣列時，就要預先宣告夠大的空間，以免程式無法依原先設計的方式執行。

　　要讀取由『標準輸入』(stdin，在電腦上就是鍵盤) 輸入的字串，可使用 scanf() 配合 %s 的格式，或呼叫 gets() 函式：

```
char str1[64]={0};
char str2[64]={0};
...
scanf("%s", str1);    // 將標準輸入的字串存到 str1 陣列
...
gets(str2);           // 將標準輸入的字串存到 str2 陣列
```

　　雖然兩者都可用來讀取由標準輸入輸入的字串，但兩者在遇到空白字元時的處理不同：

● 利用 scanf() 函式取得輸入時，若遇到空白字元，就會視為字串結束，所以既使空白字元後還有字元，也不會被讀到。

● 利用 gets() 函式取得輸入時，不會將空白字元視為字串結束，而是必須明確出現換行字元 (例如按 Enter 鍵) 或檔案結束字元 (如果標準輸入是檔案)，才會視為字串結束。

參見範例及執行結果：

■ Ch12_06.c 從標準輸入取得字串

```
01  #include <stdio.h>
02
03  int main(void)
04  {
05      char string[60];      // 宣告一字元陣列用來儲存字串
06
07      printf("請輸入一段字串: ");
08      gets(string);          // 先用 gets() 取得輸入
09      printf("您輸入的字串為: %s\n\n",string); // 輸出字串
10
11      printf("請輸入另一個字串: ");
12      scanf("%s",string); // 改用 scanf() 取得輸入
13      printf("您輸入的字串為: %s\n",string); // 輸出字串
14
15      return 0;
16  }
```

執行結果

```
請輸入一段字串: string and gets()
您輸入的字串為: string and gets()

請輸入另一個字串: string and scanf()
您輸入的字串為: string
```

1. 第 5 行, 宣告一個陣列空間用來儲存字串。因為不知道從鍵盤輸入的字串長度是多少, 所以預先宣告較大的字串內容, 以免輸入內容過多, 造成資料遺失。

2. 第 8 行以 gets() 函式取得輸入。gets() 的原型宣告中, 參數型別是 char *, 也就是字元指位器, 由前一章的介紹已知, 陣列變數就是指位器 (只是不能像指位器一樣做加減), 所以此處直接用陣列變數名稱當參數。

3. 第 12 行以 scanf() 函式配合 %s 的格式讀取輸入, 參數同樣用陣列變數名稱, 不必加上 & 取址算符。由執行結果可發現, scanf() 只會讀到空白字元前的內容, 之後的內容都沒有讀到。

12-2-2 計算字串的長度

用字串當參數, 呼叫 strlen() 函式, 就會傳回字串的長度。語法如下:

```
unsigned int strlen(字串);
```

strlen() 會傳回 0 或正整數, 此數值表示字串中所含的字元數, 但是不包括結束字元。請注意, 如何使用 sizeof() 傳回字元陣列、字元指位器的大小, 此時傳回的是該變數的大小, 而非字串的大小。參見以下範例:

■ Ch12_07.c 計算字串的長度與字串佔記憶體

```
01 #include <stdio.h>
02 #include <string.h>     // 記得要含括此檔
03
04 int main(void)
05 {
06   char str1[]="Money is power"; // 定義字串
07   char *str2=str1;
08
09   printf("字串str1長度      %d bytes\n", strlen(str1));
10   printf("字串str1佔記憶體  %d bytes\n", sizeof(str1));
11   printf("字串str2長度       %d bytes\n", strlen(str2));
12   printf("字串str2佔記憶體  %d bytes\n", sizeof(str2));
13
14   return 0;
15 }
```

執行結果

```
字串str1長度       14 bytes
字串str1佔記憶體   15 bytes
字串str2長度       14 bytes
字串str2佔記憶體    8 bytes
```

程式第 10、12 行分別輸出用 sizeof() 取得的字元陣列、字元指位器變數的大小, 而非字串的長度。

12-2-3　字串複製

使用基本資料型別的變數時, 可以用指定算符 (=), 把變數 A 的值直接指定給變數 B, 如 B=A。但對字串而言, 若是使用字元陣列, 則陣列變數不能用指定算符改變其內容; 若使用字元指位器, 雖然可將字串位址指定給另一個指位器, 都這和『把字串 A 指定給字串 B』的意思好像不太一樣。

因此標準函式庫提供了複製字串的函式, 用法如下:

```
char* strcpy(目的陣列, 來源陣列);
```

strcpy 會將來源陣列的內容, 複製到目的陣列, 複製完成後, 兩個陣列就會存有相同的字串內容, 傳回值為目的陣列的指位器。若來源與目的陣列大小不同, 會有下列結果:

1. 如果複製的字元數大於目的陣列的長度時, 複製結果可能會佔用到陣列以外、其他變數所使用的記憶體, 而使程式出錯。

2. 如果複製的字元數小於目的陣列的長度, 而目的陣列為空字串時, 則會成功複製全部的字串內容。若目的陣列原有其它內容時, 也會被覆蓋掉。

簡單的說, 要讓複製動作能正確無誤地執行, 目的陣列容量一定要足以容納來源陣列中的字串長度。若只想複製來源字串的部份內容 (例如避免超出陣列大小), 可以利用 strncpy() 函式, 此函式多了一個參數:

```
char * strncpy(目的陣列, 來源陣列, 複製字元數);
```

strncpy() 只會複製第 3 個參數指定的字數, 但若來源陣列中的字串長度小於第 3 個參數, 則只會複製到字串結尾。上面 2 個函式的應用可參考以下範例:

■ Ch12_08.c 字串複製

```
01 #include <stdio.h>
02 #include <string.h>
03
04 int main(void)
```

接下頁

```
05 {
06   char source[]="twinkle twinkle little star";
07   char target1[64]="this is a test";
08   char target2[10]={0};
09   int len;   // 用來儲存陣列容量的變數
10
11   len=(sizeof(target1)-1);   // 計算 target1 陣列容量
12   if(strlen(source) <= len)   // 若容量大於等於來源字串長度
13     strcpy(target1, source);  // 直接複製
14   else
15     strncpy(target1, source, len);   // 只複製陣列大小減 1 個字元
16   printf("target1 字串:%s\n", target1);
17
18   len=(sizeof(target2)-1);   // 計算 target2 陣列容量
19   if(strlen(source) <= len)   // 若容量大於等於來源字串長度
20     strcpy(target2, source);  // 直接複製
21   else
22     strncpy(target2, source, len);   // 只複製陣列大小減 1 個字元
23   printf("target2 字串:%s\n", target2);
24
25   return 0;
26 }
```

執行結果

```
target1 字串:twinkle twinkle little star
target2 字串:twinkle t
```

第 11~15 行和 18~22 行使用相同的邏輯將來源字串 source 分別複製到 target1、target2 字串：

● 第 11、18 行分別用 sizeof() 減 1 來計算目的陣列可儲存的字數, 並存到變數 len。

● 第 12、19 行用 strlen() 傳回的來源字串長度與 len 做比較, 若長度小於等於 len, 就用 strcpy() 做字串複製；若陣列大小不夠, 則改用 15、22 行的 strncpy() 複製 len 長度的字串。由執行結果可看到, 複製到 target2 時, 只複製了 9 個字元。

12-2-4　字串的比對

　　字串間彼此也可以作內容的比對，但並不能像比較變數一樣使用關係算符,所以不能寫成如下的形式：

```
char str1[]="ABC";
char str2[]="XYZ";

if(str1 ==str2 )
if(str1 >=str2 )      錯誤的比對方式
if(str1 <=str2 )
```

　　上面條件式中所用到的比較方法，是在比較 str1 與 str2 儲存的記憶體位址。若要比較字串的『內容』，可透過內建函式來完成。

比對整個字串：strcmp()

　　標準函式庫中的函式 strcmp() 可以用來比對兩字串的內容。語法如下：

```
int strcmp(字串1, 字串2);
```

　　函式 strcmp() 會傳回兩字串相減的數值，也就是說，strcmp() 會取兩字串的第一個字元相減，若結果為 0，則繼續取兩字串的第二個字元相減。如此持續下去，直到相減不等於 0 時，便傳回差值；或是全部相減完都是 0，即傳回 0。所以，strcmp() 的傳回值有下列 3 種：

```
strcmp(a, b) = 0  ◄── 傳回值為 0, 字串 a 與字串 b 內容相同
strcmp(a, b) > 0  ◄── 傳回值大於 0, 字串 a 大於字串 b
strcmp(a, b) < 0  ◄── 傳回值小於 0, 字串 a 小於字串 b
```

　　也因為這種比對的方式，strcmp() 函式可以用在各種字串的比對，如中、英文字串。以下的範例就是由使用者輸入 2 個字串，然後呼叫 strcmp() 函式來比較，並輸出結果：

■ Ch12_09.c 比對兩字串的內容是否相同

```c
01  #include <stdio.h>
02  #include <string.h>
03
04  int main(void)
05  {
06      char str1[60];    // 定義字串
07      char str2[60];
08
09      printf("請輸入第 1 個字串: ");
10      gets(str1);
11      printf("請輸入第 2 個字串: ");
12      gets(str2);
13
14      if(strcmp(str1,str2)== 0) // 比對 str1、str2
15          printf("兩字串的內容相等\n");
16      else
17          printf("兩字串內容不相同\n");
18
19      return 0;
20  }
```

執行結果

```
請輸入第 1 個字串: Microprocessor
請輸入第 2 個字串: Microcontroller
兩字串內容不相同
```

執行結果

```
請輸入第 1 個字串: 中央山脈
請輸入第 2 個字串: 中央山脈
兩字串的內容相等
```

比對部份字串：strncmp()

strncmp() 也是字串比對函式，但 strncmp() 可以指定只比對兩字串的前 n 個字元，傳回的結果與 strcmp() 類似，語法如下：

```
strncmp( 字串1, 字串2, 比對字元數);
```

我們將上一個範例改寫成使用 strncmp() 來比對字串，並在字串內容不同時，能明確指出不同之處是從第幾個字元開始：

■ Ch12_10.c 判斷兩字串從第幾個字不同

```
01  #include <stdio.h>
02  #include <string.h>
03
04  int main(void)
05  {
06    char str1[60];   // 宣告儲存字串1 的陣列
07    char str2[60];   // 宣告儲存字串2 的陣列
08    int i,length;    // i 為迴圈變數, length 為字串長度
09
10    printf("請輸入第 1 個字串: ");
11    gets(str1);
12    printf("請輸入第 2 個字串: ");
13    gets(str2);
14
15    if(strcmp(str1,str2)==0)          // 先比對 str1 與 str2 是否不同
16      printf("兩字串相同!\n",i);
17    else
18    {
19      if(strlen(str1)>strlen(str2))   // 將 length 設定為
20        length=strlen(str1);          // 較長字串的長度
21      else
22        length=strlen(str2);
23
24      for(i=1;i<=length;i++)          // 逐字元比對 str1 與 str2
25        if(strncmp(str1,str2,i)!= 0)  // 比對到不同即跳出迴圈
26          break;
27      printf("兩字串從第 %d 個字開始不同!\n",i);
28    }
29
30    return 0;
31  }
```

執行結果

```
請輸入第 1 個字串: Microprocessor
請輸入第 2 個字串: Microcontroller
兩字串從第 6 個字開始不同!
```

執行結果

```
請輸入第 1 個字串：一心二用
請輸入第 2 個字串：一心兩用
兩字串從第 5 個字開始不同！
```

注意上面第 2 個執行結果，中文字元是使用 2 個位元組來儲存一個字元的字碼 (稱為 DBCS, Double-Byte Character Set, 雙位元組字集)。因為 C 程式中的 char 型別是 1 個位元組大小，所以比對時仍是 1 個 Byte、1 個 Byte 地逐一比對。所以上列中是『第 3 個中文字』開始不同，但程式只能依 Byte 的位置回報第 5 個字開始不同。

12-2-5 字串的串接

所謂串接，就是把一字串接到另一個字串的後面而成為一個新字串。串接的函式同樣有 2 個可使用。

串接完整的兩字串：strcat()

利用 strcat() 函式可串接兩個字串，語法如下：

```
char *strcat( 目的陣列, 來源陣列);
```

此函式會將目的陣列中的結束字元向後推，然後將來源陣列中的字串接在目的陣列中原有的字串之後，最後傳回目的陣列的開始位址。

因為串接完成的字串會存放在目的陣列之中，所以在宣告目的陣列的空間時，一定要留足夠的空間給串接進來的字串，範例如下：

■ Ch12_11.c 串接兩字串

```
01 #include <stdio.h>
02 #include <string.h>
03
04 int main(void)
05 {
```

接下頁

```
06    char str1[32] = "BIRTH";
07    char str2[] = "DAY";
08
09    printf("第 1 個字串: %s\n", str1);
10    printf("第 2 個字串: %s\n", str2);
11    printf("將第 2 個字串串接在第 1 個字串後面的結果\n%s\n",
12          strcat(str1,str2));  // 串接 str1 與 str2
13
14    return 0;
15 }
```

執行結果

```
第 1 個字串 BIRTH
第 2 個字串 DAY
將第 2 個字串串接在第 1 個字串後面的結果
BIRTHDAY
```

範例程式呼叫 strcat( ) 串接字串的情形如下：

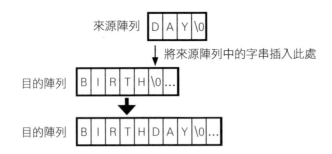

串接部份字串：strncat()

利用 strncat() 函式，可以指定只將來源陣列中，最前面指定字元數的字元，接到目的陣列中字串的後面，函式同樣是傳回目的陣列的開始位址：

```
char *strncat(目的陣列, 來源陣列, 串接字元數);
```

　　如以下範例, 要將 "ballet" 前 4 個字元串接到 "foot" 後面:

■ Ch12_12.c 串接部份字串

```
01  #include <stdio.h>
02  #include <string.h>
03
04  int main(void)
05  {
06    char str1[32] = "foot";
07    char str2[] = "ballet";
08    int n;
09
10    printf("第 1 個字串: %s\n",str1);
11    printf("第 2 個字串: %s\n",str2);
12
13    printf("請問要將第 2 個字串的前幾個字元串接到第 1 個字串後: ");
14    scanf("%d",&n);
15    strncat(str1,str2,n); // 串接指定的字元數
16    printf("串接結果: %s\n",str1);
17
18    return 0;
19  }
```

執行結果

```
第 1 個字串: foot
第 2 個字串: ballet
請問要將第 2 個字串的前幾個字元串接到第 1 個字串後: 4
串接結果: football
```

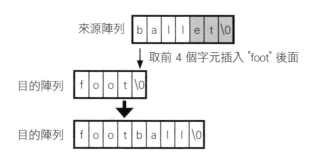

12-2-6　字串的資料型別轉換

　　char 字元變數可以用轉型的方式，將其轉成 ASCII 碼表所對照的數字。但如果有個字串存放的都是數字，例如 "123"，而要將它轉成整數 123 來進行運算，則型別轉換就無能為力了。因此 C 語言的標準函式庫中，特別提供了一組函式，可讓我們進行字串和數值變數間的轉換。

　　本節將介紹含括檔 stdlib.h 中宣告的 2 個轉換的函式 atoi() (字串轉整數)、atof() (字串轉浮點數)。另外會介紹如何將數值型別的內容轉成字串。

　　atoi()、atof() 雖然是 C 語言標準中規範的函式庫函式，但有些嵌入式平台限於資源或處理能力，不一定會完整支援這些函式。但相對的，有時廠商會實作其它非標準的函式，可提供類似的轉換功能。

字串轉整數：atoi()

　　atoi() 函式的功能是將一個字串 (例如 "123") 轉換成整數型別的變數。呼叫時需將內容為數字的字串當參數，函式傳回值就是轉換後的整數：

```
int atoi(字串);
```

　　此函式會從字串開頭，將連續的數字字元 (0～9) 轉換成對應的整數傳回，若遇到非數字字元 (如空白、英文字母等) 就停止處理 (但空白字元若是在字串開頭，則會被略過)，所以若字串中所有字元都非數字字元，則會傳回 0，但數字前面可以有正負號。例如：

```
atoi("no problem!!");     ◀── 因為整個字串都無法轉換，所以傳回 0
atoi("-20 years old");    ◀── 傳回 -20
atoi("    +10114");       ◀── 傳回 10114
atoi("P650");             ◀── 傳回 0
```

　　利用 atoi() 可將字串中的數字取出，並轉換成數字做運算。如以下範例，試將日期字串中的年、月、日轉成數字後，再輸出：

■ Ch12_13.c 轉換中西曆年份

```
01 #include <stdio.h>
02 #include <stdlib.h>
03 #include <string.h>
04
05 int main(void)
06 {
07   char date[11];   // 儲存由鍵盤輸入的年/月/日
08   char mm[3]={0}; // 存放月的字串
09   char dd[3]={0}; // 存放日的字串
10
11   printf("請輸入日期 (例:2020/05/05)\n");
12   scanf("%10s",date);      // 指定讀入十個字元
13
14   strncpy(mm, date+5, 2); // 將月份存入 mm 陣列中
15   strncpy(dd, date+8, 2); // 將日期存入 dd 陣列中
16
17   printf("日期:民國 %d 年 %d 月 %d 日\n",
18          atoi(date)-1911,    // 西元轉民國
19          atoi(mm),           // 月
20          atoi(dd));          // 日
21   return 0;
22 }
```

執行結果

　　請輸入日期 (例如 2020/05/05): 2017/08/31
　　日期:民國 106 年 8 月 31 日

字串轉浮點數：atof()

　　atof() 與 atoi() 的差異在於它可辨識含小數點字元 '.' 的小數字串格式、或是含 'e'、'E' 的科學記號數字字串, 且傳回值為 double 型別。同樣遇到其它字元時會停止處理:

```
atof("3030.8832");   ← 傳回 3030.8832
atof("no probelm!!"); ← 傳回 0.0
atof("10.38.44");    ← 傳回 10.38
atof(".383549");     ← 傳回 0.383549

atof("248e-2");      ← 傳回 2.48
atof("248e-9");      ← 傳回 2.480000e-007
atof("248ee-2");     ← 傳回 248
```

以下範例練習利用 atof() 來轉換使用者輸入的字串：

■ Ch12_14.c 計算身體質量指數 (BMI)

```
01  #include <stdio.h>
02  #include <stdlib.h>
03
04  int main(void)
05  {
06    char h[32]={0}, w[32]={0};      // 身高體重字串
07    double height,weight;           // 身高體重值
08
09    printf("===計算身體質量指數===\n");
10    printf("請輸入身高 (公分): ");
11    scanf("%s",h);                  // 用字串取得輸入
12    printf("請輸入體重 (公斤): ");
13    scanf("%s",w);                  // 用字串取得輸入
14
15    height=atof(h)/100;             // 轉成公尺
16    weight=atof(w);
17    printf("身體質量指數為 %.2lf", weight/(height*height) );
18
19    return 0;
20  }
```

執行結果

```
===計算身體質量指數===
請輸入身高 (公分): 174.5
請輸入體重 (公斤): 79.5
身體質量指數為 26.11
```

數值轉字串: sprintf()

若想將數值資料型別轉成字串，可以利用 stdio.h 中的 sprintf() 函式，其功能和大家熟悉的 printf() 差不多，只不過 printf() 是將輸出的內容輸出到標準輸出，而 sprintf() 則是輸出到指定的字元陣列，語法如下：

```
int sprintf(char *str, 格式化字串, ...);
```

1. ***str**：已預先宣告，用來存放轉換結果的字元陣列。因此在宣告陣列時，要確定其大小放得下轉換後的字串。

2. **格式化字串**：此部份的用法就和 printf() 相同，例如想轉換整數成字串，就用 %d；相轉換浮點數就用 %f...。

在很多嵌入式系統的應用中，也經常會利用到 sprintf()，例如需將程式處理的數值，以字串訊息透過通訊介面 (例如網路) 傳送給其它裝置時，就可先利用 sprintf() 將數值轉成字串後存到字元陣列中，然後再將字元陣列的內容透過通訊介面傳送出去。

例如以下範例用亂數模擬嵌入式裝置讀到的溫度值，並用 sprintf() 轉成字串格式後，再將之輸出：

■ Ch12_15.c 利用 sprintf() 將數值轉成字串格式

```
01 #include <stdio.h>
02 #include <stdlib.h>
03 #include <time.h>
04
05 int main(void)
06 {
07   int i=0, len;
08   float value=0;    // 用來儲存模擬的溫度值
09   char buf[64]={0}; // 儲存字串的陣列
10
11   srand((unsigned)time(NULL));  // 取得系統時間
12                                 // 設定亂數種子
13   for(i=0; i<5; i++)
14   {
15     value = rand()%100 + 200;   // 用亂數產生 200-299 的值
16     value /=10.0;               // 將亂數值除以 10 模擬溫度輸入
17     len=sprintf(buf, "目前溫度:%.1f",value);
18
19     printf("訊息長度:%d 訊息內容:%s\n", len, buf);
20   }
21   return 0;
22 }
```

訊息長度:13 訊息內容:目前溫度:21.6
訊息長度:13 訊息內容:目前溫度:26.8
訊息長度:13 訊息內容:目前溫度:25.7
訊息長度:13 訊息內容:目前溫度:29.7
訊息長度:13 訊息內容:目前溫度:21.2

12-3 字串陣列

　　所謂字串陣列, 就是利用二維陣列來儲存多個字串。與儲存數值或者字元的二維陣列不同之處, 在於字串陣列中的每一列, 都是一個字串, 例如:

```
char strs[7][10];   ◀── 此陣列中最多可儲存 7 個字串, 每個字串
                        最多可含 10 個字元 (包括結束字元)
```

　　當字串陣列含初始值時, 第 1 個中括號內的數值可以省略, 如下:

```
char strs[ ][10]= {"Sunday",   ◀── 共有 3 個字串初始值, 所以列數
                   "Monday",       會被自動設定為 2
                   "Tuesday" };
```

　　對此 2 維陣列而言, 每個元素仍是單一字元, 但這時我們可將它視為是由『字串』組成的一維陣列 (字串自己也是一維陣列), 所以可用一維陣列的表示法, 來表示這 3 個『字串元素』。如下圖所示:

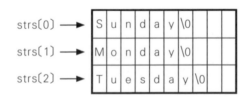

　　以下範例就用 printf() 函式的 %s 來輸出字串陣列的內容:

■ Ch12_16.c 螢幕輸出二維陣列儲存的詩集內容

```
01  #include <stdio.h>
02
03  int main(void)
04  {       // 使用二維陣列存放多個字串
05    char str[4][20]= {"Sun is shinning",
06                      "Flower is pretty",
07                      "Sugar is sweety",
08                      "And so are you"};
09    int i;
10    for(i=0;i<4;i++)   // 用迴圈逐筆輸出全部字串
11      printf("%s\n",str[i]);
12
13    return 0;
14  }
```

執行結果

```
Sun is shinning
Flower is pretty
Sugar is sweety
And so are you
```

1. 第 5 行, 以一個二維陣列儲存兩句以上的字串內容, 第一個陣列容量 [4] 表示字串數, 第二個陣列內容 [20] 表示單一字串的最大長度。

2. 第 10 行的迴圈是用來控制輸出字串的動作, 迴圈中利用迴圈變數 i 來控制要輸出哪一個字串。

將字串輸入存入多維陣列

　　同理, 利用標準輸入取得的資料, 也能存入二維陣列中。以下範例會讓使用者輸入多個字串, 但若使用者輸入 "quit" 則會立即停止輸入。最後還會將輸入的字串每 2 個一組, 組合成新字串:

```
01  #include <stdio.h>
02  #include <string.h>
03  #define LEN 30        // 最多可輸入的行數
04  #define WIDTH 60      // 每行中最多可輸入的字元
05
06  int main(void)
07  {
08    char strs[LEN][WIDTH];   // 儲存所有輸入字串的陣列
09    int i;         // 迴圈變數
10    int last=0;    // 輸入字串最後一項的索引值
11
12    printf("請依序輸入字串, ");
13    printf("單字輸入完畢請按下 Enter, 全部輸入完畢請輸入 quit\n");
14    do
15    {
16      gets(strs[last]);        // 從鍵盤輸入字串
17      if (strcmp(strs[last],"quit")==0) // 判斷字串是否為 quit
18        break;                          // 是就跳出迴圈
19      last++;
20    } while(last<LEN);         // 判斷是否停止輸入的迴圈算式
21
22    printf("\n字串組合結果:");
23    for(i=0;i<last;i++)        // 輸出字串陣列的內容
24    {
25      if(i%2==0)               // 輸出兩筆才換行
26        printf("\n");          // 相當於讓兩個字串連在一起
27      printf("%s",strs[i]);
28    }
29
30    return 0;
31  }
```

執行結果

```
請依序輸入字串, 單字輸入完畢請按下 Enter, 全部輸入完畢請輸入 quit
micro
controller
out
put
quit

字串組合結果:
microcontroller
output
```

1. 在 C 程式中表示字串時, 需以何種符號括住：

    (1) 單引號

    (2) 雙引號

    (3) 中括號

2. 字串是以何種資料型別的陣列儲存：

    (1) int

    (2) char

    (3) float

3. 下列敘述何者為非：

    (1) 字串內不可以混合文字與數字

    (2) 字串的長度一定要小於儲存字串的陣列容量

    (3) 字串可以為中文

4. 下列敘述何者正確：

    (1) 字串複製時, 可以直接用指定算符, 例如 str1=str2;

    (2) 字串比對時, 函式 strcmp() 會傳回 0 (相等) 與 1 (不等)

    (3) 以 printf() 輸出字串時, 可用 %s 格式直接輸出字串內容

5. 宣告字串時, 如果陣列容量未填 (如 str[]) 時, 編譯器會將陣列容量設定成與 ＿＿＿＿＿＿ 相同。

6. 字串的結束字元可用 ＿＿＿＿＿＿ 來表示。

7. 由鍵盤輸入字串 "I am a good boy" 存於字元陣列 string 中, 請寫出以下的輸出結果：

(1)

scanf("%s",string) ;

printf("%s",string) ; _____

(2)

gets(string) ;

printf("%s",string) ; _____

8. 請完成下面的程式

```c
int main(void)
{
    _____ string[]= "Hello!!";
    printf( "_____", string);
    return 0 ;
}
```

9. 請更正以下宣告字串的語法：

(1) int str[]="I am a student";

(2) char str[]= I am a student;

(3) char str[10]="I am a student";

10. 請更正以下宣告字串的語法：

(1) char str[10]=" 我是一個學生";

(2) char str[4][15]="我是一個學生", "每天用功唸書", "主要的目的就是",
    "要學好 C 語言";

1. 用程式輸出字串 "Hello World!!"。

2. 將字串 "Hello World!!" 反過來變成 "!!dlroW olleH" 後再輸出。

3. 試寫一程式, 將先建立 2 字串 strA、strB, 初始內容分別為 "Hello"、
   "World", 接著將 strA 內容複製到字串 strB, 並輸出複製前與複製後的
   結果。

4. 試寫一程式, 將上題的字串 strB 串接到 strA 的後面, 然後輸出結果。

5. 搜尋字串 "Long time ago, when I was a student" 是否含有子字串
   "me"。

6. 請利用 strncpy() 函式, 將字串 "television" 與 "portion" 各取一部分, 串
   接成字串 "teleport" 後從螢幕輸出。

7. 由鍵盤輸入一英文字串, 然後輸出大小寫對調的結果字串。

8. 假設程式經由網路接收到 3 個每千位用逗號分格的數字 (例如
   "123,456,789"), 請試解讀出數值, 並計算數值的總和和平均。

9. 呈上題, 假設程式要將計算結果也用網路傳回。請用 sprintf() 將要傳回的內
   容輸出到字元陣列, 並計算總字數, 再將結果輸出到螢幕上, 以模擬此動作。

10. 試寫一個查詢 12 個月每個月的英文名稱, 由鍵盤輸入中文名稱, 然後將英
    文名稱顯示在螢幕上。

Memo

巨集和前置處理器

- 了解前置處理器的意義與功能

- 以巨集定義來簡化算式

- 以簡單易記的名稱來代替冗長的數字或字串

- 利用條件式編譯來控制程式執行的流程

- 利用前置處理器作程式除錯的方法

13-1 何謂前置處理器

在編譯器開始編譯程式之前，會先執行**前置處理器 (Preprocessor)**，對程式中以 # 開頭的前置處理指令，進行相關的處理。像是前面介紹過的使用 #define 定義常數、用 #include 含括函式庫的原型等。這個代換常數和巨集、含括檔案的動作，就稱為前置處理，其過程如下圖所示：

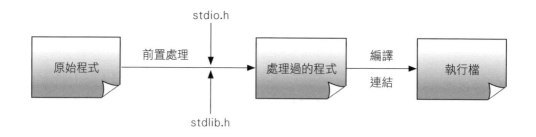

前置處理主要有 3 大功用：

1. **代換**：以簡單而且有意義的名稱來代替繁瑣的數字或字串，比如說 #define PI 3.14159 就是以 PI 來代替圓週率的一大串數字 (3.14159)。

2. **含括檔**：將程式中需要用到的資料檔或者函式原型宣告含括到程式中後，就可以在程式中直接使用。例如加上 #include <stdio.h> 後，在程式中便可直接使用各種標準輸出、輸入的函式。

3. **條件式編譯**：以限定條件的方式來編譯程式，符合條件的程式碼才會被編譯，不合條件則跳過不編譯。

13-2 用好記的名稱代換固定常數

代換 (Token Replacement) 的意思就是指以一定義名稱 (identifier) 來代替數值、字串與運算式等。所使用的指令是 #define，用法可分為兩大類，一種是代換算式，此部份會在下一節說明；另一種是代換數值以及字串，在第 2 章介紹常數時就曾介紹過，本節再做一個快速的回顧與整埋。

13-2-1 代換數值

以 #define 指令定義常數的方法如下：

#define 定義名稱 數值

定義常數須注意以下事項：

1. 一旦完成定義後，定義名稱所代表的就是數值。無論何時，當定義名稱出現在程式中，前置處理器會自動將該定義名稱置換成數值，之後再進行編譯。

2. 定義名稱的數值在完成定義後，不能被更改。

3. 一個 #define 只能定義一個定義名稱。如果需要定義多個定義名稱，就需要多個 #define 來完成。

如以下範例：

■ Ch13_01.c 定義科學常數並進行計算

```
01 #include <stdio.h>
02 #define EARTH_MASS   5.97219e24   // 地球質量
03 #define EARTH_RADIUS 6371000.0      // 地球半徑
04 #define G 6.672e-11               // 定義萬有引力常數
05
06 int main(void)
07 {                                              接下頁
```

```
08   printf("地表重力加速度約為 %f \n",
09          G * EARTH_MASS / (EARTH_RADIUS*EARTH_RADIUS) );
10
11   return 0;
12 }
```

執行結果

地表重力加速度約為 9.816902

13-2-2 代換字串

有時程式會重複用到一些固定的文字字串，也可將它們定義成一個簡單的名稱來代表，這樣使用時，就不怕因為打錯字，造成輸出、顯示的訊息內容有誤。

■ Ch13_02.c 使用定義字串做輸出

```
01 #include <stdio.h>
02 #define MCU "Microcontroller"
03 #define PRO "程式設計"
04
05 int main(void)
06 {
07   printf("%s 嵌入式%s\n", MCU, PRO);
08   printf("C 語言%s\n", PRO);
09   printf("網頁%s\n", PRO);
10
11   return 0;
12 }
```

執行結果

Microcontroller 嵌入式程式設計
C 語言程式設計
網頁程式設計

13-3 使用巨集

前置處理指令 #define 的另一個主要用途，就是用來定義 **巨集 (Macro)**，也就是用 #define 的語法定義一個簡短名稱，來取代一長串的算式。

13-3-1 定義巨集

定義巨集的寫法如下：

```
#define 巨集名稱 算式
```

1. **巨集名稱**：巨集名稱和常數名稱的命名規則相同，而且同樣習慣上會用大寫字母以免和程式中變數名稱相混。

2. **算式**：任何合法算式都可以定義在此。

例如:

```
#define ENERGY mass * lightspeed * lightspeed  ◄── 定義能量等於質量
                                                    與光速平方的乘積
```

不過讀者會發現，這種單純表示一個算式的巨集其實不太實用，因為前處理器會將程式中出現 "ENERGY" 的地方，都代換成 "mass * lightspeed * lightspeed"。如此一來變成程式中必須宣告同名的變數，使用上並不方便：

■ Ch13_03.c 在程式中使用巨集

```
01 #include <stdio.h>
02 #define ENERGY mass * lightspeed * lightspeed
03
04 int main(void)
05 {
06   float mass = 1;
07   float lightspeed = 299792458;
08
09   printf("%.1f 公斤物體, 轉換為能量為 %.1f 焦耳\n", mass, ENERGY);
10   printf("或 %.3E 焦耳\n", ENERGY);
11   return 0;
12 }
```

```
1.0 公斤物體，轉換為能量為 89875511877832704.0 焦耳
或 8.988E+016 焦耳
```

如上所示，第 6、7 行要宣告在巨集中出現的變數名稱，這樣的程式寫法其實有點奇怪。若希望巨集能像函式一樣，除了具備計算功能，還能用不同的數值代入，就必須在巨集中加入參數。

13-3-2 定義帶有參數的巨集

要讓巨集有如函式的參數功能，可在定義的巨集名稱後面如函式一般加上括號和參數名稱，寫法如下：

```
#define 巨集名稱(參數) 算式
```

參數的使用規則如下：

1. 不需加上資料型別，與定義常數一樣，使用大寫名稱就可以。

2. 可使用兩個以上的參數，其間以逗號隔開。

3. 用來當參數的名稱要與算式中的名稱相同，否則編譯的時候會出現無法辨識名稱的錯誤。

4. 在程式中使用巨集時，就可在參數的位置代入所要使用的變數、數值或算式。不過若要代入算式時，請一定要加上括號，以免影響算式的運算順序。

例如以下範例：

```
#define FtoC(F)   (F - 32 ) * 5 / 9      ◀── 華氏溫度轉換攝氏溫度
```

在程式中使用這個巨集時，就可將任何數值代入巨集名稱的括號內當成參數，就可以得到所定義算式的結果。參見以下範例：

■ Ch13_04.c 溫度度量衡轉換

```c
01  #include <stdio.h>
02  #define CtoF(C) C*9/5+32       // 定義攝氏轉華式的巨集
03  #define FtoC(F) (F-32)*5/9     // 定義華式轉攝氏的巨集
04
05  int main(void)
06  {
07    int option;                  // 功能選擇變數
08    float temp;                  // 溫度
09
10    printf("溫度度量衡轉換, 請選擇(1)攝氏轉華式(2)華式轉攝氏: ");
11    scanf("%d", &option);
12    printf("請輸入溫度: ");
13    scanf("%f", &temp);
14
15    if (option==1)               // 選擇 CtoF 的計算
16      printf("%5.2f 度 C 等於 %5.2f 度 F\n", temp, CtoF(temp));
17    else if (option==2)          // 選擇 FtoC 的計算
18      printf("%5.2f 度 F 等於 %5.2f 度 C\n",temp, FtoC(temp));
19
20    return 0;
21  }
```

執行結果

```
溫度度量衡轉換, 請選擇(1)攝氏轉華式(2)華式轉攝氏: 1
請輸入溫度: 27.5
27.50 度 C 等於 81.50 度 F
```

1. 第 2、3 行，分別定義溫度度量衡攝氏與華式互相轉換的公式為巨集 CtoF() 和 FtoC()。在算式中，使用 C 與 F 來表示可代入參數的位置。

2. 第 16 行，作攝氏至華氏的轉換運算。編譯前，CtoF(temp) 會被置換成算式『temp*9/5+32』，所以可將使用者輸入的數值換算成華氏溫度。

3. 第 18 行，以相同的原理，作華氏至攝氏的轉換運算。

用算式代入巨集參數時, 一定要加括號

若要將算式當成巨集參數, 代入巨集定義的算式中時, 要特別注意到算符的優先權的問題。在範例 Ch13_04.c 中, 如果以 27+.5 當參數代入巨集中, 這時候巨集代換的結果如下:

```
CtoF(27+.5)
   ↓
27+.5*9/5+32    // 將 27+.5 代入 C*9/5+32 中的 C
   ↓
  27+0.9+32     // 結果為 59.9
```

由於算式是『先乘除後加減』, 所以將加法算式代入使用乘法的巨集後, 計算的順序就亂掉了, 使得算出的答案是錯的。所以要將算式代入巨集時, 要用括號將算式括起來, 例如:『CtoF((27+.5))』

如果怕代入算式時, 會忘記加上括號。也可以在定義巨集時, 就先將參數加上括號:

```
#define CtoF(C)  (C)*9/5+32
              ↑___ 自行加上括號
```

如此一來, 算式代入之後就會變成如下:

```
CtoF(27+.5)
   ↓
(27+.5)*9/5+32    // 括號內的算式會先算, 所以就不會出錯了
```

位元運算的巨集

第 5 章介紹位元運算時, 提到過可用 #define 常數的方式, 來取代一些忘的寫法, 而利用巨集的方式, 也可變化出許多實用的技巧。例如第 5-20 頁介紹過, 可利用左移算符來表示要設定、清除的位元, 這樣就不必解讀 0x40、0x08... 這樣的十六進位數字, 是在控制哪些位元。

```
PORTA |= (bit<<0);   // 設定 bit 0
...
PORTA &= ~(bit<<7);  // 清除 bit 7
```

　　若進一步將左移的操作定義成巨集, 這樣在閱讀程式時更能一目瞭然:

■ Ch13_05.c 利用巨集表示要操作的位元

```
01 #include <stdio.h>
02 #define BIT(X) 1<<X            // 定義位元巨集
03
04 int main(void)
05 {
06   unsigned char reg8=0;       // 假設 reg8 代表某 8 位元暫存器
07   unsigned short reg16=0;     // 假設 reg16 代表某 16 位元暫存器
08
09   printf("將 reg8 的 bit3 設為 1:\n");
10   reg8 |= BIT(3);
11   printf("reg8: %02X\n\n", reg8);
12
13   printf("將 reg16 的 bit10 設為 1:\n");
14   reg16 |= BIT(10);
15   printf("reg16: %04X\n", reg16);
16
17   return 0;
18 }
```

執行結果

```
將 reg8 的 bit3 設為 1:
reg8: 08

將 reg16 的 bit10 設為 1:
reg16: 0400
```

　　第 2 行定義了巨集『#define BIT(X) 1<<X』, 而第 10、14 行就能用 BIT(3)、BIT(10) 來表示要操作的位元, 不管在撰寫或閱讀程式都方便許多。

13-3-3 帶有兩個以上參數的巨集名稱

在巨集中也可使用兩個以上的參數, 只需像函式參數一樣, 以逗號將各個參數隔開即可。例如我們可將計算身體質量指數的公式定義成巨集, 如下用體重 (kg) 和身高 (m) 為參數代入計算之, :

■ Ch13_06.c 利用巨集計算身體質量指數, 並判斷健康狀態

```c
01 #include <stdio.h>
02 #define BMI(weight,height) weight/(height*height) // 定義 BMI 公式成巨集
03 #define THIN(BMI) BMI<20                           // 定義 BMI 值的判斷式
04 #define IDEAL(BMI) BMI>=19&&BMI<26
05 #define DANGEROUS(BMI) BMI>=26 && BMI<30
06
07 int main(void)
08 {
09   float kg,cm;              // kg 為體重, cm 為身高
10   float bmi;
11
12   do
13   {
14     printf("===計算 BMI===\n");
15     printf("請輸入體重 (kg):");      scanf("%f",&kg);
16     printf("請輸入身高 (cm):");      scanf("%f",&cm);
17
18     if ( kg<20)      // 排除輸入錯誤的體重值
19       printf("體重輸入錯誤, 請重新輸入\n");
20     if ( cm<100)     // 排除輸入錯誤的身高值
21       printf("身高輸入錯誤, 請重新輸入\n");
22   } while( kg<20 || cm<100); // 控制重新輸入的迴圈
23
24   cm=cm/100;                 // 將公分轉換成公尺
25   bmi=BMI(kg,cm);            // 使用計算 BMI 值的巨集
26   printf("您的身體質量指數 BMI 是 %5.2f\n",bmi);
27
28   if(THIN(bmi))              // 判斷 BMI 值
29     printf("體重不足, 請努力吃胖點\n");
30   else if(IDEAL(bmi))
31     printf("體格很標準!!\n");
32   else if(DANGEROUS(bmi))
```

接下頁

```
33        printf("有點胖，該減肥了!!\n");
34    else
35        printf("過胖了!!過胖了!!請小心身體!!\n");
36
37    return 0;
38 }
```

執行結果

```
===計算 BMI===
請輸入體重 (kg):79
請輸入身高 (cm):174
您的身體質量指數 BMI 是 26.09
有點胖，該減肥了!!
```

1. 第 2 行，將計算 BMI 的公式定義成巨集。

2. 第 3～5 行，將計算出來的 BMI 值當成參數，定義判斷式為巨集。

3. 第 12~22 行，是控制輸入的迴圈。如果第 15, 16 行輸入的體重與身高值錯誤，會要求重新輸入。

4. 第 25 行，BMI(kg,cm) 會被置換成 weight/(height*height) 的算式來運算。此例子中輸入的體重值是 79 kg，身高值是 174 cm = 1.74 m。代入算式 BMI = 79/(1.74*1.74) = 26.09。

5. 第 28～35 行，條件判斷式會根據第 25 行計算出的 BMI 值，以定義為巨集的各個條件作判斷，如果為真則從螢幕輸出對應字串。

13-3-4 巨集與函式的比較

經由上面的介紹，可以發現巨集和函式使用上有些類似，兩者都可利用參數將所要運算的資料經處理後，得到所要的結果。但兩者其實有很大的差異，如下表所列：

	巨集	函式
定義方式	以前處理器指令 #define 定義	使用 C 語言函式語法定義及宣告原型
型別宣告	無	參數及傳回值均需指定型別
語法難易	易	稍難
位置	一般在檔案最前面	不一定, 可在程式內的任何位置
行數限制	1 行	無
程式控制權的轉移	無	有
執行速度	較快	較慢

關於上表最後一項的『執行速度』要稍做說明, 此項是以相同功能的函式和巨集來比較。例如以前述的計算 BMI 為例, 若寫成巨集, 則在編譯時, 程式敘述中的巨集就已被前處理器代換成巨集定義中的算式, 所以程式執行時, 就只是在執行一個用到身高、體重變數值的算式而已。

但若寫成函式, 則前置處理器不會做代換的動作, 當程式執行, 執行到呼叫函式的敘述時, 處理器會:

1. 將呼叫函式用的參數值 (身高、體重), 一一放到堆疊 (Stack)。

2. 接著跳到函式的程式碼處繼續執行。

3. 此時處理器又要將參數值由堆疊中取出, 然後才執行函式的內容進行計算。

4. 若有函式傳回值, 則執行完也要做類似的動作:將傳回值存到堆疊再返回呼叫者。

由此可發現, 使用函式, 處理器會多出許多動作, 因此執行速度會比用巨集略慢, 但一般應不會查覺其差異, 除非用到巨集/函式次數非常多, 才會有明顯差異。

不過使用函式, 編譯器會替我們檢查資料型別 (因為有宣告), 而且可在大括號中放入很多敘述, 使用上較具彈性, 而一些功能較複雜、迴圈、條件式判斷等不容易定義成巨集的處理, 也都要靠函式來實現。

13-4 將欲使用的處理器函式含括到程式中

前置處理另一項常用功能就是含括 (include)，也就是將其他檔案的內容含括到我們的 C 程式中，然後再進行編譯。例如最常用的 stdio.h 包含內建的標準輸出入類函式的宣告，所以將 stdio.h 含括到程式中，就將這些原型宣告含括到程式中，在程式內就能使用 printf()、scanf() 等內建函式。

使用含括檔 #include 的方式有兩種：

1. 含括內建的含括檔，使用角括號括住檔案名稱，例如：

```
#include <stdlib.h>
```

2. 含括自訂檔案，此時改用雙引號括住檔案名稱，例如：

```
#include "mylib.h"
```

關於含括自訂檔案，會在下一節再進一步說明。

13-4-1 含括標準函式庫及系統函式庫

含括『內建』函式可分為兩類，一種就是 C 語言標準中定義的函式，也就是所謂的標準函式庫；另一類則是由編譯器廠商提供的函式，例如開發個人電腦電腦程式時，就會有與個人電腦硬體、作業系統相關的函式庫。

例如在第 2 章介紹過的 conio.h，就算是與作系統相關的函式，寫程式時，可將它與其它標準函式庫的宣告一起含括到程式中，並使用其中宣告的函式。

■ Ch13_07.c 產生 10 個亂數

```c
01 #include <stdio.h>
02 #include <stdlib.h>                    // 標準函式含括檔
03 #include <conio.h>
04
05 int main(void)
06 {
07   int seed;   // 亂數種子
08   int i=0;    // 迴圈變數
09
10   printf("請輸入亂數種子:");
11   seed=getche();
12   srand(seed);                         // 設定亂數種子
13   for(i = 0; i < 10;i++ )
14   {
15     if(i%2==0)  printf("\n");          // 每輸出 2 個就換行
16     printf("%5d  ", rand());           // 產生及輸出亂數
17   }
18
19   return 0;
20 }
```

執行結果

```
請輸入亂數種子: 1
   198    10103
 11846     1891
 22749     7599
 29803    19921
   318    24269
```

　　第 10 章已介紹過, 利用 srand() 可設定亂數種子, 讓 rand() 函式能由固定的演算法中產生看似隨機的亂數。當然您也可用此程式驗證一下, 是否每次按相同的按鍵 (被程式中的 getche() 取得當輸入), 都會出現相同的『亂數』。

　　除了 conio.h 外, 在 Windows 平台還有被稱為 Win API 的函式庫, 也就是可用來開發 Windows 應用程式的 C 語言函式庫;在 Linux 平台也有許多與 Linux 系統相關的函式庫, 以及用於開發圖形使用者介面的函式庫。

13-4-2 含括硬體相關的含括檔

在開發嵌入式程式時，通常需含括各廠商自訂的、與硬體密切相關的含括檔，這類含括檔大致又分成 2 種，一種就是包含開發此 MCU 程式時，最基本要用到的定義內容，像是各暫存器的位址、廠商預先定義代表暫存器的變數或巨集名稱...等。例如開發 8051 MCU 程式時，會含括 reg51.h，其中包含 8051 各暫存器、或暫存器中某位元的變數，所以含括後就可撰寫如下的程式：

```
#include <reg51.h>
...
EA = 1;    // 設定 Interrupt Enable 暫存器中的 EA 位元 (bit 7)
           // 啟用全域中斷功能 (global interrupt)

EX0 = 1;   // 設定 Interrupt Enable 暫存器中的 EX0 位元 (bit 0)
           // 啟用外部中斷 0
```

另一類則是各項硬體或標準函式庫未提供的工具性函式庫：

- 使用 MCU 中各項硬體週邊，大多可透過暫存器來操作和控制。但有時一個個去設定暫存器實在不太方便，因此廠商會設計專用的函式，透過函式呼叫，即可完成一或多項設定或控制的動作。這些函式大多已分門別類，需用到某項硬體週邊功能時，就含括該項功能的含括檔來使用。

- 有些在嵌入式系統中常用的功能，在標準函式庫中並未提供，此時廠商也可能會設計成函式庫，方便大家使用。

例如 Atmel 公司的 AVR 系列微處理器/微控制器，其開發環境就有提供一個 delay.h 函式庫，含括此函式庫後，即可呼叫如下函式做延遲的功能：

```
#include <util/delay.h> // delay.h 是放在含括檔路徑的 util 子資料夾
...
_delay_ms(100);   // 延遲 100 毫秒
...
_delay_us(250);   // 延遲 250 微秒
```

這類自行定義的函式庫，必須詳閱硬體廠商、編譯器廠商提供的手冊，才能瞭解其提供的功能、用法和限制。

13-5 將自行定義的檔案含括到程式中

利用 #include，除了可以含括編譯器所提供的內建含括檔外，也可含括我們自行定義的檔案。這些檔案的內容可為任何合法的程式碼，利用 #include 含括到程式中後，便成了程式的一部分，可依照合法的程式語法取用檔案內的程式碼。含括自行定義的檔案時，要使用雙引號括住檔案名稱，例如：

```
#include "檔案名稱"
```

檔案名稱需包括完整的路徑及副檔名，副檔名為 .h 檔。例如：

```
#include "c:\\mylib.h"  ◄── 含括 c 磁碟根目錄下 mylib.h 檔
```

> #include 含括內建含括檔時，一樣有路徑，但是此路徑通常已定義在 IDE 環境中，所以在使用時都不需列出。而因為自訂的檔案路徑並未被定義，所以使用時要指明路徑。

含括自訂的檔案時，須注意以下 3 點：

1. 標示完整路徑時，若要用 '\' 表示子目錄，需要以兩條反斜線表示。

2. 將程式與含括的檔案置於同一個目錄底下，則可省略路徑，只需列出檔名。

3. 可同時含括多個檔案，但是所有的檔案中 (包括原來的程式)，一定要有一個 main() 函式存在，而且只能一個。

舉個例子，我們先定義一個內容為房間價格的 Ch13_08.h 檔，其內容如下：

■ Ch13_08.h 定義房間的價格

```
01  #define  PRESIDENT 99000     // 定義總統套房的價格
02  #define  LUX_CLASS 30000      // 定義豪華套房的價格
03  #define  DLX_CLASS 10000      // 定義高級套房的價格
04  #define  STD_CLASS 5000       // 定義標準套房的價格
```

接著可如下將 Ch13_08.h 檔案含括到程式中使用：

■ Ch13_08.c 查詢旅館各等級房間的價格

```
01  #include <stdio.h>
02  #include "Ch13_08.h" // 含括 Ch13_08.h 檔
03
04  int main(void)
05  {
06    int option,price;   // option 是選項, price 是價格
07
08    printf("請選擇房間等級:\n");
09    printf("(1)總統套房 (2)豪華套房 (3)高級套房 (4)標準套房: ");
10    scanf("%d",&option);
11
12    printf("您選擇的是:\n");
13    switch (option)
14    {
15      case 1:
16            printf("總統套房\n");
17            price = PRESIDENT;    // 使用含括檔定義的常數
18            break;
19      case 2:
20            printf("豪華套房\n");
21            price=LUX_CLASS;      // 使用含括檔定義的常數
22            break;
23      case 3:
24            printf("高級套房\n");
25            price=DLX_CLASS;      // 使用含括檔定義的常數
26            break;
27      case 4:
28            printf("標準套房\n");
29            price=STD_CLASS;      // 使用含括檔定義的常數
30            break;
31      default:
32            printf("公園板凳\n");
33            price=0;
34    }
35    printf("每晚定價: %d 元\n",price);
36
37    return 0;
38  }
```

```
請選擇房間等級:
(1)總統套房 (2)豪華套房 (3)高級套房 (4)標準套房: 3
您選擇的是:
高級套房
每晚定價: 10000 元
```

第 2 行處,已經將 "Ch13_08.h" 內容含括到程式中,所以第 17、21、25、29 行可直接使用其中定義的常數名稱。

若要更近一步,讓自己設計的函式可在不同程式重複使用。簡單的作法就是:

1. 將函式庫的程式碼存成獨立的 .c 程式,然後將原型宣告存於 .h 檔。

2. 撰寫程式時建立專案 (Project),除了專案的主程式 (內含 main() 的程式檔),也要將函式的 .c、.h 加到其中,主程式也要含括此 .h 檔。

第 9 章的範例 Ch09_06 就是用專案的方式,將主程式和其它 .c、.h 放在一起。在附錄 B 會說明在 Dev-C++ 建立專案的方法。

 要將自己設計的函式變成函式庫供別人使用,則要將函式的程式編譯成函式庫檔,此部份隨編譯器、MCU 不同,可能有不同的編譯選項、以及設計函式時要注意的地方,在此就不深入探討。

13-6 條件式編譯命令

前置處理器中的 #if 具有與條件式 if 類似的判斷功能。兩者不同的是,C 語法中的 if 條件式是在程式執行時,判斷要執行哪一段程式,而前置處理器的 #if 條件式編譯,則是在前置處理時,判斷等一下要編譯哪一段內容。

條件式編譯的指令功能及名稱詳列如下:

前處理指令	功能
#if 條件算式	如果條件算式的運算結果不為 0, 則編譯下面的程式
#ifdef 定義名稱	如果定義名稱已被定義過, 則編譯下面的程式
#ifndef 定義名稱	如果定義名稱未被定義過, 則編譯下面的程式
#elif 條件算式	如果前面的條件不成立時, 則判斷條件算式結果, 如果運算結果不為 0, 則編譯下面的程式
#else	如果前面的條件不成立時, 則編譯下面的程式
#endif	結束上面各種條件式編譯 (有使用條件編譯時, 一定要加)

對編譯程式的流程不清楚的讀者, 請參閱第1章內容。

13-6-1　#if、#elif、#else、#endif 的用法

條件式編譯 #if 是用來控制前置處理器的編譯流程, 通常會搭配 #elif 與 #else 使用, 並以 #endif 結束。用法如下:

```
#if 條件算式 1
前置處理的動作1

#elif 條件算式 2
前置處理的動作 2

#else
前置處理的動作 3
#endif
```

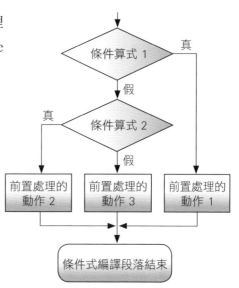

1. **#if**：與 if 條件判斷式的用法類似。#if 會依照條件算式的結果, 選擇某一段**前置處理的動作**。

2. **#elif**：如同 if-else if 的使用方法, #if-#elif 可加強前置處理器的選擇性編譯。可以同時使用多個, 也可以不使用。

3. **條件算式**：與 if 的條件算式相同, 結果為真或假的算式, 算式不需外加括號。

4. **前置處理的動作**：#if 或 #elif 的條件算式為真時, 才會編譯該段落中的程式碼；若為假則忽略之。此段落中可以是另一段前置處理指令內容, 或是一段 C 程式。

5. **#endif**：終結 #if 的敘述。

　　條件式編譯 #if 可以用來避免前置處理器定義錯誤。比如說, 在定義成績標準時, 等級 A 的分數一定比等級 B 高, 為了避免使用 #define 定義等級 A 與 B 的分數時, 錯誤地將 B 的分數定義比 A 高。就可以在定義時, 利用 #if 來驗證, 如下：

```
#if A < B           // 若 A 的值小於 B 的值,
#define CONDITION 'F'  //* 則 CONDITION 為 'F'
#else
#define CONDITION 'T'  //* 則 CONDITION 為 'T'
#endif
```

　　如此一來, 就可以藉著檢查 CONDITION 的值, 來判斷 A、B 的定義標準是否正確。舉個例子, 假設想用 #define 來定義矩形的長與寬, 而且希望矩形的長度大於寬度, 為了怕定義錯誤, 便可以利用條件式編譯來檢查：

■ Ch13_09.c 計算矩形面積

```
01 #include <stdio.h>
02 #define length 35        // 定義長度的值
03 #define width 20         // 定義寬度的值
04 #define area length*width // 定義面積公式
05 #if length>width          // 判斷長度是否大於寬度
06 #define condition 'T'    // 定義狀況為真
07 #else
08 #define condition 'F'         // 定義狀況為假
09 #endif
10
11 int main(void)
12 {
13   if (condition=='T')         // 判斷狀況是否為真
14   {
15     printf("長 = %d\n",length);
```

接下頁

```
16      printf("寬 = %d\n",width);
17      printf("矩形面積: %d*%d=%d\n",length,width,area);
18    }
19    else
20      printf("長寬定義錯誤, 請重新定義\n");
21
22    return 0;
23  }
```

若將第 3 行的 width 定義成 35 或更大的值, 則程式執行時會輸出第 20 行的訊息, 而不會輸出第 15～17 行的長、寬、面積值。

除了定義外, 也可以利用 #if 的條件算式, 來控制前置處理器要含括哪一個檔案, 如下:

■ name.h

```
01 #if DATA == 1          /* 若 DATA 為 1, 則含括 alex.h */
02 #include "alex.h"
03 #elif DATA == 2        /* 若 DATA 為 2, 則含括 balnd.h */
04 #include "bland.h"
05 #else                  /* 若 DATA 為其他值, 則含括 unknown.h */
06 #include "unknown.h"
07 #endif
```

當程式中將 DATA 定義為 1 時, 會編譯第 2 行的程式碼, 將 alex.h 含括進程式中, 其餘各行則跳過不處理。判斷流程如右圖:

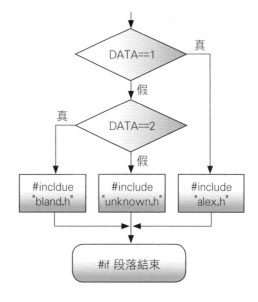

以下是示範此邏輯的簡單範例程式內容：

■ alex.h 含 Alex 個人資料的含括檔

```
01  #define PNAME "Alex"
02  #define AGE 21
03  #define BLOODTYPE 'O'
04  #define JOB "Sales"
```

■ bland.h 含 Bland 個人資料的含括檔

```
01  #define PNAME "Bland"
02  #define AGE 18
03  #define BLOODTYPE 'B'
04  #define JOB "Student"
```

■ unknown.h 未定義

```
01  #define PNAME "Unknown"
02  #define AGE 0
03  #define BLOODTYPE 'X'
04  #define JOB "Unknown"
```

■ Ch13_10.c 利用定義值來含括指定的資料項目

```
01  #include <stdio.h>
02  #define DATA 1   // 定義 DATA 為 1
03  #include "name.h"
04
05  int main(void)
06  {
07    printf("姓名: %s\n",PNAME);
08    printf("年齡: %d\n",AGE);
09    printf("血型: %c\n",BLOODTYPE);
10    printf("工作: %s\n",JOB);
11    return 0;
12  }
```

執行結果

```
姓名：Alex
年齡：21
血型：O
工作：Sales
```

　　如果將第 2 行 DATA 分別改定義為 2 與 3，則執行的結果分別是輸出在 bland.h 與 unknown.h 中定義的常數資料。

 使用 #if 指令時，#if 後一定要有 #endif，但是卻不一定要有 #elif 與 #else。另外，可使用一個以上的 #elif，但是 #else 則只能使用一個。

13-6-2　#ifdef 與 #ifndef 的用法

　　條件式編譯 #ifdef 與 #ifndef 剛好是互相顛倒的意思。兩者都是用來判斷常數名稱或者巨集名稱是否已經用 #define 定義完成：#ifdef 的意思表示如果該名稱『已』定義，就要處理、編譯接下來的程式碼；而 #ifndef 的意思是若該定義名稱『未』定義，就處理、編譯接下來的程式碼。

　　例如程式可用此特性來作檢查，避免使用者到未定義的名稱，或者重複定義巨集或常數，如以下範例：

■ Ch13_11.c 計算立方體的表面積

```
01  #include <stdio.h>
02  #define CUBE_AREA(x) x*x*6      // 定義立方體表面積公式的巨集
03
04  int main(void)
05  {
06    float edge;
07
08    printf("計算立方體表面積，請輸入立方體邊長：");
09    scanf("%f", &edge);
10
11    #ifdef CUBE_AREA               // 判斷 CUBE_AREA 是否已被定義     接下頁
```

```
12      printf("立方體表面積公式已定義完成，計算中...\n");
13   #else
14      printf("立方體表面積公式尚未定義完成，定義中...\n");
15      #define CUBE_AREA(x) x*x*6    // 如果未定義，則重新定義
16      printf("定義完成，計算中...\n");
17   #endif
18      printf("\n邊長 %f 的立方體表面積為 %.2f\n",edge,
19                                          CUBE_AREA(edge));
20   return 0;
21 }
```

執行結果

計算立方體表面積，請輸入立方體邊長：99
立方體表面積公式已定義完成，計算中...

邊長 99.000000 的立方體表面積為 58806.00

　　在第 11 行處的 #ifdef 會判斷定義名稱 CUBE_AREA 是否已經以 #define 定義為巨集或常數名稱。若已定義完成，會執行第 12 行；否則執行第 14～16 行。流程圖如下：

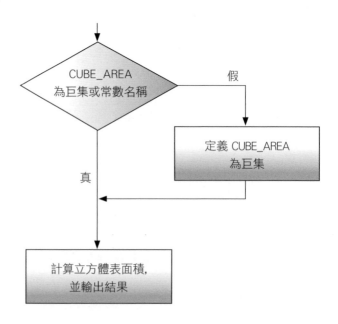

由廠商自訂功能的 #pragma 前處理指令

在 C 語言標準中, 還有一項特殊的前處理指令 #pragma, 它是專門讓廠商可自訂特殊用途和功能的前處理指令。例如有些 MCU 編譯器廠商, 會定義可指定接下來的變數、程式要放在哪一段記憶體位址, 例如:

```
#pragma abs_address:0x500    ◀━━  接下來要使用位址 0x500
int x=0;
#pragma end_abs_address:0x500  ◀━━  結束位址指定
```

由於是供廠商自訂功能, 所以使用不同編譯器時, 就要參考該編譯器的手冊, 查看有哪些功能可使用。

有時廠商也會直接將自訂功能加到語言中, 例如前面提到過, 開發 8051 程式時, 含括 reg51.h 後就能使用一組預先定義的名稱來存取暫存器或暫存器中的某個位元。但 C 語言中沒有位元這個資料型別, 因此編譯器廠商就自訂了 sbit 關鍵字, 用來表示暫存器位元的資料型別, 所以在程式中就可宣告代表位元的變數、常數來使用。

 下一章介紹的位元欄位, 亦可讓程式以位元為單位進行存取。

1. 前置處理器的用途為

   (1) 編譯程式

   (2) 執行程式

   (3) 在編譯程式前對程式碼做處理

2. 以下何者正確

   (1) #define 可以定義常數

   (2) #define 可以定義字串

   (3) #define 可以定義巨集

   (4) 以上皆是

3. #define 用法是以 _____ 來代替所定義的常數, 字串或巨集。

4. 使用 #include 含括內建的含括檔時, 需使用 _____ 符號來括住檔案名稱。

5. 使用 #include 要含括自訂含括檔時, 需使用 _____ 符號來括住檔案名稱。

6. #ifdef 是指當定義名稱 _____ (未、已) 被定義時, 執行以下的動作。

7. 不管是使用 #if、#ifdef、#ifndef, 最後均需以 _____ 結束。

8. 請說明下列語法的錯誤並更正。

   (1) #define X=1

   (2) #define X 1

   (3) #define 'XYZ'

9. 請用 #define 定義下列敘述。

   (1) FIRE 代表紅色

   (2) GRASS 代表綠色

   (3) SKY 代表藍色

   (4) AAPL 代表蘋果公司

   (5) GOOG 代表 Google 公司

   (6) MSFT 代表微軟公司

10. 請說明下列語法的錯誤並更正。

   (1) #include xyz.h

   (2) #include "xyz"

   (3) #include <xyz.h>

程 式 練 習

1. 試寫一程式, 定義圓週率常數及圓面積巨集, 讓使用者可輸入半徑來求圓面積。

2. 試寫一程式, 以巨集定義計算矩形面積的公式, 使用者可輸入長、寬, 程式輸出矩形的表面積。

3. 試寫一程式, 以巨集定義任意兩數 x、y 的加、減、乘、除, 由鍵盤輸入 x、y 值, 求 x+y、x-y、x*y、x/y 的值。

4. 試寫一程式, 以巨集定義數學函式 f(x,y) = 3x+2y, 從鍵盤輸入 x、y 的值, 並從螢幕輸出計算結果。

5. 試寫一程式, 定義可將 8 位元暫存器指定的位元設為 1 和清除為 0 的巨集, 並輸出測試結果。

6. 試寫一程式, 定義 3 個水果名的英文, 然後由螢幕輸出中英對照, 例如:

```
APPLE 蘋果
BANANA 香蕉
GRAPE 葡萄
```

7. 試寫一程式, 以 #define 定義以下每一個句子然後輸出。『燕草如碧絲, 秦桑低綠枝。當君懷歸日, 是妾斷腸時。春風不相識, 何事入羅幃?』

8. 試寫一程式計算三角形的面積, 計算公式寫成函式, 並存為 triangle.h 檔, 然後含括到主程式中。

9. 試寫一程式, 用前置處理指令定義一密碼 (四個數字), 使用者有 3 次輸入機會, 輸入錯誤會從螢幕輸出錯誤訊息。

10. 請將 1~10 數字的中英對照以 #define 定義, 並存成 number.h 檔。試寫一程式, 並以下列的格式輸出數字的中英文對照, 並在主程式中加入 #ifdef 檢查名稱是否已定義, 若沒有定義請輸出錯誤訊息。

```
英文    中文
--------------------------
ONE     一
TWO     二
THREE   三
...
TEN     十
```

自訂資料型別 - 結構體

- 利用結構體將同性質的變數集合,訂成一種新的資料型別

- 將陣列與結構體結合,能同時儲存多筆的資料組合

- 在函式間傳遞結構體

- 利用結構體位元欄位存取位元資料

14-1 宣告結構體

C 語言資料型別如 int、char、float 等，都是用來宣告某種特定類型的資料，若想建立一種資料型別 (變數)，以同時存有整數、字元、字串等多項資料，就要使用自訂資料型別的語法，稱為**結構體 (struct)**。

要建立自訂資料型別，需使用 struct 關鍵字來宣告結構體，格式如下：

```
struct 結構體名稱
{
    資料型別 資料名稱;
    ...
};
```

1. **結構體名稱**：需要符合變數名稱命名原則，建議採用有意義的名稱。

2. **資料型別**：可以為任何資料型別如 char、int、float、double 等，也可使用陣列。

3. **資料名稱**：可以是任何合法的變數名稱。結構體中的變數，一般又稱為此結構體的成員 (Member)。

宣告結構體時，請注意下列幾點：

1. 分號 (;)：結構體名稱後面不需要加分號，結構體內宣告的所有成員宣告完畢都需以分號隔開，結構體宣告完畢在右大括號結束後需加上分號。例如要宣告一個代表學生資料的 student 結構體，結構體成員有學號 (ID)、學生名字 (name)以及學生性別 (gender)。可以宣告如下：

```
struct student
{
    int id;
    char name[10];
    char gender;
};
```

2. 宣告多個結構體：程式中可宣告一個以上的結構體，例如：

```
struct ss1
{
    ...
};

struct ss2
{
    ...
};
```

3. 宣告位置：可以在程式一開始就宣告，或者宣告在函式之內(為區域性)。一般
   來說，因考慮到方便性原則，所以結構體大都採用全域性方式來宣告。例如：

```
#include<...>
#define ...
struct student
{
    ...
};

int main(void)
...
```

14-2　宣告結構體變數與初始值設定

　　結構體又稱為自訂資料型別，所以定義結構體後，就能把它當成一種新的資
料型別。在使用結構體前，需要以此結構體 (型別) 來宣告變數，稱之為結構體變
數。結構體變數具有與結構體資料型別相同的資料結構，透過該變數即可存取結
構體中的成員。

14-2-1 宣告結構體型別的變數

宣告結構體變數的方法有兩種，第一種是宣告結構體完畢後馬上設定結構體變數,語法如下：

```
struct 結構體名稱
{
  資料型別 資料名稱;
  ...
} 結構體變數名稱;
```

例如以下的程式片段就是在定義 account 結構體時，也同時宣告一個名為 mary 的結構體變數：

```
struct account
{
  int accountNumber; // 帳號
  char accountType;  // 帳戶種類
  int balance;       // 結餘
} mary;              // 宣告結構體變數
```

此種寫法還有個特別之處，就是若之後不會再宣告相同結構的結構體變數時，可省略『結構體名稱』。以上例而言，就是寫成『struct {...} mary;』，不需特別為結構體取名 account。

另外一種方法是要先定義好結構體，需要時再用它宣告變數，語法如下：

```
struct 結構體名稱
{
  資料型別 資料名稱;
  ...
};
...
struct 結構體名稱 結構體變數名稱;
```

例如：

```
struct account
{
  int accountNumber;   // 帳號
  char accountType;    // 帳戶種類
  int balance;         // 結餘
};

int main(void)
{
  struct account mary;// 宣告結構體變數 mary
  ...
}
```

14-2-2　存取結構體變數的數值

要存取結構體變數的數值時, 需使用『成員直接存取算符』(.), 語法如下:

結構體變數名稱.結構體成員

例如:

```
mary.accountNumber= 11110000;  ◀──── mary 的帳號
mary.balance = 350090;         ◀──── mary 的帳戶結餘
```

如以下範例, 先定義了 grade 結構體, 再於 main() 函式中宣告 ss 結構體變數, 程式中存取結構體變數的成員時, 都是使用 "." 算符:

■ **Ch14_01.c 以結構體方式定義、儲存成績資料**

```
01 #include <stdio.h>
02
03 struct grade      // 宣告結構體 grade
04 {
05   int sid;        // 學生學號
06   int chinese;    // 國文成績
07   int math;       // 數學成績
08   int english;    // 英文成績
09 };
10
```

接下頁

```
11  int main(void)
12  {
13    struct grade ss;           // 宣告結構體變數 ss
14    printf("請輸入學號: ");
15    scanf("%d",&ss.sid);       // 輸入結構體變數的數值
16    printf("請輸入國文成績: ");
17    scanf("%d",&ss.chinese);
18    printf("請輸入數學成績: ");
19    scanf("%d",&ss.math);
20    printf("請輸入英文成績: ");
21    scanf("%d",&ss.english);
22
23    printf("  學號   國文   數學   英文\n");
24    printf("%6d   %#3d    %#3d    %#3d\n",
25        ss.sid,ss.chinese,ss.math,ss.english);
26
27    return 0;
28  }
```

執行結果

```
請輸入學號: 109001
請輸入國文成績: 87
請輸入數學成績: 95
請輸入英文成績: 74
  學號   國文   數學   英文
109001   87     95     74
```

1. 第 3~9 行, 結構體 grade 的宣告與定義, 其中定義了 4 個成員。

2. 第 13 行, 以結構體 grade 的資料型別宣告結構體變數 ss 。

3. 第 14~21 行, 從鍵盤輸入結構體中每個成員的數值, 以『結構體變數.結構體成員』的方式讀取, 如第 15 行 ss.sid、第 17 行 ss.chinese、第 19 行 ss.math 以及第 21 行 ss.english。

14-2-3 設定結構體變數初始值

要在宣告結構體變數時設定其初始值，設定方式和設定陣列初始值類似，仍是在變數名稱後加一個等號、一對大括號，然後將欲設定的結構體成員的初始值依序寫在大括號內，如以下程式所示：

```
struct grade      // 宣告結構體 grade
{
  int sid;         // 學生學號
  int chinese;  // 國文成績
  int math;       // 數學成績
  int english;  // 英文成績
} ss1 = { 109001, 78, 98, 54};   ←── 建立變數 ss1 並設定初始值
```

當然也可用逗號分隔後，一次設定多個變數，參考以下實例：

■ Ch14_02.c 設定結構體變數初始值, 並輸出結果

```
01 #include <stdio.h>
02
03 struct grade      // 宣告結構體 grade
04 {
05   int sid;         // 學生學號
06   int chinese;  // 國文成績
07   int math;       // 數學成績
08   int english;  // 英文成績
09 } ss1={109001,78,98,54},
10   ss2={109002,65,78,44};   // 設定結構體變數的初始值
11
12 int main(void)
13 {
14   printf("  學號   國文   數學   英文\n");
15
16   // 輸出第 1 個結構體變數的數值內容
17   printf("%6d    %#3d     %#3d    %#3d\n",
18        ss1.sid,ss1.chinese,ss1.math,ss1.english);
19   // 輸出第 2 個結構體變數的數值內容
20   printf("%6d    %#3d     %#3d     %#3d\n",
21        ss2.sid,ss2.chinese,ss2.math,ss2.english);
22
23   return 0;
24 }
```

```
學號     國文    數學    英文
109001    78      98      54
109002    65      78      44
```

1. 第 3~9 行為結構體 student 的宣告與定義,含有 4 個成員。

2. 第 9、10 行宣告 ss1、ss2 結構體變數,並設定初始值,在大括號內的數值會
   依序指定給結構體的成員。

此外,在已宣告結構體後,在程式中也可用相同的方式另外宣告變數並設定
初始值:

```
int main(void)
{
  struct grade ss3 = { 109003, 94, 80, 82};
  ...
}
```

14-2-4　結構體陣列

如果把結構體變數宣告成陣列型態,就可以一次儲存多筆同型別的資料,又
稱為結構體陣列,宣告語法如下:

```
struct 結構體名稱 陣列名稱[陣列容量];
```

此時陣列元素就是一個結構體,可用如下方式存取其成員:

```
結構體陣列[0].結構體成員
```

使用結構體陣列要設定初始值時,可像設定二維陣列一樣,用多組大括號括
住每個元素的初始值:

```
struct 結構體名稱 陣列名稱[3]={{...元素 0 的結構體初始值...},
{...元素 1 的結構體初始值...}, {...元素 2 的結構體初始值...}}
```

也可像如下的範例，將每個元素中所有成員的資料一一列在同一個大括號中：

■ Ch14_03.c 用結構體陣列儲存多筆資料

```
01  #include <stdio.h>
02
03  struct person
04  {
05    char name[7];   // 學生姓名
06    char addr[7];   // 戶籍
07    int  age;       // 年齡
08  } student[4]={"王小明","台北市",18,   // 設定初始值
09                "陳小華","新竹市",17,
10                "林小玉","彰化縣",19,
11                "蔡小貓","台中市",17};
12
13  int main(void)
14  {
15    int i;          // 迴圈變數
16
17    printf("姓名\t\t戶籍\t\t年齡\n");
18    for(i=0;i<4;i++)
19      printf("%s\t\t%s\t\t%d\n",student[i].name,
20             student[i].addr,student[i].age);
21
22    return 0;
23  }
```

執行結果

```
姓名            戶籍            年齡
王小明          台北市          18
陳小華          新竹市          17
林小玉          彰化縣          19
蔡小貓          台中市          17
```

第 8～11 行中，student 結構體陣列的初始值，會以連續排列的方法來儲存，如下圖：

	char name(7)	char addr(7)	int age
student(0)	王小明	台北市	18
student(1)	陳小華	新竹市	17
student(2)	林小玉	彰化縣	19
student(3)	蔡小貓	台中市	17

14-2-5　結構體變數為指位器

以結構體型別宣告變數時，也可以將該變數宣告成指位器變數。而使用這類指位器變數來存取結構體成員時，有兩種方式，第 1 種就是將指位器以 * 取得所指的結構體後，再用小數點來存取：

```
struct person {...int age;} john;

struct person *ptr=john;
(*ptr).age =30;  // (* 指位器變數).結構體成員
```

另 1 種語法則是直接以指位器變數及『成員間接存取算符』(->) 來存取：

```
ptr->age =30;  // 指位器變數->結構體成員
```

使用結構體指位器變數時，同樣須先宣告一個變數空間，然後再將此變數空間的位址指定給結構體指位器變數。例如以下員工資料的結構體範例：

■ Ch14_04.c 使用指位器存取結構體變數

```c
01  #include <stdio.h>
02
03  struct employee
04  {
05    int  id;              // 員工編號
06    char name[12];        // 員工姓名
07  } emp={1, "王大明"}; // 宣告結構體變數，並指定初始值
08
09  int main(void)
10  {
11    struct employee *ptr; // 把結構體變數宣告成指位器
12    ptr=&emp;
13
14    // 用直接存取算符 . 取得成員的數值
15    printf("員工編號: %05d\n",(*ptr).id);
16
17    // 用間接存取算符 -> 取得成員的數值
18    printf("員工姓名: %s\n", ptr->name);
19
20    return 0;
21  }
```

執行結果

```
員工編號: 00001
員工姓名: 王大明
```

1. 第 3~7 行, 宣告結構體 employee 以及其成員。第 7 行, 宣告結構體變數 emp, 並設定初始值。

2. 第 11 行處宣告一個結構體指位器變數 *ptr, 並在第 12 行處將第 7 行宣告 結構體變數 emp 的位址, 指定給 *ptr 。

3. 第 15 行, 以『(* 指位器變數).結構體成員』方式存取結構成員的值。

4. 第 18 行, 以『指位器變數 -> 結構體成員』方式存取結構成員的值。

14-3　結構體變數在函式之間的傳遞

　　因為結構體大都宣告在程式的開頭，其視野是屬於全域性。所以如果在宣告結構體的同時也一起宣告結構體變數，那這個結構體變數也會是全域性，函式之間可以不經過傳遞參數的過程就可以直接存取結構體變數。

14-3-1　結構體變數的傳值呼叫

　　要將結構體變數當成參數傳遞到函式中時，函式原型宣告的參數型別，可宣告如下：

```
傳回值型別　函式名稱(struct 結構體名稱);
傳回值型別　函式名稱(struct 結構體名稱 * );
傳回值型別　函式名稱(struct 結構體名稱[] );
```

　　例如：

```
void sum( struct number);        ◀── 參數是結構體變數
void sum( struct number*);       ◀── 參數是結構體指位器變數
void sum( struct number[]);      ◀── 參數是結構體陣列
```

　　在函式定義處，也同樣要列出參數值的結構體型別及變數名稱，如下：

```
void sum(struct number data)
{
  ...
}
```

　　比如說，要將一筆帳戶資料傳遞到函式中輸出，可寫成如下：

■ Ch14_05.c 在函式中輸出結構體參數資料

```c
01 #include <stdio.h>
02
03 struct account
04 {
05   int  id;        // 帳號
06   char name[10];  // 帳戶名稱
07   int  balance;   // 餘號
08 };
09
10 void checkBalance(struct account);   // 參數資料型別為結構體的函式
11
12 int main(void)
13 {
14   struct account customerA={1, "Mary Wang", 50000 };
15   checkBalance(customerA);   // 以結構體變數為參數呼叫函式
16
17   return 0;
18 }
19
20 void checkBalance(struct account x)
21 {
22   printf("帳號: %04d\n", x.id);
23   printf("帳戶名稱: %s\n", x.name);
24   printf("餘額: %d 元", x.balance);
25 }
```

執行結果

```
帳號: 0001
帳戶名稱: Mary Wang
餘額: 50000 元
```

1. 第 10 行, 宣告輸出資料的函式, 並將參數型別宣告成結構體。

2. 第 15 行, 將結構體變數當成參數, 呼叫輸出資料的函式。

3. 第 20～25 行, 定義輸出資料函式的內容, 以 x 接受參數值, 將結構體變數中每個成員的值輸出。

14-3-2　結構體變數的傳址呼叫

　　如果要使用傳址呼叫，就需要將結構體變數以指位器或陣列的方式來傳遞到函式。例如延續前面的例子，加上一個提款函式，並設計成使用傳址呼叫，以便提款金額能更新到原本的結構體變數，程式可寫成：

■ Ch14-06.c 用傳址呼叫傳遞結構體變數

```
01 #include <stdio.h>
02
03 struct account
04 {
05    int   id;         // 帳號
06    char  name[10];   // 帳戶名稱
07    int   balance;    // 餘號
08 };
09
10 void checkBalance(struct account);      // 參數資料型別為結構體的函式
11 void withdraw(struct account*, int);    // 提款函式,
12                                         // 參數資料型別為結構體指位器
13 int main(void)
14 {
15    struct account customerA={1, "Mary Wang", 50000 };
16    withdraw(&customerA, 30000);    // 以結構體變數位址為參數呼叫函式
17
18    withdraw(&customerA, 25000);    // 以結構體變數位址為參數呼叫函式
19
20    return 0;
21 }
22
23 void checkBalance(struct account x)
24 {
25    printf("帳號: %04d\n", x.id);
26    printf("帳戶名稱: %s\n", x.name);
27    printf("餘額: %d 元\n", x.balance);
28 }
29
30 void withdraw(struct account* x, int amount)
31 {
32    if(amount <= x->balance)
```

接下頁

```
33  {
34    x->balance -= amount;
35    printf("*** 提款 %d 元, 出鈔中...\n", amount);
36  }
37  else
38    printf("*** 提款失敗, 餘額不足\n");
39
40  checkBalance(*x);
41 }
```

執行結果

```
*** 提款 30000 元, 出鈔中...
帳號: 0001
帳戶名稱: Mary Wang
餘額: 20000 元
*** 提款失敗, 餘額不足
帳號: 0001
帳戶名稱: Mary Wang
餘額: 20000 元
```

1. 第 11 行宣告提款函式, 並將參數型別宣告成指位器變數。函式的內容定義在第 30~41 行。

2. 第 16、18 行呼叫函式時, 都使用 "&" 算符取得結構體變數的位址, 傳遞到函式中。第 30 行, 定義函式的部分則以指位器變數接受參數。如此一來, 便完成了傳址呼叫。

　　若是以結構體陣列為參數, 因為陣列變數也是位址, 所以此時也是傳址呼叫, 作法和效果和上面的範例相似, 在此就不重複舉例說明。

14-4 用位元欄位 (Bit-fields) 簡單存取暫存器內容

雖然 C 語言中沒有位元的資料型別, 但結構體 struct 提供一種特殊的語法, 讓我們可用結構體中的成員表示以位元為單位的資料, 其語法如下:

```
struct {
   整數資料型別   位元欄位名稱 : 位元數;
   ...
}
```

其中**位元數**可為整數, 用以表示此位元欄位佔幾個位元。而位元欄位的資料型別只能使用 int, unsigned int, _Bool 等整數資料型別, 例如:

```
struct {
   int      f1 : 4;   // 佔 4 位元的欄位
   int      f2 : 2;   // 佔 2 位元的欄位
   unsigned f3 : 1;   // 佔 1 位元的欄位
   ...
} my_bit_fields;
```

指定有號、無號的資料型別時, 表示編譯器在解讀該位元欄位時, 要用有號或無號的方式解讀, 參見以下範例:

■ Ch14-07.c 在結構體中使用位元欄位

```
01 #include <stdio.h>
02 struct
03 {
04   int      nibble1 :4; // 佔 4 位元的有號整數
05   unsigned nibble2 :4; // 佔 4 位元的無號整數
06 } aByte={7,0};
07
08 int main(void)
09 {
10   printf("aByte 結構體位元欄位的內容:\n");
```

接下頁

```
11   printf("nibble1:%d\tnibble2:%d\n\n",
12                     aByte.nibble1, aByte.nibble2);
13   aByte.nibble1++;  // 修改位元欄位值
14   aByte.nibble2--;
15
16   printf("aByte 結構體位元欄位的內容:\n");
17   printf("nibble1:%d\tnibble2:%d\n",
18                     aByte.nibble1, aByte.nibble2);
19   return 0;
20 }
```

執行結果

```
aByte 結構體位元欄位的內容:
nibble1:7          nibble2:0

aByte 結構體位元欄位的內容:
nibble1:-8          nibble2:15
```

1. 第 4、5 行在結構體中宣告 2 個佔 4 位元的位元欄位, 1 個宣告為 int, 另
   一個宣告為 unsigned。並在第 6 位初始化其值。

2. 第 12、18 行以存取一般成員的方式, 取得位元欄位的值。

3. 第 13、14 行對位元欄位做加減, 由於加減的結果使 4 位元的值溢位, 所以
   第 2 次輸出結果時, 有號的欄位變成負值, 而無號的欄位變成 4 位元整數的
   最大值 15。

   在開發嵌入式相關的程式時, 也可利用位元欄位來表示暫存器中的位元資料,
這樣就不必用第 5 章的位元操作來選取暫存器中的特定位元欄位。

   上一章提到, 有些編譯器已另外支援可存取暫存器的位元欄位的自訂資料型
別, 例如 8051 編譯器的 sbit 型別, 使用這類自訂的型別或廠商已事先設計好的
含括檔, 會更加方便, 也不需費功夫自行定義結構體。

1. 下列何者可以是結構體的成員

    (1) 變數

    (2) 陣列

    (3) 指位器

    (4) 以上皆是

2. 結構體其實是一種

    (1) 資料型別

    (2) 運算式

    (3) 前置處理指令

3. 初始化結構體初始值時, 要用 _____ 符號括住初始值, 並用 _____ 分隔各成員的初始值。

4. 指出下面結構體宣告的錯誤:

    ```
    struct
    {
      char name[21 ];
      int id;
    } emp = "Mary", 004;
    ```

5. 續上題, 若修正錯誤後, 請寫出下面 2 個成員的值:

    (1) emp.name: _____

    (2) emp.id: _____

6. 指出下面結構體宣告的錯誤:

    ```
    struct address
    {
       char name;
       char add1 [31];
       char add2 [31];
       char city [31];
       char zip [11];
    ```

```
} myaddress= { "王小明",
  101 號,
  "郵政信箱 1011",
  "台北市"};
```

7. 請完成下面的程式：

```
struct mydata
{
  char birthday[11];
  char gender[2];
  char bloodtype [2];
  char job[10];
} Jack = { "1988/12/01", "M", "O", "student"};

int main(void)
{
  struct mydata *ptr;
  ptr = &Jack;
  printf("Jack 的生日 %s\n", ptr _____ );
  printf("Jack 的性別 %s\n", ptr _____ );
  printf("Jack 的血型 %s\n", ptr _____ );
  printf("Jack 的工作 %s\n", ptr _____ );
  return 0;
}
```

8. 要在結構體中使用位元欄位，欄位所佔的位元數要用什麼符號設定

(1) .

(2) ->

(3) []

(4) :

9. 下列何者不能用來宣告結構體中位元欄位的資料型別

(1) double

(2) int

(3) unsigned int

(4) short

10. 若某結構體位元欄位資料型別為 int, 且佔 3 個位元組, 則可表示的數值範圍是 _____。

程 式 練 習

1. 試寫一程式宣告一個包含年、月、日三個成員的結構體, 並設定今天日期為初始值, 以『年/月/日』的格式從螢幕輸出。

2. 承上題, 請將年月日三個結構體成員的數值改由鍵盤輸入。

3. 承上題, 請加入一新成員表示星期 (char weekday[7]), 其值從鍵盤輸入。

4. 試寫一程式, 宣告一個電視機的結構體, 成員包括品牌、螢幕尺寸、年份、售價。用程式建立 5 台電視的資料, 請設定初始值, 並輸出結果。

5. 宣告一個除法的結構體, 成員包括除數, 被除數, 商與餘數。從鍵盤輸入除數與被除數, 輸出商與餘數。

6. 試寫一程式, 宣告一個結構體 employee, 結構體成員包括員工編號、員工姓名、基本時薪、工作時數。試建立陣列以儲存多人的資料, 並用程式計算出月收入 (基本時薪 * 工作時數), 並輸出結果。

7. 試寫一程式, 宣告一菜單結構體 menu, 其中包括結構體成員編號、菜名以及售價。並預建 10 筆資料, 讓程式提供以編號查詢菜名的功能。

8. 假設有一個溫度感測器, 它會傳回 8 位元的感測值, 其中 1 個位元表示正負 (0 為正、1 為負), 另 7 個位元表示溫度的絕對值。例如 0x1C 表示 30 度；0x85 表示 -5 度。試設計一結構體, 用位元欄位表示此項資料。

9. 試寫一程式, 宣告一個模擬悠遊卡、一卡通等具儲值功能電子票證的結構體, 結構體中儲存卡號, 及目前儲值金額。設計函式可查詢卡片的餘額。

10. 呈上題, 加入儲值、扣款的函式, 並在主程式中模擬儲值、買東西扣款、餘額不足等動作。

15

自訂資料型別 - union, typedef, enum

- 讓多個變數共用記憶體空間

- 定義新的型別名稱

- 利用列舉的名稱集合

- 自訂資料型別在嵌入式程式設計的應用

除了 struct 之外，另外還有 3 種自訂資料型別的方式，分別是共同空間 (union)、型別名稱定義 (typedef) 以及列舉型別 (enum)。本章就來介紹其用法和用途。

15-1 共同空間

15-1-1 讓不同資料型別共用記憶體空間

共同空間 (union) 的功能，就是讓多個變數 (成員) 共用同一塊記憶體空間，而且這些變數 (成員) 可分屬不同資料型別。

共同空間的宣告方式如下：

```
union 共同空間名稱
{
  資料型別 1 變數名稱 1;
  資料型別 2 變數名稱 2;
  ...
};
```

共同空間與結構體的宣告方式與使用方法非常類似，但記憶體空間的配置方式完全不同。前一章介紹的結構體，各成員都算是獨立的變數，各自有其空間，彼此互不相關；但使用 union 時，各成員是『共用相同記憶體』：

```
union data // 宣告共同空間
{
  int a;    // 長 4 bytes
  char b;   // 長 1 byte
} data;
```

共同空間 data 實際上僅佔 4 bytes，記憶體的配置如下：

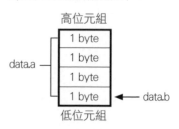

兩個變數共用一個 4 bytes 的空間

```
struct data // 宣告結構體
{
  int a;     // 長 4 bytes
  char b;    // 長 1 byte
} data;
```

結構體 data 佔了 5 bytes,
記憶體的配置如下:

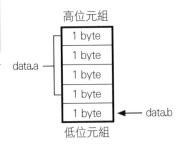

兩個變數擁有各自的空間

(TIP) 在個人電腦上, 由於處理器多是以 32 位元、
64 位元的字組為單位來存取資料, 所以配置
變數記憶體空間時也是以字組為單位, 因此
像上面的例子 union、struct 的成員只用到
4、5 個 Byte, 實際配置的空間可能是 8 位元
組 (64 位元)。

宣告共同空間時可以包括許多資料型別, 但在共用空間變數中只會有一個變數
值存在。這樣做的好處在於節省記憶體空間, 適用於某些不可能同時存在的資料。

例如在下面這個範例中, 共同空間擁有整數和字元型別的成員, 因此用不同
成員存取共同空間所存的變數時, 將得到不同的結果:

■ Ch15_01.c 共同空間的資料存取

```
01 #include <stdio.h>
02
03 union data   // 宣告共同空間 data
04 {
05   int  a;
06   char b;
07 } mydata;    // 共同空間變數 mydata
08
09 int main(void)
10 {
11   mydata.a=0x1200;    // 指定十六進位數值
12   printf("mydata.a = %04x\n",mydata.a);
13   mydata.b= '3';      // 指定字元
14   printf("mydata.b = %c\n",mydata.b);
15   printf("mydata.a = %04x\n",mydata.a);
16
17   return 0;
18 }
```

```
mydata.a = 1200
mydata.b = 3
mydata.a = 1233
```

如執行結果所示, 在第 11 行時將 mydata.a 的值設為 1200 (16 進位), 但在第 13 行指定 mydata.b 的值為字元 '3' 之後, mydata.a 的值變成了 1233, 原因如下圖所示:

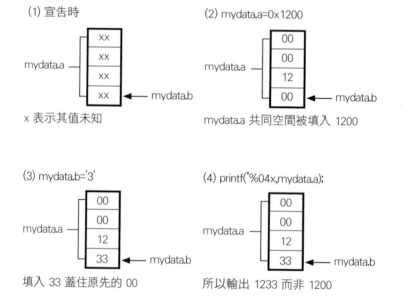

(1) 宣告時

mydata.a

x 表示其值未知

(2) mydata.a=0x1200

mydata.a

mydata.a 共同空間被填入 1200

(3) mydata.b='3'

mydata.a

填入 33 蓋住原先的 00

(4) printf("%04x,mydata.a);

mydata.a

所以輸出 1233 而非 1200

 TIP 字元 '3' 的 ASCII 碼為 51, 也就是 16 進位的 0x33。

15-1-2 共同空間的實際用途

節省空間是共同空間最主要的用途。在此舉個簡單的例子，例如某計程車載客有時是以算人頭的方式計價，但有時則用跳錶計算里程的方式計價。由於兩種方式不會同時存在，所以可如下用一個共同空間的變數來表示：

■ Ch15_02.c 用共同空間儲存不同資料型別的變數

```
01 #include <stdio.h>
02
03 union    // 含整數與浮點數的共同空間
04 {
05   float distance;    // 儲存里程數
06   int   passenger;   // 儲存載客人數
07 } trip[2];           // 宣告含 2 個共同空間的陣列
08
09 int main(void)
10 {
11   trip[0].passenger=5;
12   printf("第 1 趟載客, 人數 %d 人\n", trip[0].passenger);
13
14   trip[1].distance=15.5;
15   printf("第 2 趟載客, 里程 %.2f 公里\n", trip[1].distance);
16
17   return 0;
18 }
```

執行結果

```
第 1 趟載客, 人數 5 人
第 2 趟載客, 里程 15.50 公里
```

第 5、6 行的共同空間成員 distance、passenger 被配置了同一塊記憶體空間，所以每次只能用來儲存里程數或載客人數其中之一。若程式需要用到多筆相同結構的資料，就可以省下不少的記憶體。

除了內建的資料型別外，結構體也可以當成共同空間的成員。舉個例子，目前智慧手機都會配備三軸加速度感測器 (Accelerometer)，可用以感測物體在空間中 X、Y、Z 三軸的加速度值。由於有 3 個值，很適合用陣列儲存，但平時又想用 x、y、z 這樣容易表達意思的文字來表示，這時就可設成如下的共同空間，兼具陣列和結構體的使用特性：

■ Ch15_03.c 結合陣列與結構體的共同空間

```
01  #include <stdio.h>
02  #include <stdlib.h>
03  #include <time.h>
04
05  union                        // 表示三軸加速度值
06  {                            // 的共同空間
07    float value[3];
08    struct {
09       float x;
10       float y;
11       float z;
12    } axis;
13  } gSensor;
14
15  void randomValue(void)       // 產生隨機加速度值的函式,
16  {                            // 用來模擬物體的活動
17    static unsigned int seed=0;
18    int i=0;
19    if(seed==0)                // 若亂數種子為 0
20    {
21      seed = time(NULL);       // 取得亂數種子
22      srand(seed);             // 設定亂數種子
23    }
24
25    for(i=0;i<3;i++)           // 用迴圈產生 3 個亂數, 設定給陣列元素
26      gSensor.value[i] = (float) rand() / RAND_MAX * 19.6 - 9.8;
27  }
28
29  void delay(void)             // 自訂的延遲函式
30  {
31    int i,j;
32    for(i=0;i<10000;i++)
33      for(j=0;j<10000;j++) ;
```

接下頁

```
34 }
35
36 int main(void)
37 {
38    randomValue(); //產生隨機值, 模擬輸入
39    // 由結構體取得 XYZ 三軸加速度值
40    printf("第 1 次偵測...\n");
41    printf("X軸加速度: %f\n", gSensor.axis.x);
42    printf("Y軸加速度: %f\n", gSensor.axis.y);
43    printf("Z軸加速度: %f\n\n", gSensor.axis.z);
44    delay();
45    printf("第 2 次偵測...\n");
46    randomValue(); //產生隨機值, 模擬輸入
47    // 由結構體取得 XYZ 三軸加速度值
48    printf("X軸加速度: %f\n", gSensor.axis.x);
49    printf("Y軸加速度: %f\n", gSensor.axis.y);
50    printf("Z軸加速度: %f\n", gSensor.axis.z);
51    return 0;
52 }
```

執行結果

```
第 1 次偵測...
X軸加速度: 3.582696
Y軸加速度: 6.385089
Z軸加速度: -9.028370

第 2 次偵測...
X軸加速度: 4.205982
Y軸加速度: 0.191711
Z軸加速度: 6.953344
```

1. 第 5～13 行, 宣告共同空間變數 gSensor, 其內為 float 陣列及結構體變數。第 8～12 行將結構體定義在共用空間中, 因為其它地方不會用到, 其內是用 x、y、z 表示的 3 個 float 變數。

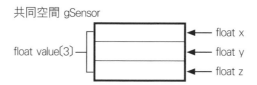

共同空間 gSensor

float value[3]

float x
float y
float z

2. 第 15~27 行, 定義一個會產生亂數加速度值的函式 randomValue(), 用來模擬三軸加速度感測器輸入的情形。第 25、26 行的迴圈, 呼叫 rand() 產生亂數, 並除以 RAND_MAX 常數 (亂數最大值), 取得 0~1 之間的亂數, 再將它乘上 19.8 (兩倍的重力加速度) 再減 9.8, 模擬範圍為 ±1G 的加速度感測器輸入。

3. 第 38~50 行, 呼叫兩次 randomValue() 並使用共同空間中的結構體取得三軸加速度值輸出。

15-2　型別名稱定義

型別名稱定義 (typedef) 讓我們可由既有的資料型別中, 自行定義出一個新的資料型別來使用。定義的語法如下:

```
typedef 原資料型別 新資料型別;
```

宣告完成後, 就產生一個新的資料型別, 可以用來宣告其他的變數。這種方法的好處, 在於方便程式的撰寫。比如說, 第 2 章提到過 C99 新增的固定大小整數資料型別, 就是如下用 typedef 語法定義出來的:

```
typedef signed char      int8_t;    ◀── 有號 8 位元整數
typedef unsigned char    uint8_t;   ◀── 無號 8 位元整數
typedef short            int16_t;   ◀── 有號 16 位元整數
typedef unsigned short   uint16_t;  ◀── 無號 16 位元整數
typedef int              int32_t;   ◀── 有號 32 位元整數
typedef unsigned         uint32_t;  ◀── 無號 32 位元整數
...
```

這樣一來, 就能用新的型別來宣告變數了:

```
uint8_t number;   ◀── number 為 unsigned char 變數
int32_t bigNum;   ◀── bigNum 為 int 變數
```

　　除此之外, 也可利用 typedef 將陣列或者指位器變數定義成新的型別, 比如說, 定義一個『字串』的型別：

```
typedef char * STRING1;      ◄──  定義 STRING1 代替字元指位器變數
typedef char STRING2[60];    ◄──  定義 STRING2 代替字串陣列
```

　　然後就可以在程式中用 STRING1 和 STRING2 當成新的資料型別來宣告變數：

■ Ch15_04.c 利用定義的新型別宣告字串

```
01  #include <stdio.h>
02
03  int main(void)
04  {
05    typedef char * STRING1;   // 定義新型別
06    typedef char STRING2[60];
07
08    STRING1 theory1="彩虹, 是一種光線折射的現象...";
09    STRING2 theory2="溫度計, 是利用熱漲冷縮的原理...";
10    printf("%s\n",theory1);
11    printf("%s\n",theory2);
12
14    return 0;
13  }
```

執行結果

```
彩虹, 是一種光線折射的現象...
溫度計, 是利用熱漲冷縮的原理...
```

　　一般慣例會將用 typedef 宣告的新資料型別以大寫字母表示, 以便與其它變數名稱等識別字區別。

typedef 也可以用來將結構體定義成一個新的資料型別。比如說：

```
typedef struct
{
    char name[10];
    char addr[10];
    int age;
} PERSON;
```

以上範例中，PERSON 並非結構體變數，而是代表結構體的資料型別。之後在程式中可以直接以 PERSON 來宣告結構體變數，如以下範例：

■ Ch15_05.c, 從螢幕輸出結構體成員的內容

```
01  #include<stdio.h>
02  typedef struct   // 定義結構體的新資料型別
03  {
04      char name[10];
05      char addr[10];
06      int  age;
07  } PERSON;
08
09  int main(void)
10  {
11      PERSON student={"王","台灣",20};
12      printf("%s先生在 %d 歲時搬到%s居住\n",
13              student.name, student.age, student.addr);
14
15      return 0;
16  }
```

執行結果

王先生在 20 歲時搬到台灣居住

1. 第 2~7 行，利用 typedef 來定義結構體型別，新的結構體資料型別名稱為 PERSON。

2. 第 11 行，可利用新資料型別 PERSON 直接來定義結構體變數，效用等同於 struct {...} student。

15-3 列舉型別

列舉型別 (enumeration) 也是使用者自訂型別的方式之一。其語法是如下用 enum 關鍵字定義型別名稱，並在大括號中，用列舉成員『列舉』出此型別所要使用的變數值：

```
enum 型別名稱 { 列舉成員 1, 列舉成員 2, ... } 變數名稱, ... ;
```

上述語法同時定義了列舉型別並宣告列舉型別的變數。不過也可將定義型別和宣告變數的部分分開；也可在型別只用一次的情況下，省略型別名稱，如下：

```
// 先定義型別再宣告變數
enum 型別名稱 { 列舉成員 1, 列舉成員 2, ... };
enum 型別名稱 變數名稱 1, 變數名稱 2, ... ;

// 直接宣告變數，不替新型別命名
enum {列舉成員 1, 列舉成員 2, ... } 變數名稱, ... ;
```

用 enum 宣告列舉成員變數後，在程式中就可利用大括號內列出的成員名稱，來指定變數值，例如宣告一個列舉型別表示動物如下：

```
enum {tiger, horse, bird, dog} animal;

animal=dog;        ◀—— 可用列舉成員來設定值
```

enum 變數的值可以是任何在大括號中所列出的自訂名稱，甚至可用此名稱來做比較運算，參考以下範例：

■ Ch15_06.c 建立列舉成員型別及變數

```
01 #include <stdio.h>
02
03 enum ANIMAL {tiger,horse,bird,dog};   // 宣告列舉型別
04
05 int main(void)
06 {
07   enum ANIMAL mypet=dog;
```

接下頁

```
08
09    if(mypet==dog) printf("我養了一隻小狗");
10    else            printf("我沒有養小狗");
11
12    return 0;
13 }
```

執行結果

我養了一隻小狗

第 9 行用 mypet==dog 做列舉型別變數的比較。由執行結果可看到，比較的結果符合第 7 行所指定的初始值。

指定列舉成員的值

其實 enum 是利用整數來表示資料，在大括號中列出的名稱，會依序分別被設為由 0 開始的整數，以上例而言，大括號內的 tiger、horse、bird、dog 列舉成員分別代表數值 0、1、2、3。所以上面程式第 7 行寫成『mypet == 3』，執行結果也會相同。tiger、horse、bird、dog 等列舉成員就像常數一樣，可用它表示某數值，但不能將它設為其它值。

以下範例就利用列舉成員代表常數值的特性，將列舉型別的變數當成陣列的索引來使用：

■ Ch15_07.c 輸出星期一到星期日的中英文名稱對照

```
01 #include <stdio.h>
02
03 enum {Sun, Mon, Tue, Wed, Thu, Fri, Sat} daysOfWeek;
04
05 int main(void)
06 {
07    char *eName[]={"Sunday",   // 一周七天的英文名稱
08                  "Monday","Tuesday","Wednesday",
09                  "Thursday","Friday","Saturday",
10                  };
```

接下頁

```
11    char *cName[]={"星期日",    // 一周七天的中文名稱
12                   "星期一","星期二","星期三",
13                   "星期四","星期五","星期六",
14                   };
15
16    printf(" 中文    英文\n");
17    // 輸出一周中每天的中英文名稱
18    for(daysOfWeek=Sun; daysOfWeek<=Sat; daysOfWeek++)
19        printf("%6s  %s\n",cName[daysOfWeek],
20                           eName[daysOfWeek]);
21    return 0;
22 }
```

執行結果

```
  中文      英文
星期日    Sunday
星期一    Monday
星期二    Tuesday
星期三    Wednesday
星期四    Thursday
星期五    Friday
星期六    Saturday
```

1. 第 3 行, 利用 enum 宣告列舉型別含有 7 個成員的星期日期變數, 成員數值由 0 開始依序遞增。

2. 第 7、11 行, 宣告兩個指位器陣列, 設定一周七天的英文、中文名稱。

3. 第 18、19 行以列舉型別變數為迴圈變數, 用迴圈輸出一周七天的中、英文對照。

　　列舉成員的值預設是由 0 開始, 依序遞增, 若想使用不同的數值, 可在大括號中用 = 指定, 例如:

```
enum {Sun=7, Mon=1, Tue, Wed, Thu, Fri, Sat} daysOfWeek;
```

　　此時 Sun 代表的數值為 7, Mon 為 1, 而之後未被指定的, 則自動依序被設為 1 之後的值: 2、3、4...。

15-4　處理器的專屬資料型別

　　由於嵌入式系統的特性，在撰寫程式時會有不同的需要，C 語言標準提供的資料型別，往往無法滿足這類需求，因此編譯器廠商就會用各種方式提供不同的資料型別，讓程式設計人員可更方便地處理資料，或更容易發揮硬體的特性。

　　在前面各章，已陸續提過一些嵌入式系統編譯器廠商所提供的資料型別，本節再做補充說明及整理。

15-4-1　使用 typedef、enum 自訂型別

　　就像 15-3 所介紹的，利用 typedef 可由既有的資料型別中，定義出新的資料型別來使用，因此嵌入式系統編譯器廠商都會加以利用，定義出提昇撰寫程式便利性的資料型別。例如一些仍不支援 C99 的編譯器，也會用 typedef 定義出類似 uint8_t、int16_t 這樣的資料型別：

```
typedef   unsigned char   BOOL;   ◀── 用 unsigned char 表示布林值
typedef   unsigned char   BYTE;   ◀── 用 unsigned char 表示位元組
typedef   unsigned int    WORD;   ◀── 用 unsigned int  表示字組
...
```

　　通常這類泛用的型別定義，會放在使用該硬體、MCU 一定要含括的含括檔中，所以撰寫程式時，就可使用這些新的型別來定義變數。或者更進一步，用廠商定義的自訂型別為基礎，再 typedef 出自己慣用的型別名稱；或利用 enum 定義一些常用的旗標、狀態值等，例如：

```
typedef enum {FALSE = 0, TRUE = !FALSE}
              bool;   ◀── 自訂 bool 型別，可表示假、真兩種值

typedef enum {DISABLE = 0, ENABLE = !DISABLE}
              state;  ◀── 自訂狀態型別，可表示未啟用、已啟用兩種狀態
```

另外一種情況，則是在特定的硬體、週邊函式庫的含括檔中，也會定義配合該函式庫使用的資料型別。例如網路通訊函式庫中，可定義表示通訊模式的型別：

```
enum Mode {
        AutoNegotiate          ←── 雙方自動協調
        , HalfDuplex10         ←── 半雙工 10Mbps
        , FullDuplex10         ←── 全雙工 10Mbps
        , HalfDuplex100        ←── 半雙工 100Mbps
        , FullDuplex100        ←── 全雙工 100Mbps
    };
```

15-4-2 編譯器廠商擴充型別

如第 14 章所述，有時編譯器廠商會另外在 C 語言編譯器中加入自訂的關鍵字，用來表示特殊的、與嵌入式系統/MCU 相關的資料型別，像是 8051 編譯器就有：

```
bit    w;      // 代表位元的變數

sfr    x=0x80; // 代表 SFR (Special Function Register) 暫存器的變數
               // 需將其值設為暫存器位值，才能存取該暫存器的內容
sfr16 y=0xCC;  // 代表 16 位元 SFR 暫存器

sbit   z=x^2;  // 代表 SFR 中某個位元
               // 需用 ^ 符號指定代表 SFR 中的第幾個位元
```

有些編譯器仍是利用 C 語言原本的基本資料型別來宣告暫存器、記憶體變數，但需配合其自訂的 #pragma 前置處理指令擴充語法，例如：

```
#pragma   ioport    LED: 0x100  // 廠商自訂語法，用以表示接下來
                                // 的變數所要使用的記憶體位址
unsigned char       LED;        // 宣告變數，代表指定的位址
```

由於 #pragma 的語法是由各編譯器廠商自行定義，所以必須參考編譯器廠商的手冊說明，才能知道有哪些語法及用法。

15-4-3　嵌入式系統浮點數限制

除了各種自訂、擴充的資料型別，反過來，有時候則是在嵌入式系統上，會對 C 語言原本的基本資料型別有所限制，最常見的就是浮點數資料型別的限制。

在個人電腦上，CPU 都已內建專門負責浮點運算的 FPU (Floating-point unit, 浮點處理單元)。但大多數的 MCU 根本沒有這項功能，因此浮點運算處理能力在先天上就差一截。

而由於浮點數 float 就佔 4 個位元組，double 佔 8 個位元組，因此對一些空間、處理能力有限的 8 位元處理器，會只支援 float 資料型別。雖然在程式中仍可宣告 double 型別的變數，但編譯器仍會將它視為 float：

```
float  f;  // 在 8 位元 MCU 中，這兩個變數都是 4 位元組浮點數，
double d;  // 數值範圍都是 ±1.175494E-38 ～ ±3.402823E+38
```

對浮點數的限制也會出現在函式庫的支援，例如在 printf()、sprintf() 中原本可使用 %f 來輸出浮點數，但由於輸出浮點數格式的程式碼會佔用不少空間，所以有些廠商會將該功能移除，也就是不能使用 %f 來輸出浮點數。

還有一種情況則是，在預設的編譯、連結設定下，函式庫將不支援 %f 的輸出功能，必須在 IDE 開發環境中，明確指定編譯器選項，表示要使用浮點數功能，如此編譯、連結時，才會連結有支援浮點的的函式庫。

 有些編譯器預設甚至連長整數型別都不支援, 同樣必須修改選項才能使用。

1. 共同空間是指成員共用

   (1) 記憶體空間

   (2) 變數名稱

   (3) 資料型別

2. typedef 是用來定義

   (1) 新的資料型別

   (2) 新的變數名稱

   (3) 新的記憶體空間

3. enum 的列舉成員如果未設定初始值會從何處開始

   (1) 1

   (2) 0

   (3) a

4. enum 的列舉成員如果設定初始值, 下一個列舉成員的內值為何?

   (1) 0

   (2) 前一個列舉成員內值減 1

   (3) 前一個列舉成員內值加 1

5. 以下敘述何者為誤

   (1) 共同空間的優點是節省記憶體空間

   (2) enum 是以名稱代替字元

   (3) typedef 可用來簡化宣告結構體變數。

6. C 語言提供的自訂資料型別有哪 4 種:

   _____ 、 _____ 、 _____ 、 _____ 。

7. 指出下面的程式碼的錯誤：

```
union data { char word[4]; int number; } var = { "WOW", 1000 };
```

8. 請問下列宣告佔了多少記憶體空間？

   (1)

   ```
   struct data
   {
     int a;
     float b;
     char c;
   };
   ```

   (2)

   ```
   union data
   {
     int a;
     float b;
     char c;
   };
   ```

9. 請完成下面新資料型別定義的宣告：

   (1)

   ```
   typedef char * a;
   _____ arrry[10] ;
   ```

   (2)

   ```
   typdef struct person { char * name ; int id; } student;
   _____ ss ;
   ```

10. 請依如下宣告，寫出各列舉成員的值：

    ```
    enum data { user, password = 10 , id , class = 5 , linked ,
    start , terminal };
    ```

1. 試寫一程式, 可作溫度度量衡的轉換 (C -> F 或 F -> C), 請設計一新的自訂資料型別來宣告 C 與 F。

2. 試寫一程式, 可根據輸入的成績來決定輸出的標語, 請用 enum 宣告三個等級, OK=60、Good=80、Excellent=90, 並根據這三個等級判斷輸出的標語。

3. 請利用 typedef 定義結構體 date 為新資料型別, date 結構體成員有年月日, 試用此結構體宣告變數, 並輸出今天的日期。

4. 宣告一個結構體 student, 成員有 name、id、age 設定所有成員的初始值, 請用 typedef 將其定義成新的資料型別。從螢幕輸出結構體成員的值。

5. 試用一年中 12 個月份的英文縮寫定義列舉成員, 然後利用列舉型別, 從螢幕輸出 12 個月的英文單字。

6. 試用列舉型別宣告 3 個電影分級制度的年齡等級, PG=6、G=12、R=18。根據輸入的年齡來判斷可看哪一級的電影 (未滿 6 歲只可以看普級、6~11 歲可看保護級、12~17 可看輔導級、要看限制級需年滿 18)。

7. 利用 typedef 定義一結構體, 成員為三科成績, 並用程式計算出平均分數。

8. 承上題, 利用 enum 宣告 5 個等級 A,B,C,D,E, 90 分以上為 A, 80 分以上為 B, 70 分以上為 C 以下為 D 。請從螢幕輸出相對等級。

9. 請用最節省記憶體空間的方式, 宣告結構體與共同空間儲存以下資料, 從鍵盤輸入各資料值後再輸出結果。

公司名稱或用戶名稱	20 個字元
身分證字號或營業號碼	10 個字元
地址	30 個字元
電話號碼	13 個字元
方案 1 個字元	(有 1、2、3 三種方案)

10. 承上題, 請將方案以 enum 宣告, 並以 A、B、C 代替 1、2、3 。

Memo

16

嵌入式系統
程式開發

學習目標

- 認識嵌入式系統程式開發過程與工具

- 瞭解一般嵌入式系統 C 程式的架構

- 建立對嵌入式系統常用硬體週邊的基本認識

16-1　嵌入式程式的開發流程

嵌入式系統的設計，包含硬體和軟體，首先要決定系統的功能，然後決定所要使用的硬體元件、MCU 規格，之後才進行程式的開發。

目前市面上已有許多 MCU 開發板/實驗板 (已焊接 MCU、基本電子元件，可立即進行程式開發工作的電路板)，使用這類開發板，配合廠商提供的開發環境，即可進行嵌入式程式開發。若有需要，還可外接其它電子元件、感測器、馬達...等裝置，設計出各種創意、互動電子裝置。因此本章僅就軟體的部份，也就是 C 程式的開發，簡單說明嵌入式程式的開發流程。

嵌入式程式的開發流程大致如圖所示：

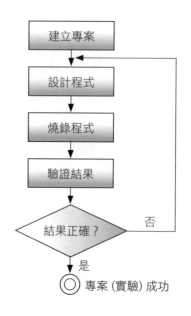

工欲善其事，必先利其器。要開發嵌入式 C 語言程式，必須有一套完整的開發工具 (通常稱為 toolchain)，例如最基本的編譯器、連結器、函式庫，另外還會用到燒錄程式、除錯工具等工具程式。目前大多廠商會將這些工具包裝成一個完整的 IDE 開發環境，讓開發人員只要使用單一個 IDE 介面，即可完成主要的開發工作；但必要時，仍可透過執行命令列工具等方式，進行進階的處理。

16-1-1　建立專案及選擇 MCU 型號

目前的 IDE 大多都要求建立專案 (Project)，專案是管理程式原始檔 (.c、.h) 的方式，就算程式只用到一個 .c 程式檔，也必須建立專案，在專案中加入 .c 程式，進行開發工作。

而 MCU 的編譯器要求建立專案的另一項主要用意，就是要讓開發者在建立專案時，即選定 MCU 的型號。因為每一家晶片廠推出的 MCU 產品都很多，同類型 (系列) 的 MCU，也會依記憶體大小、處理能力、配備的硬體週邊不同，而分成很多型號/規格，因此在建立專案時，就必須選取所要使用的 MCU 型號，讓開發環境能先做好編譯、連結的參數設定，預先載入必要的含括檔...等等：

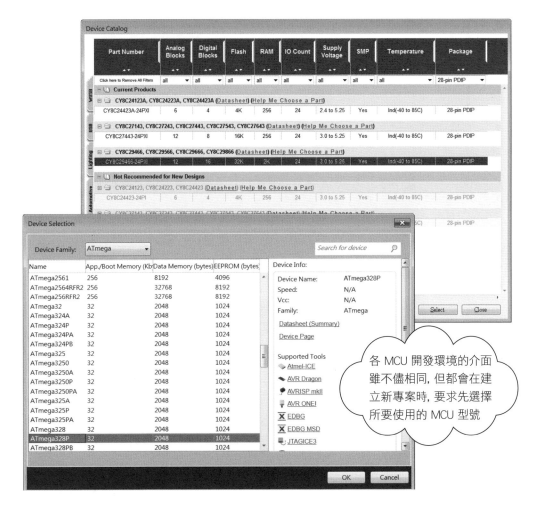

各 MCU 開發環境的介面雖不儘相同，但都會在建立新專案時，要求先選擇所要使用的 MCU 型號

多數的 IDE 也都會在建好專案時，自動加入一個名為 main.c 的程式檔，其內會有一個空白的 main() 函式，讓我們可加入主程式的內容。

嵌入式開發環境在建立專案後, 通常會建立 main.c
(有些 IDE 還會在專案中加入其它必要的檔案)

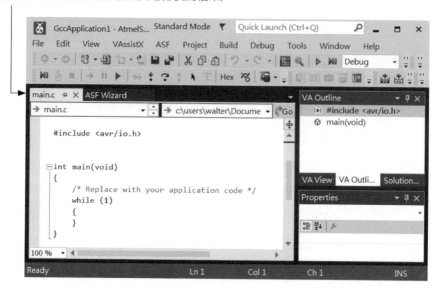

> **(TIP)** Dev-C++ 允許不建立專案即可編譯單一的 .c 程式檔, 因此附錄 B 會介紹不用建專案的方式, 來執行書中範例程式。

16-1-2　開發嵌入式 C 程式

有了 main.c 程式檔案後，就可開始撰寫程式。嵌入式 C 程式和個人電腦 C 程式，在結構上其實很相似，一開始會先含括必要的檔案，接著就是 main() 函式，依程式的需要、複雜度，再加入全域變數、自訂函式的原型宣告、函式定義等等。

但嵌入式 C 程式和個人電腦 C 程式的內容，則有很大的不同。個人電腦的程式，是在由作業系統管理的環境下執行，所有的硬體週邊都有作業系統、BIOS 管理，程式只要呼叫相關的函式 (例如 printf()) 即可進行各項輸出入動作。

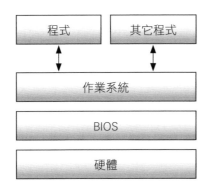
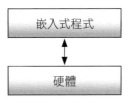

而嵌入式程式就不同了，因為嵌入式系統是『執行特定功能』的電腦系統，因此嵌入式程式只要單純的執行這個特定功能所需的工作即可，多數嵌入式程式並不需要作業系統，而是如上右圖所示，直接與硬體溝通。系統一接上電源就會執行程式，直到電源被拔除為止。

嵌入式程式的功能，就是控制 MCU 的動作、利用各項硬體週邊進行輸出或輸入，以達成此系統的功能需求。所以嵌入式 C 程式要在程式中完成如下工作：

● 初始化處理器及使用到的周邊裝置

● 控制輸出入埠，輸出或讀取訊號，完成工作

其中初始化工作就是接上電源後，開始執行 main() 函式時，所要進行的，而完成初始化後，就進入第 5 章介紹的無窮迴圈，持續執行工作，完成系統所要達到的功能。

```
...      // 全域變數、自訂函式原型宣告

int main(void)
{
  ...   // 變數宣告、系統初始化工作

  while (1)   // 無窮迴圈
  {
    ...        // 在迴圈進行各項輸出入控制
  }

}
```

功能較複雜的嵌入式系統, 例如需要上網傳送接收資料、或需要提供像 Windows 的圖形使用者介面, 就可能會用到嵌入式作業系統。此為較進階的 主題, 有興趣者可參考其它相關書籍。

16-2　處理器及周邊裝置的初始化

雖然各廠商 MCU 的性能、內建的功能不同, 但多少都會有些基本的選項 設定可調整。此外, 一般的輸出入腳位, 也必須先依程式的需求, 事先做好各項設 定。這些設定工作, 就是在 main() 函式的開頭進行。常見的設定包括:

● **系統的組態** (Configuration):有一些參數可調控 MCU 的運作, 例如最為大 家所熟知的就是系統運作的時脈 (clock rate, 處理器中用來讓各部能同步的訊 息), 目前一般個人電腦的 CPU 是以 GHz (Giga Hertz, 每秒十億次) 為單 位, 但多數 MCU 執行速度則是以 MHz (Mega Hertz, 每秒百萬次) 計, 例 如 80MHz、24MHz...等。有些 MCU 允許以不同的時脈運作, 此時即可透過 設定暫存器, 或呼叫廠商提供的函式庫, 來設定 MCU 的執行參數。有些廠商 的 IDE, 則提供設定介面, 可直接在 IDE 的圖形介面中進行初始化設定。

● **啟用中斷** (Interrupt):中斷是由 MCU 硬體, 因應外來輸入訊號或內部運作 來改變程式執行流程式的機制, 許多輸出入動作都會應用到中斷, 關於中斷會 在下一章進一步介紹。在初始化階段, 可透過設定暫存器, 或呼叫廠商提供的 函式庫, 啟用和設定中斷的功能。

● **輸出入腳位、硬體週邊的組態**:依產品規格不同, MCU 具備數量不同的輸出 入腳位、硬體週邊。輸出入腳位各自有不同的功能、屬性, 有些腳位具有特定 的用途, 有些腳位則可由開發者自行設定。因此程式必須初始化所要用到的腳 位、週邊, 像是要將腳位設定為輸出或輸入、UART 通訊的傳輸率要設為多 少 bps (Bit per Second, 每秒傳送的位元數)... 等等。

完成基本的設定後, 程式就會進入無窮迴圈, 開始根據所設計的系統功能, 進行各項輸出入的讀取與控制。

16-3 基本輸出入的訊號控制

輸出入腳位就是 MCU 與外界溝通的管道，就像個人電腦利用鍵盤、滑鼠、USB 取得輸入，由顯示卡 (螢幕)、音效、USB 進行輸出。上一節曾提到，MCU 中有的腳位已具備固定的功能，有些則可供設計者自行設定用途：

16-3-1 GPIO 腳位

一般通用性的腳位稱為 **GPIO** (General Purpose Input/Output)，可做為數位輸出或輸入。當做輸入腳位時，若腳位的電壓為 HIGH，則讀到 1，若腳位電壓為 LOW，則讀到 0；做輸出時，寫入 1 就是輸出高電位，寫入 0 就是輸出低電位。

在 MCU 中，一般會將腳位分組，稱為輸出入埠 (Port)。例如 8 位元 MCU，每個 Port 就包含 8 個腳位，可用一個暫存器來表示 Port 中所有腳位資訊。舉例來說，AVR 系列 MCU 使用 DDRx (Data Direction Register, x 為 Port 的編號) 暫存器，PORTx 暫存器則用來寫入或讀取腳位的狀態，要讓 PORTB bit 0 的腳位輸出高電位，程式可寫成：

```
DDRB = 1;    // 將腳位功能設為輸出
PORTB |= 1;  // 輸出高電位
```

有些廠商也會提供函式，讓開發者能以較方便的方式控制輸出入腳位。

16-3-2 類比輸出入

雖然電腦、MCU 內部處理的是只有 0 與 1 的數位訊號，但在現實世界中，我們身邊的都是有連續性的類比訊號 (資料)，例如溫度的變化。為了讓 MCU 可處理真實世界中的訊號，就必須經過類比數位轉換。

像溫度、溼度等感測器，是以電壓範圍的變化來表示溫度、溼度，而這些感測器就連接到支援類比輸入的腳位，後者內部會連接到硬體的 ADC (Analog-Digital Converter, 類比數位轉換器)。

ADC 會用取樣的方式，將讀到的電壓值轉換成一個整數值，以 5 Volt 輸入、**解析度**為 10-bit 的 ADC 為例，就是以 1023 表示 5V 輸入，若讀到的電壓是 2.5V，ADC 就會回報 512 (=2.5/5*1023) 的輸入值。因此一般連接感測器的 MCU，就是取得 ADC 輸入後，然後倒推回電壓值 (有時則是要算出電阻值)，再依據感測器的 Datasheet 推算出實際的溫度、溼度、加速度...等感測值。

```
int value = readADC();       ◄── 廠商一般會提供讀取 ADC 輸入的相關函式
float volt = value/1023.0*5; ◄── ADC 輸入是整數，可換算成
                                 浮點數型別的電壓值
...  ◄── 根據感測器的 Datasheet，以一定的算式推算出感測值
```

16-3-3 通訊功能

MCU 難免要與外界溝通，此處的『外界』不一定是指人 (使用者)，而是包括其它的 MCU、嵌入式系統、感測器...等各種元件。為讓不同廠商間的元件也能互相溝通，因此廠商會遵循一些通用的**通訊協定**來設計其通訊介面，在 MCU 中常見的通訊協定包括 UART (Universal Asynchronous Receiver/Transmitter)、I2C (Inter-Integrated Circuit)、SPI (Serial Peripheral Interface) 等，MCU 通常會支援其中 1 種或多種的通訊功能。

這類通訊功能同樣必須在使用前即設定妥當 (例如前面提到的 UART 的傳輸速率)，而通訊的輸出入控制可略分為 2 種：

● **輪詢** (Pooling)，也就是利用迴圈的方式，定時去查看是否有輸入，有就處理之，沒有就持續等待或進行其它工作。

● **使用中斷** (Interrupt)，即先設定好中斷機制，並撰寫中斷處理函式，當有輸入/輸出時，MCU 會自動呼叫函式進行處理，此部份會在下一章進一步說明。

最後舉個簡單的例子，假設有一個讀取溫度感測器、並將讀取結果用 UART 傳送到外接的無線網路模組，透過後者將感測資料上傳到雲端的嵌入式系統，其程式結構大致如下：

```
...            // 全域變數、自訂函式原型宣告

int main(void)
{
  init();      // 進行初始化工作

  while (1)    // 無窮迴圈
  {
    readSensor();       // 在迴圈進行各項輸出入控制
    calcTemperature();  // 將 ADC 輸入換算成溫度值
    sendTemperature();  // 將溫度值透過網路送出
  }

}
```

上例中的函式是假設的自訂函式，實際上不一定要將各項處理工作獨立成函式，可直接將程式敘述全部放在 main() 函式中。不過當程式內容較長，將各項處理工作拆開放在自訂函式，在閱讀、維護程式時會比較方便。

16-4 編譯、連結和燒錄程式碼

若是撰寫電腦程式，編譯、連結後會產生 .exe 執行檔，執行這個檔案就是執行所撰寫的程式。但在個人電腦上開發的嵌入式程式，是要放在另一個裝置 (MCU) 上執行的，而且嵌入式系統上不一定有作業系統，就算有也不能像使用電腦一樣，讓使用者來雙按要執行的檔案。

像這種編譯另一個平台的程式稱為 Cross-Compile，此時負責編譯、連結程式的電腦稱為 Host，而之後用來執行所產生程式的裝置稱為 Target。

產生二進位檔

在電腦上開發好的 C 程式, 在 IDE 中編譯、連結後會產生可執行的映像 (image), 也就是可在 MCU 中執行的二進位機器碼。常見的映像檔格式有兩種:

● **二進位檔** (Binary File) : 通常使用 .bin 為副檔名, 其內容就是要存入 MCU 的記憶體, 供其執行的機器碼。

● **HEX 檔** : 根據 Intel 制定的 Hexadecimal Object File Format 規格, 以純文字的 ASCII 字元, 來表示要存到 ROM、FLASH 中的十六進位資料, 副檔名為 .hex 或其它廠商自訂的名稱。因為是用 ASCII 字元表示, 所以在個人電腦上能用文字編輯器檢視其內容, 如下:

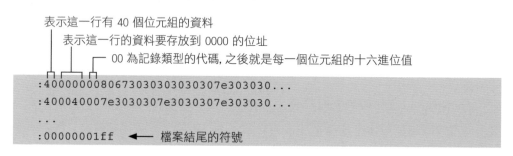

表示這一行有 40 個位元組的資料
表示這一行的資料要存放到 0000 的位址
00 為記錄類型的代碼, 之後就是每一個位元組的十六進位值

```
:40000000806730303030303030307e303030...
:400040007e3030307e3030307e303030...
...
:00000001ff  ◄── 檔案結尾的符號
```

燒錄程式

產生的 BIN、HEX 檔必須再用燒錄程式和燒錄器硬體, 將檔案內容燒錄到 MCU 中。

燒錄程式, 不同廠商的燒錄程式介面、功能不盡相同

一端連接電腦 USB 埠

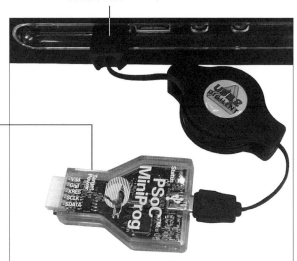

Cypress 公司的混合
信號處理器 PSoC 的
燒錄器

另一端連接開發板的
燒錄接腳

驗證結果

燒錄成功後即可在嵌入式系統上測試程式的執行效果。只要系統一通電, 就
會自動執行其中的程式 (就好像電腦一開機時, 會執行主機板上 BIOS 中的程
式一樣), 若發現系統運作有問題, 必須回頭修改程式、重新編譯/連結/燒錄、測
試;不像在個人電腦的程式, 修改一下, 在 IDE 按個快速鍵就能立即執行、測試
結果。

Memo

中斷與例外處理

- 認識處理器的中斷與例外功能

- 定義中斷服務函式的方法

17-1 認識中斷與例外

17-1-1 什麼是中斷

電腦或嵌入式系統 MCU 中的 CPU 處理核心很單純, 都是以循序的方式依序處理程式中的指令, 也就是一個指令執行完畢, 才能接著處理下一個指令。但若 CPU 只能這樣工作, 就很難處理許多例外的狀況。

打個比方, 當我們在家看書或做家事, 突然聽到門鈴聲、電話鈴聲, 這時就會暫停目前進行的工作, 而去看看是誰在按電鈴、誰打電話來。在 CPU 中也有這樣暫停目前工作的機制, 稱為**中斷 (Interrupt)**, 當中斷發生時, CPU 會暫停目前執行的工作, 而先處理中斷, 完成後再返回原本執行中的工作, 從先前暫停的位置繼續往下執行。

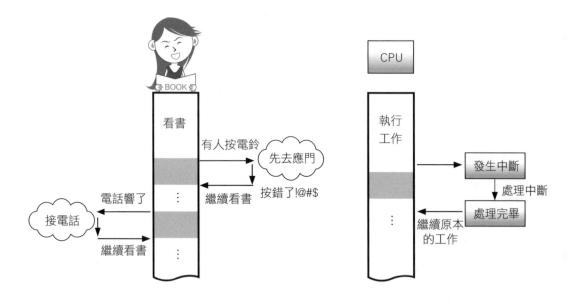

中斷是很重要的功能, 在進一步說明前, 先回頭看一下在第 16 章曾提到的**輪詢 (Pooling)** 處理, 也就是利用迴圈等方式, 定時、持續地去查看是否有需要處理的工作, 有則處理、無則持續等待或進行其它工作。

　　例如若上述『看書、應門、接電話』的例子要用輪詢來處理，就變成每看幾頁書，就要自己走到門口看是不是有人按電鈴、拿起電話聽聽看，沒有再回位子看書，過一會兒再重複 1 次...。不管有沒有訪客、有沒有人打電話，都會浪費了一堆時間在上面。

　　因此輪詢這種處理方式，比較適用於工作較單純的系統 (也許它的工作就是一直查看是不是有人按電鈴)。但對工作較複雜的系統，這種處理方式就很沒有效率，而要改用中斷的方式來處理；或者既使是工作單純的系統，改用中斷的方式處理，則可讓系統進入休眠之類的省電狀態，中斷發生時再喚醒 CPU 進行處理，如此可節省許多電力。

　　處理器的中斷功能已設計在硬體之中，在特定的狀態發生時，就會觸發對應的中斷，讓 CPU 可進行處理。以個人電腦為例，當使用者按下鍵盤上某個按鍵時，就會觸發此按鍵關聯的中斷。中斷依其性質可分為數種不同類型，以下是常見的中斷種類：

● **可遮罩式中斷 (Maskable interrupt)**：利用程式設定某中斷遮罩暫存器的位元值，即可關閉某項硬體中斷的功能，意即該中斷的條件 (狀況) 發生時，CPU 將會忽略之而不進行處理。

● **不可遮罩式中斷 (Non-maskable interrupt, NMI)**：無法用程式關閉、忽略的中斷，像是 MCU 內部計時器 (Timer) 的中斷，通常就屬於不可遮罩式中斷。

● **軟體中斷**：利用程式執行特定指令所產生的中斷，例如有些系統會提供讓系統重置 (Reset) 的函式，呼叫此函式就會產生系統重置中斷。

17-1-2　ARM 處理器的例外功能

ARM 架構處理器的中斷功能稱為**例外 (Exception)**，例外種類除了包括前述的系統重置、硬體中斷、軟體中斷外，也包括一些硬體可能發生的例外情況，這類似情況若不處理可能會導致系統當機，而透過例外處理的方式，可讓處理器排除例外的狀況，嘗試讓系統回復到正常運作的情況。

 ARM 公司本身並不生產、製造處理器，而是以智慧財產 (Intellectual Property) 授權的方式，將晶片設計技術賣給晶片廠商，讓後者再設計、生產自己的處理器產品，此時各廠商生產的 MCU/CPU 產品雖然各有特色，但其核心都是採用 ARM 的技術，簡稱為 ARM 架構處理器。

17-2　定義中斷服務函式

17-2-1 以函式的方式處理中斷

在處理器的記憶體空間中，有一塊稱為中斷向量表 (Interrupt Vector Table) 的空間，此處存放的就是每一個中斷發生時，所要執行的程式 (稱為**中斷服務程式 ISR**, Interrupt Service Routine) 所在的位址。

位址	中斷名稱
0x0000	系統重置 (Reset)
0x0004	低電壓偵測
0x0008	類比處理器中斷
……	…… 其它中斷

Cypress 公司 PSoC 混合信號處理器的中斷向量表定義

當發生中斷時, 處理器就到中斷向量表中查看該中斷的 ISR 所在位址, 將目前執行中程式所用到的暫存器值儲存起來, 接著就將控制權轉移到 ISR, 以進行中斷處理。ISR 處理完畢後, 再回復暫存器值, 並回到原程式繼續執行。

這樣的執行方式, 有點像 C 語言中的函式呼叫, 所以很多編譯器廠商都提供 C 語言函式的形式, 讓開發人員可撰寫自己的 ISR。但實際的寫法, 則隨廠商的設計, 各有不同。

● 使用 #pragma 前處理指令定義, 例如:

```
// 用來開發 Cypress 公司 PSoC 處理器的 ImageCraft 編譯器,
// 使用 『#pragma interrupt_handler 函式名稱』的語法,
// 但仍需修改專案中 asm 組合語言程式, 才能讓中斷向量表
// 指到自訂的函式
#pragma interrupt_handler MyISR
void MyISR(void)
{
  ... // ISR 的程式碼
}
```

有時廠商甚至會在專案加入一個包含所有可自訂內容的中斷函式, 但函式本體大括號中都是空的, 所以開發者只要在想自訂的函式中, 加入 ISR 的 C 程式, 再編譯、連結即可。

● 直接定義成函式, 讓編譯器處理, 例如:

```
// ARM Cortex-M 系列處理器開發工具所提供的函式定義語法
void ADC_IRQHandler(void)
{
  ... // ISR 的程式碼
}
```

也有廠商將相關語法定義成巨集的形式, 含括相關 .h 檔, 即可利用其提供的巨集定義 ISR 的內容:

```
// AVR 處理器開發環境提供 avr/interrupt.h 含括檔
#include <avr/interrupt.h>  ◄── 含括含巨集定義的檔案

ISR(ADC_vect)  ◄── 參數為中斷向量名稱, 例如此處的 ADC_vect
{                       代表要定義 ADC 中斷的 ISR
  ... // ISR 的程式碼
}
```

● 動態設置, 有些處理器支援將中斷向量表重新定位到 RAM 中的記憶體空間,
   並提供函式可直接將自訂函式設為 ISR:

```
// mbed 開發工具所提供的設置中斷向量表函式
NVIC_SetVector(ADC_IRQn, (uint32_t)ADC_IRQHandler);
```

17-2-2 撰寫 ISR 程式

中斷的處理要能在最短的時間內完成, 因為系統可能還在執行其它工作, 或
者系統可能隨時會再發生其它中斷, 所以若自訂的 ISR 程式太長、執行太久,
就會使系統無法正常運作。舉例來說, 在第 5 章曾提到嵌入式系統經常使用的
UART 通訊, 許多 MCU 會利用中斷來處理 UART 通訊的傳送與接收動作,
例如:

● 主程式每次送出一個位元組的資料 (例如某文字訊息中的 1 個字元), 就會觸
   發 TX 的中斷。

● 硬體 RX 線路收到一個位元組, 就會觸發 RX 的中斷。

以接收資料為例, 許多 MCU 內建的 RX 接收緩衝區都很小 (例如只是一
個 8 位元暫存器), 若程式不立即處理、儲存, 後續收到的資料很快就會蓋掉舊的
資料。不過若在 ISR 中處理 (例如用收到的資料進行計算、依收到的指令執行
其它工作...), 可能就會發生:ISR 執行太久, RX 又收到新資料, 導致先前 RX
已收到、但 ISR 尚未處理的資料被覆蓋的情形。

　　解決方式之一，就是在程式中定義一個空間較大的全域接收緩衝區 (陣列，存於 RAM 中)，而在 RX 中斷的 ISR 內，只做將硬體緩衝區的資料複製到自訂緩衝區的動作，而不進行其它處理，讓 main() 函式由自訂緩衝區去讀取 RX 接收到的資料。例如：

```
unsigned char RxBuf[128]; // 存放資料的緩衝區
int index;    // 用來表示已收到多少待處理資料

                                    // 意法半導體 STM8S 處理器
INTERRUPT_HANDLER(UART_RX_IRQHandler, 18)// 專案中, 定義中斷 ISR 的函式
{

  RxBuf[index] = UART_ReceiveData();   // 將收到的資料存到緩衝區
  ...
}


void main()
{
  if(RxBuf[index]...)   // 在 main() 中讀取
    ...                 // 、處理緩衝區中的資料
}
```

　　有時在 ISR 中，也必須清除、設定中斷的相關暫存器旗標、狀態，例如處理中暫時關閉某中斷功能，或是處理完畢後要清除中斷旗標，以便繼續執行原有的工作等等。

　　關於中斷 ISR 就簡介到此，實際上中斷 ISR 的設計、應用，視中斷的性質、用途而有不同的，而不同處理器也有其各自要注意的特性，開發 ISR 時，必須參考處理器、開發工具的手冊，才能設計出合適的 ISR 函式。

Memo

APPENDIX

A

ASCII 碼表

十進位	十六進位	代表的字元	十進位	十六進位	代表的字元
0	00	NUL (NULL, 空字元)	16	10	DLE (Data Link Escape)
1	01	SOH (Start Of Heading)	17	11	DC1 (Device Control 1)
2	02	STX (Start of TeXt)	18	12	DC2 (Device Control 2)
3	03	ETX (End of TeXt)	19	13	DC3 (Device Control 3)
4	04	EOT (End Of Transmission)	20	14	DC4 (Device Control 4)
5	05	ENQ (ENQuiry)	21	15	NAK (Negative AcKnowledge)
6	06	ACK (ACKnowledge)	22	16	SYN (SYNchronous/idle)
7	07	BEL (BELl/alert)	23	17	ETB (End of Transmission Block)
8	08	BS (BackSpace)	24	18	CAN (CANcel)
9	09	HT (Horizontal Tab)	25	19	EM (End of Medium)
10	0A	LF (Line Feed/new line, 換行)	26	1A	SUB (SUBstitute)
11	0B	VT (Vertical Tab)	27	1B	ESC (ESCape)
12	0C	FF (Form Feed/new page, 換頁)	28	1C	FS (File Separator)
13	0D	CR (Carriage Return, 歸位)	29	1D	GS (Group Separator)
14	0E	SO (Shift out)	30	1E	RS (Record Separator)
15	0F	SI (Shift in)	31	1F	US (Unit Separator)

 0～31 的字元通稱為控制字元, 大多控制字元是用於某些特殊的環境下, 在此不探討其用途。

十 進位	十六 進位	代表的字元	十 進位	十六 進位	代表的字元
32	20	SP (SPace, 空白字元)	56	38	8
33	21	!	57	39	9
34	22	"	58	3A	:
35	23	#	59	3B	;
36	24	$	60	3C	<
37	25	%	61	3D	=
38	26	&	62	3E	>
39	27	`	63	3F	?
40	28	(	64	40	@
41	29	)	65	41	A
42	2A	*	66	42	B
43	2B	+	67	43	C
44	2C	,	68	44	D
45	2D	-	69	45	E
46	2E	.	70	46	F
47	2F	/	71	47	G
48	30	0	72	48	H
49	31	1	73	49	I
50	32	2	74	4A	J
51	33	3	75	4B	K
52	34	4	76	4C	L
53	35	5	77	4D	M
54	36	6	78	4E	N
55	37	7	79	4F	O

十進位	十六進位	代表的字元	十進位	十六進位	代表的字元
80	50	P	104	68	h
81	51	Q	105	69	i
82	52	R	106	6A	j
83	53	S	107	6B	k
84	54	T	108	6C	l
85	55	U	109	6D	m
86	56	V	110	6E	n
87	57	W	111	6F	o
88	58	X	112	70	p
89	59	Y	113	71	q
90	5A	Z	114	72	r
91	5B	〔	115	73	s
92	5C	\	116	74	t
93	5D	〕	117	75	u
94	5E	^	118	76	v
95	5F	_	119	77	w
96	60	`	120	78	x
97	61	a	121	79	y
98	62	b	122	7A	z
99	63	c	123	7B	{
100	64	d	124	7C		
101	65	e	125	7D	}
102	66	f	126	7E	~
103	67	g	127	7F	DEL

B

使用 Dev-C++
編譯程式

學習目標

- 安裝 Dev-C++

- 在 Dev-C++ 編譯、執行範例程式

- 建立專案進行程式開發

B-1 安裝 Dev-C++

書附檔案中的 Dev-C++，是開放原始碼的 C/C++ 應用程式的整合開發環境 (IDE)。由於版本可能會不定期更新，因此有需要可隨時至官網 https://sourceforge.net/projects/orwelldevcpp/ 查看有無較新的版本：

檔名前面的數字是 Dev-C++ 版本編號 (本例為 5.11)

按此鈕即可下載安裝程式

B-1-1 開始安裝

請將書附檔案解壓縮，用**檔案總管**檢視其中的 **Dev-C++** 資料夾，雙按其中的安裝程式即可啟動安裝程式，依如下步驟進行安裝：

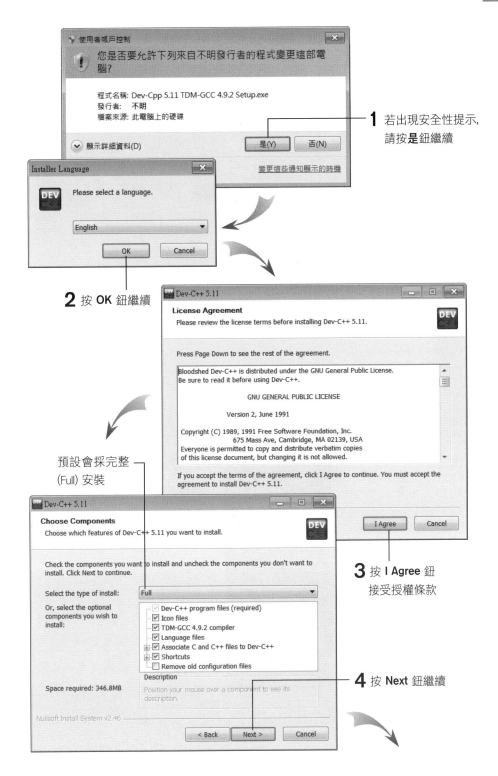

1 若出現安全性提示，請按**是**鈕繼續

2 按 **OK** 鈕繼續

預設會採完整 (Full) 安裝

3 按 **I Agree** 鈕接受授權條款

4 按 **Next** 鈕繼續

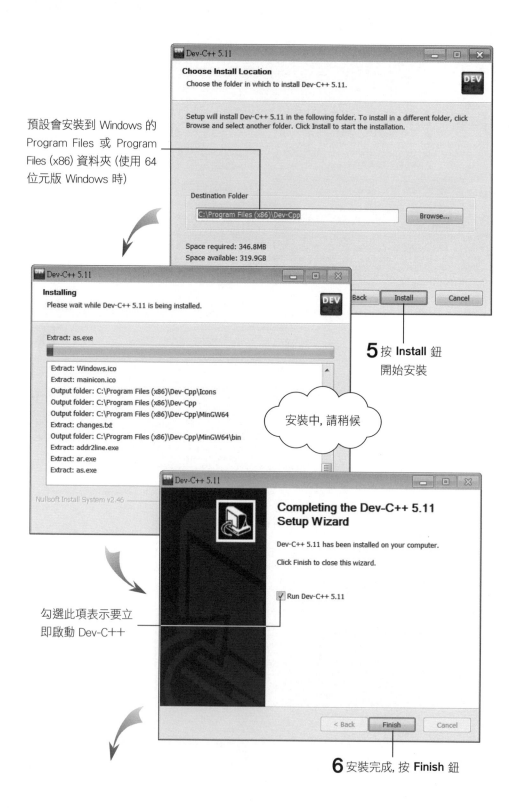

預設會安裝到 Windows 的 Program Files 或 Program Files (x86) 資料夾 (使用 64 位元版 Windows 時)

Choose Install Location
Choose the folder in which to install Dev-C++ 5.11.

Setup will install Dev-C++ 5.11 in the following folder. To install in a different folder, click Browse and select another folder. Click Install to start the installation.

Destination Folder

C:\Program Files (x86)\Dev-Cpp

Browse...

Space required: 346.8MB
Space available: 319.9GB

Back   Install   Cancel

5 按 **Install** 鈕 開始安裝

Installing
Please wait while Dev-C++ 5.11 is being installed.

Extract: as.exe

Extract: Windows.ico
Extract: mainicon.ico
Output folder: C:\Program Files (x86)\Dev-Cpp\Icons
Output folder: C:\Program Files (x86)\Dev-Cpp
Output folder: C:\Program Files (x86)\Dev-Cpp\MinGW64
Extract: changes.txt
Output folder: C:\Program Files (x86)\Dev-Cpp\MinGW64\bin
Extract: addr2line.exe
Extract: ar.exe
Extract: as.exe

安裝中, 請稍候

Nullsoft Install System v2.46

Completing the Dev-C++ 5.11 Setup Wizard

Dev-C++ 5.11 has been installed on your computer.

Click Finish to close this wizard.

☑ Run Dev-C++ 5.11

勾選此項表示要立 即啟動 Dev-C++

< Back   Finish   Cancel

6 安裝完成, 按 **Finish** 鈕

7 選擇 Chinese (TW), 表示使用繁體中文介面

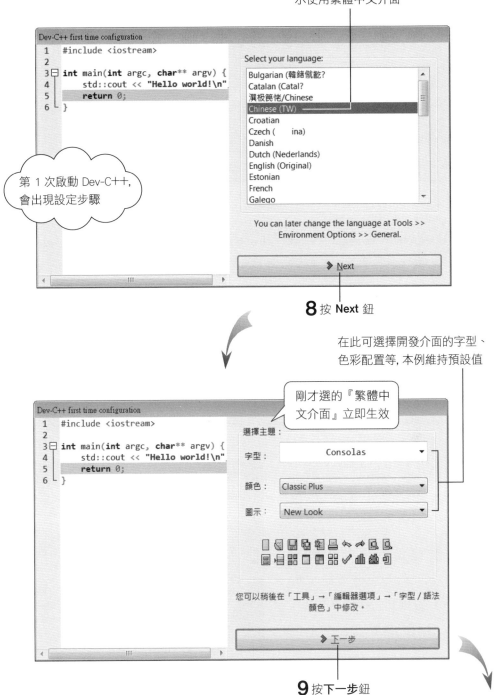

8 按 Next 鈕

第 1 次啟動 Dev-C++, 會出現設定步驟

在此可選擇開發介面的字型、色彩配置等, 本例維持預設值

剛才選的『繁體中文介面』立即生效

9 按下一步鈕

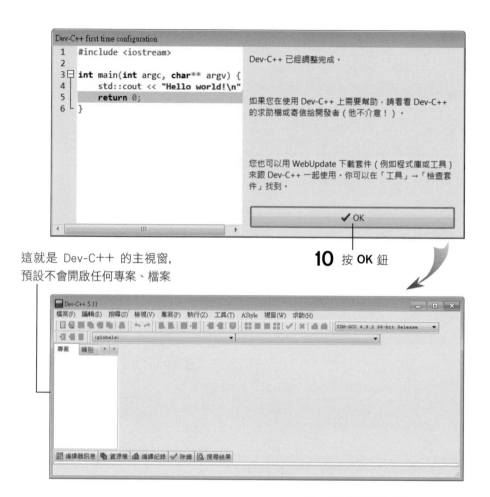

這就是 Dev-C++ 的主視窗，
預設不會開啟任何專案、檔案

10 按 OK 鈕

如何用 Dev-C++ 執行書中範例程式、撰寫程式、建立專案，請參見後面小節的介紹。

安裝程式預設會在桌面建立圖示，或者您也可如右將 Dev-C++ 釘選到工作列上，以方便隨時由工作列啟動之：

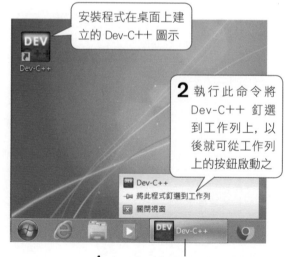

安裝程式在桌面上建立的 Dev-C++ 圖示

2 執行此命令將 Dev-C++ 釘選到工作列上，以後就可從工作列上的按鈕啟動之

1 在工作列上的圖示上按滑鼠右鈕

B-2 執行範例程式

　　由於編譯的動作需在硬碟上進行，因此請先將書附檔案中的程式都先解壓縮到硬碟中，以下說明均以 D:\Example\ChXX 資料夾為範例 C 程式的存放路徑 (XX 為章名的編號，例如第 1 章的範例程式就放在 Ch01 資料夾)，讀者也可選擇存放到不同的路徑下。

　　時下的 IDE 多要求使用者建立專案 (Project)，接著才能用專案進行程式的開發，包括編輯、編譯、連結。不過 Dev-C++ 支援以直接開啟單一 C 程式檔，即可編輯、編譯、連結、執行程式，由於此種方式很適合初學者練習、測試各種語法或技巧，所以我們先介紹此種方式。

B-2-1 以單一檔案形式開啟、編譯範例程式

開啟 C 程式檔

　　要直接開啟程式進行編譯、連結、執行，請在啟動 Dev-C++ 後，如下進行：

1 執行『**檔案/開啟舊檔**』命令 (或按 `Ctrl` + `O` 組合鍵)

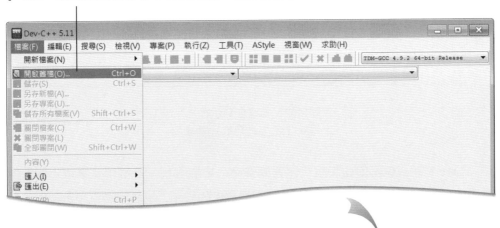

2 選取程式檔所在的資料夾

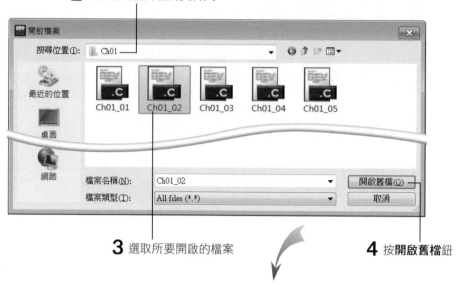

3 選取所要開啟的檔案

4 按**開啟舊檔**鈕

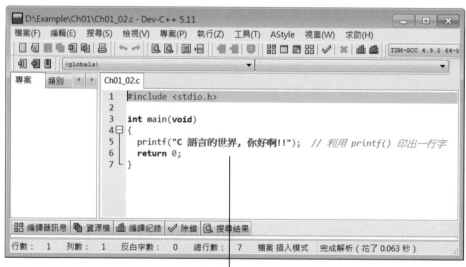

開啟的程式檔會顯示在此
編輯窗格, 在此可進行編輯

Dev-C++ 編輯器會將 C 語言關鍵字、變數名稱、註解等文字以不同的顏色標示, 輸入函式至括號時, 也會出現原型宣告的提示, 讓我們知道參數型別、數量等, 讀者可自行嘗試。

編譯、連結、執行程式

要編譯、連結、執行程式, 可如下進行：

1 執行『**執行/編譯並執行**』命令（或按 F11 功能鍵）, 即可編譯、連結、執行程式

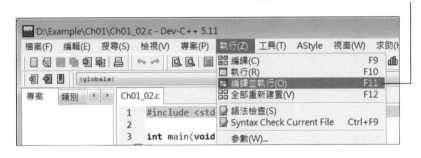

3 會立即執行連結產生的執行檔, 因為是文字 模式程式, 所以會出現**命令提示字元**視窗

程式的執行結果 (輸出一段訊息)

4 依訊息指示, 按任何 按鍵, 即可關閉視窗

此部份不是範例程 式的輸出內容, 而是 Dev-C++ 執行程式 時額外加上的

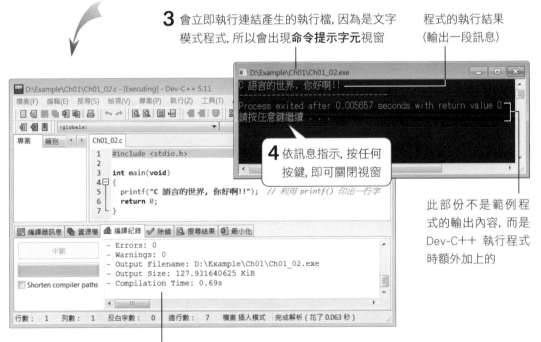

2 編譯、連結完成, 會在視窗下方顯示相關資訊

以上是整個編譯、連結、執行程式的流程, 平時練習、測試程式時, 依照上 面步驟即可。

單獨執行程式

若不由 Dev-C++ 啟動, 而要單獨執行程式, 由編譯的訊息可知, 程式執行檔也是放在範例程式所在資料夾:

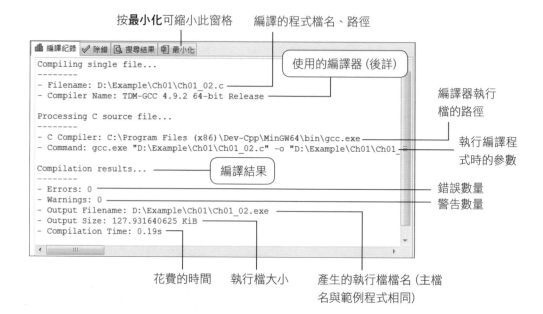

按**最小化**可縮小此窗格　編譯的程式檔名、路徑

使用的編譯器 (後詳)

編譯器執行檔的路徑

執行編譯程式時的參數

編譯結果

錯誤數量
警告數量

花費的時間　執行檔大小　產生的執行檔檔名 (主檔名與範例程式相同)

由於書中範例程式都是在完成輸出入後, 即結束程式, 所以若從 Windows **檔案總管**雙按程式執行檔的圖示, 您可能只會看到有個黑影 (**命令提示字元**視窗) 在畫面上閃一下就不見了 (程式已執行結束)。因此必須先自行執行『**開始/所有程式/附屬應用程式/命令提示字元**』命令, 再從命令列執行程式, 如下所示:

2 切換到範例程式所在資料夾

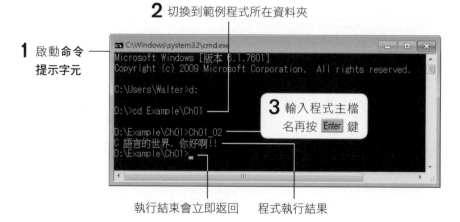

1 啟動**命令提示字元**

3 輸入程式主檔名再按 Enter 鍵

執行結束會立即返回　程式執行結果

編譯失敗, 無法執行程式?

若程式中有語法錯誤等問題, 則編譯時, Dev-C++ 會列出相關訊息,

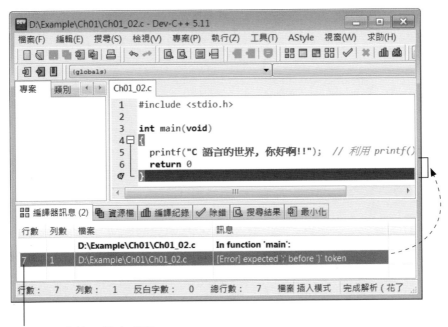

訊息表示問題在第 7 行, 但其實
是第 6 行敘述結尾忘了加分號

像這樣根據提示的訊息, 檢查程式並修正之, 再嘗試編譯程式。初學者常犯的
錯誤通常是:

- 使用符號不正確：像上例敘述結尾忘了加分號, 或是用錯符號 (該用逗號
  打成分號、該用分號打成逗號...)。

- 變數、函式、關鍵字打錯字。

- 函式參數型別、原型宣告不正確...等。

若程式編譯、連結成功, 但執行結果不如預期, 則是程式的邏輯有問題。若自
己看程式碼找不出問題, 可借助除錯工具來找出錯誤, Dev-C++ 除錯工具用
法參見附錄 C。

B-2-2 開啟範例專案

　　書中的範例 Ch09_06 是以專案的型式建立，必須用開啟專案的方式開啟之，才能順利編譯連結。在 Dev-C++ 中開啟專案，仍是以開啟舊檔的方式進行，請在 Dev-C++ 按 Ctrl + O 如下開啟專案：

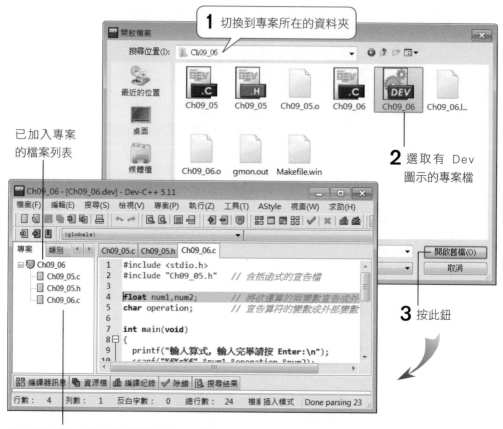

已加入專案的檔案列表

1 切換到專案所在的資料夾

2 選取有 Dev 圖示的專案檔

3 按此鈕

按此處的檔案名稱, 即可用編輯器開啟檔案

TIP　專案會儲存前次使用的狀態, 例如若前次關閉專案時, 沒有開啟任何程式檔的編輯視窗, 下次開啟專案, 預設也不會開啟專案中的程式檔。

　　接下來和執行單一程式的操作都相同：可在編輯視窗中編輯程式，按 F11 功能鍵或執行『**執行/編譯並執行**』命令來編譯、連結、執行程式。

B-3 在 Dev-C++ 中建立新程式檔

要建立新程式檔，可執行『**檔案/開新檔案/原始碼**』命令，或按 `Ctrl` + `N` 組合鍵，如下進行：

1 執行此命令

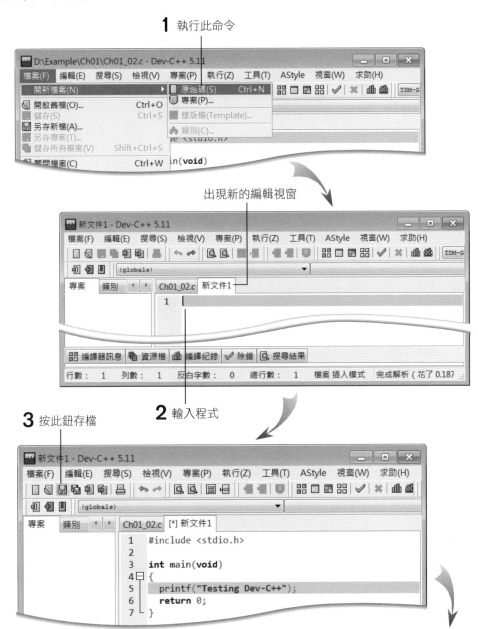

出現新的編輯視窗

2 輸入程式

3 按此鈕存檔

```
#include <stdio.h>

int main(void)
{
    printf("Testing Dev-C++");
    return 0;
}
```

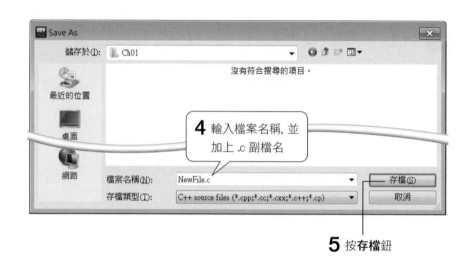

4 輸入檔案名稱, 並加上 .c 副檔名

5 按**存檔**鈕

如上圖所示, 儲存新檔案時, Dev-C++ 預設會將檔案視為 C++ 程式 (副檔名為 .cpp), 所以上圖第 4 步在檔案名稱後面自行加上副檔名 .c, 這樣就會存成 .c 檔, 或者您可在交談窗下方的**存檔類型**清單中, 選取 **C Source Files** 項目, 這樣就不用自行加上 .c 副檔名了。儲存成功後, 即可按 F11 來編譯執行程式。

儲存成功後, 檔名會顯示在此處

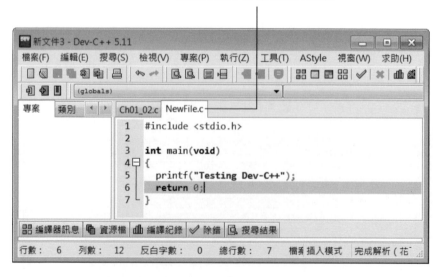

B-4　在 Dev-C++ 中建立新專案

若要建立新專案, 可執行『**檔案/開新檔案/專案**』命令, 如下進行:

此項可建立圖形介面的程式專案, 不過本書未介
紹 Windows 程式設計, 有興趣者請參考其它書籍

也可切換到 **Console** 頁次, 選
取其它文字模式的專案樣版

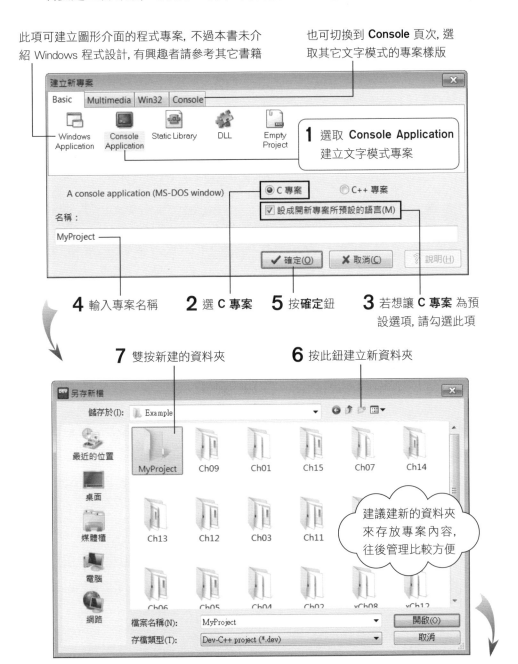

1 選取 **Console Application**
建立文字模式專案

4 輸入專案名稱　　**2** 選 **C 專案**　　**5** 按**確定**鈕　　**3** 若想讓 **C 專案** 為預
設選項, 請勾選此項

7 雙按新建的資料夾　　　**6** 按此鈕建立新資料夾

建議建新的資料夾
來存放專案內容,
往後管理比較方便

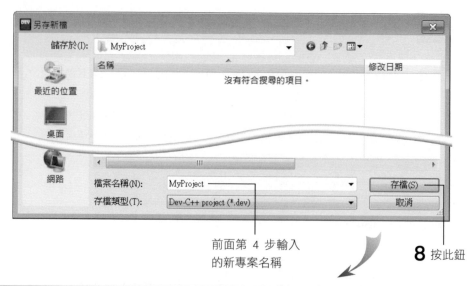

前面第 4 步輸入
的新專案名稱

8 按此鈕

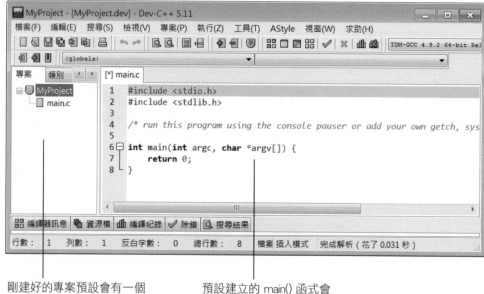

剛建好的專案預設會有一個
含 main() 函式的 main.c 檔

預設建立的 main() 函式會
有參數, 可將之改成 void

專案可包含多個檔案, 但編譯、連結時, 是將整個專案編譯成一個程式檔,
所以專案中只能有一個檔案有 main() 函式 (但程式檔名稱不一定要叫 main.c)。

以上面新建專案為例，按 F11 功能鍵，Dev-C++ 會要求先將程式存檔再編譯：

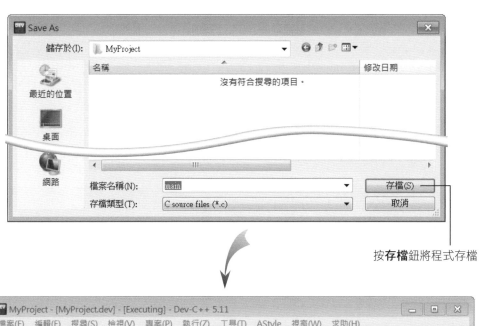

按**存檔**鈕將程式存檔

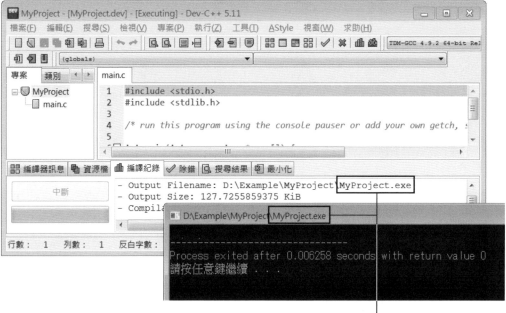

編譯出來的執行檔，是以專案名稱當主檔名

若要在專案中加入其它檔 .c 或 .h，可如下進行：

1 在專案上按滑鼠右鈕

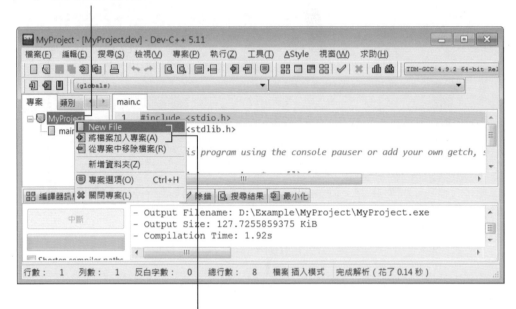

2 選擇加入全新的檔案 (**New File**)
或加入已存在硬碟上的檔案

APPENDIX

C

Dev-C++ 除錯功能

學習目標

- 使用中斷點

- 以逐行執行程式的方式替程式除錯

- 檢視及修改執行中的變數值

寫程式時會遇到的錯誤狀況可分為：語法錯誤 (編譯時期錯誤)、執行時期錯誤。其中語法錯誤可由編譯器檢查出來；執行時期錯誤是指程式執行過程式中，發生的錯誤，例如硬體發生問題、或是程式出現錯誤 (例如做除以 0 的運算)、或是程式邏輯有問題 (條件判斷式、運算式內容錯誤)，導致程式執行結果不正確的情形。

程式的問題有時只需仔細檢視一下程式即可看出，但有時則會令人摸不著頭緒，完全不能判斷程式錯在何處。這時候就可利用 Dev-C++ 整合開發環境所提供的除錯功能，幫助我們找出程式的問題並修正之。

C-1　編譯含除錯資訊的執行檔

程式必須編譯成 Debug 版本，才能使用除錯功能，因此編譯連結程式前，請確認 Dev-C++ 視窗右上角，是選擇 Debug 版：

可選 64 位元或 32 位元 Debug，讓編譯器在程式執行檔中加入除錯資訊

接著執行『**執行/全部重新建置**』命令，重新編譯、連結程式。

C-2　以逐步執行的方式觀察程式

　　建好含除錯資訊的執行檔後, 即可用除錯的方式執行程式。一個簡單的除錯過程步驟大致如下:

1. 建立**中斷點 (Break Point)**

2. 以逐步執行的方式觀察程式執行的過程

3. 觀察變數的變化, 或改變執行中的變數值, 以測試程式執行結果

　　以下分別說明之。

C-2-1　建立中斷點

　　中斷點 (Break Point) 就是除錯器會**暫停**程式執行的位置, 設定中斷點的方式很簡單, 只要用滑鼠在編輯視窗中的行號上按一下, 就可在該行設置一個中斷點 (以下用範例程式 Ch07_02.c 為例):

用滑鼠在要設置中斷點的行號按一下 (此處設定 main() 函式中的第 1 行可執行的敘述)

行首出現一個打勾符號, 且整行變為紅色, 表示已設置中斷點

　　再於同一位置按一下, 則可取消中斷點。在程式中可依需要設置多個中斷點。

C-2-2 逐步執行程式

以下先用圖解的方式說明逐步執行程式的操作方式，稍後再做補充說明。

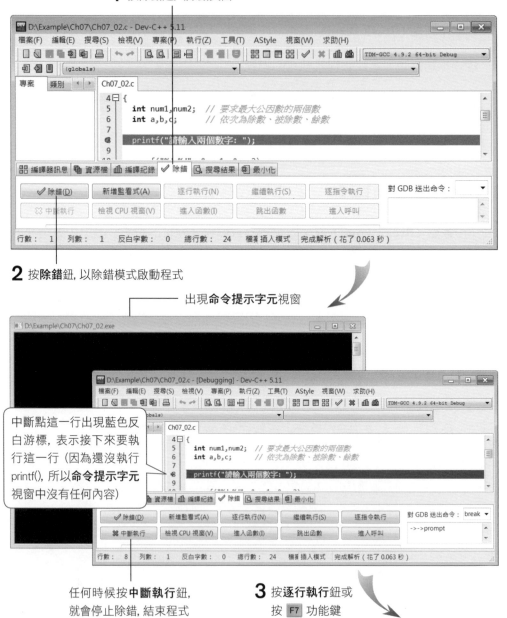

1 按**除錯**進入**除錯**頁面

2 按**除錯**鈕，以除錯模式啟動程式

出現**命令提示字元**視窗

中斷點這一行出現藍色反白游標，表示接下來要執行這一行（因為還沒執行printf()，所以**命令提示字元**視窗中沒有任何內容）

任何時候按**中斷執行**鈕，就會停止除錯，結束程式

3 按**逐行執行**鈕或按 F7 功能鍵

已執行過此行, 所以出
現 printf() 輸出的內容

藍色反白游標移到此行,
表示接下來要執行 scanf()

4 按**逐行執行**鈕或
按 **F7** 功能鍵

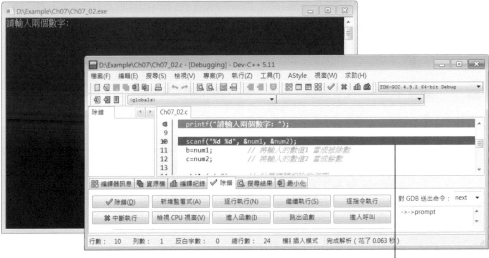

游標仍停在此, 表示要讓 scanf()
取得輸入後, 程式才能繼續

5 切換到**命令提示字元**視窗, 輸入兩個數字並按 `Enter` 鍵

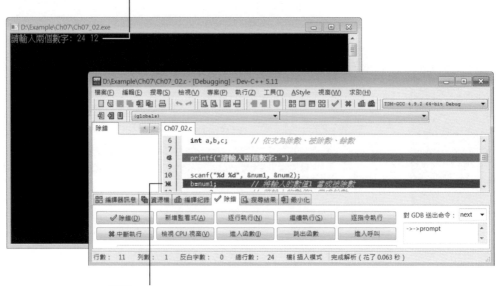

按 `Enter` 鍵後, 藍色反白游標會自
動移到此處, 表示程式已讀入輸入

　　在除錯模式下, 可將滑鼠指向程式中出現的變數 (任一行均可), Dev-C++
會立即顯示滑鼠所指變數的值：

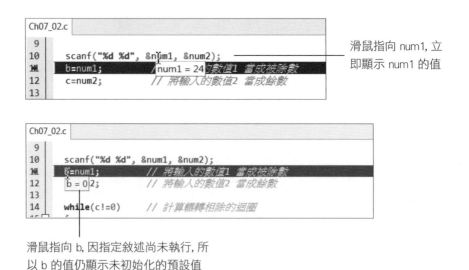

滑鼠指向 num1, 立
即顯示 num1 的值

滑鼠指向 b, 因指定敘述尚未執行, 所
以 b 的值仍顯示未初始化的預設值

若在編輯器中選取算式, 則滑鼠
指向算式也會顯示算式的結果

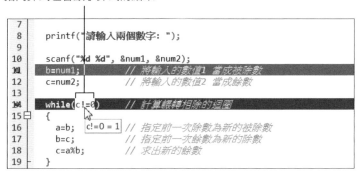

而繼續執行程式, 變數值也都會隨程式的指定運算而變化, 例如繼續按幾次
逐行執行鈕 (或按 F7 功能鍵), 程式執行到 while 迴圈結尾時, 會看到如下變
數值:

現在 C 的
值是 12

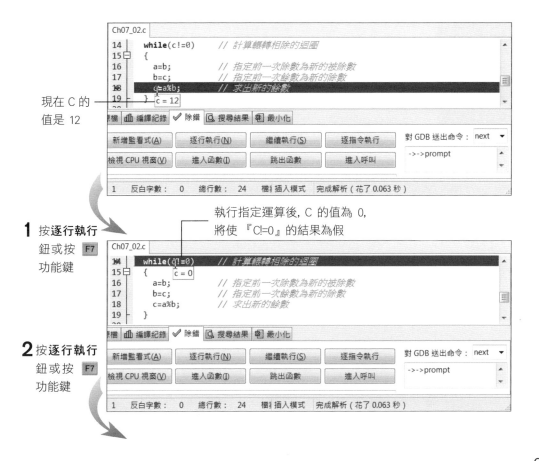

1 按**逐行執行**
鈕或按 F7
功能鍵

執行指定運算後, C 的值為 0,
將使『C!=0』的結果為假

2 按**逐行執行**
鈕或按 F7
功能鍵

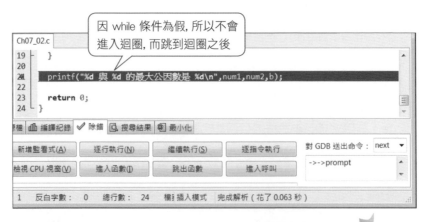

因 while 條件為假, 所以不會進入迴圈, 而跳到迴圈之後

上一行 printf() 輸出的結果

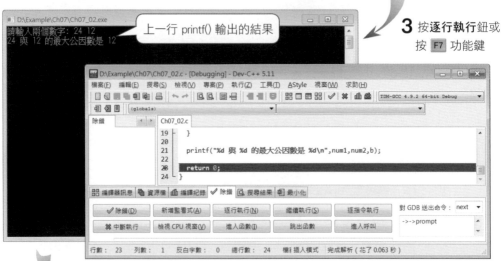

3 按**逐行執行**鈕或按 **F7** 功能鍵

4 按**逐行執行**鈕或按 **F7** 功能鍵

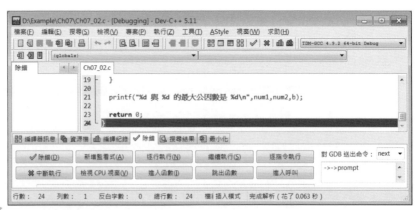

5 按**逐行執行**鈕或按 **F7** 功能鍵, 也可按**跳出函數**鈕 (跳出 main() 函式)

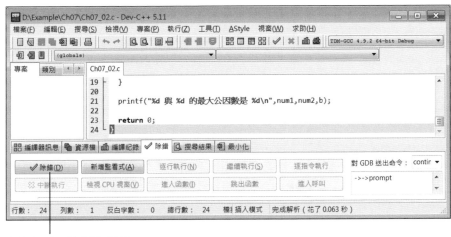

程式結束, 想重新進行除錯,
可按**除錯**鈕或按 F5 功能鍵

用附錄 B 介紹的 F5 功能鍵執行程式完畢時, Dev-C++ 會讓**命令提示字元**視窗暫停, 不會立即關閉視窗。但用除錯模式執行程式時, 程式結束就會立即關閉**命令提示字元**視窗。若想要有暫停的效果, 可在程式的 return 0; 敘述前, 加一行敘述『system("pause");』。

在上述除錯過程中, 主要是用**逐行執行**來一步步執行程式的敘述, 在除錯窗格式還有以下幾個按鈕, 可在不同情境下使用:

● **繼續執行**: 讓程式依一般的方式執行後續的敘述, 直到遇到另一個中斷點, 才會再度暫停。例如程式較長, 可先在想除錯的地方再設置一個中斷點, 然後用**繼續執行**一下跳過中間的程式, 這樣就不用一直按**逐行執行**鈕了。

● **逐指令執行**: 每次執行一個組合語言指令, 必須先按**檢視 CPU 視窗**鈕打開如下圖的 **CPU 狀態視窗**, 才能看到執行的指令:

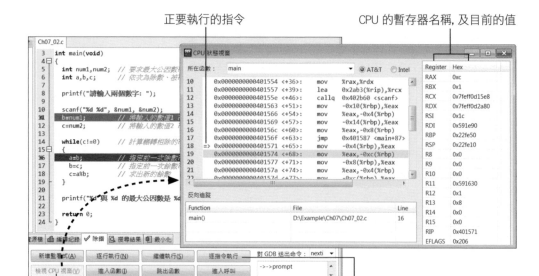

正要執行的指令　　　　　　　　　　　CPU 的暫存器名稱, 及目前的值

1 按檢視 **CPU** 視窗鈕開啟 **CPU** 狀態視窗　　　　　**2** 按此鈕可每次執行 1 個組合語言指令

- **進入函式**：若接下來執行的敘述是自訂函式, 則按此鈕會進入函式中繼續執行。對於標準函式庫函式, 因無原始碼, 所以沒有效果。

- **跳出函式**：進入函式執行到一半時, 可按此鈕執行完後續內容, 立即返回上一層的呼叫者。

- **進入呼叫**：對應到**逐指令執行**的組合語言執行模式, 若執行的組合語言敘述是呼叫 (call) 副程式 (函式), 就會進入其中執行。

C-3 使用監看功能

　　監看 (Watch) 功能就是將想監看數值、運算結果的變數、算式列在 Dev-C++ 左側的除錯視窗, 這樣在除錯時, 就不必像上一節提到的, 必須將滑鼠指向編輯器窗格中的變數或選取的算式時, 讓 Dev-C++ 提示變數值或算式的運算結果。因為當要監看的變數較多時, 滑鼠移來移去, 會比較不方便。

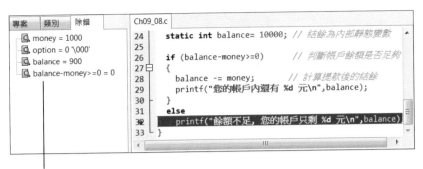

可利用監看功能檢視變數值或算式的結果

TIP 再提醒讀者, 請確認程式已使用 C-1 介紹的方式, 編譯成除錯版, 否則無法使用本節介紹的功能。

C-3-1 新增監看式

要新增監看的項目 (Dev-C++ 中的功能名稱為**新增監看式**), 可在除錯開始前進行, 或除錯進行中隨時加入, 操作的方式都相同。以下用除錯開始前加入說明：

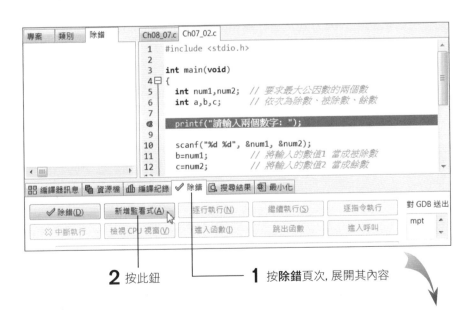

2 按此鈕　　　**1** 按**除錯**頁次, 展開其內容

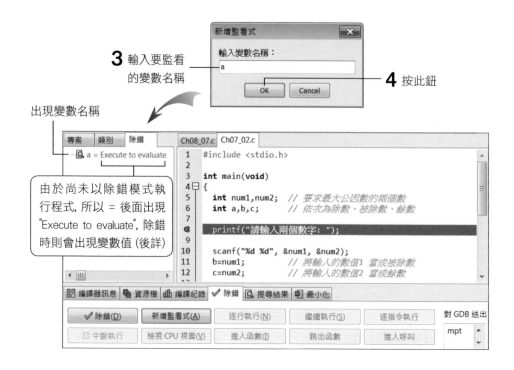

3 輸入要監看的變數名稱

4 按此鈕

出現變數名稱

由於尚未以除錯模式執行程式, 所以 = 後面出現 "Execute to evaluate", 除錯時則會出現變數值 (後詳)

　　上圖第 3 步若輸入算式, 表示要監看算式的運算結果。輸入算式可以是任何合法的算式, 未出現在程式中的算式也可輸入。

　　另一個新增監看式的方式, 是在編輯器中, 用按鍵或滑鼠將編輯游標選取整個變數或算式：

1 選取變數或算式

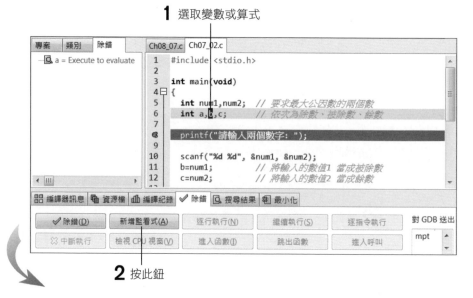

2 按此鈕

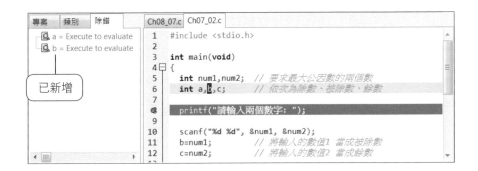

另外也可如右圖，在左邊**除錯**窗格中按滑鼠右鈕進行新增或其它管理工作：

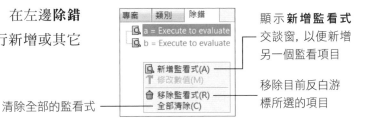

顯示**新增監看式**交談窗，以便新增另一個監看項目

移除目前反白游標所選的項目

清除全部的監看式 ──

C-3-2　檢視及修改變數值

檢視變數值

如前述，當程式尚未以除錯模式執行時，只會看到『Execute to evaluate』的值，一但按 F5 功能鍵執行程式，就會出現變數值或算式的結果：

因為變數 b 目前的數值是 0，所以算式 a/b 會出現除以 0 的錯誤

按此鈕開始執行程式，就會出現監看式的數值

而隨著程式的進行（例如按**逐行執行**、**繼續執行**等按鈕），變數值或算式的變動，也都會即時反應在**除錯**窗格中。

但要注意，若監看函式中的變數，則在進入函式（初始化局部變數）前，函式中的變數仍會是『Execute to evaluate』，必須進入函式後，才會看到其值，如下所示：

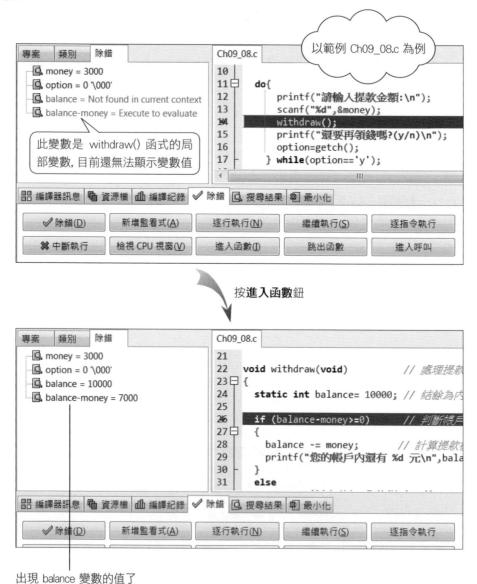

出現 balance 變數的值了

修改變數值

若要在程式執行到一半時修改變數值, 測試程式執行的效果, 可如下進行 (仍以 Ch09_08.c 為例):

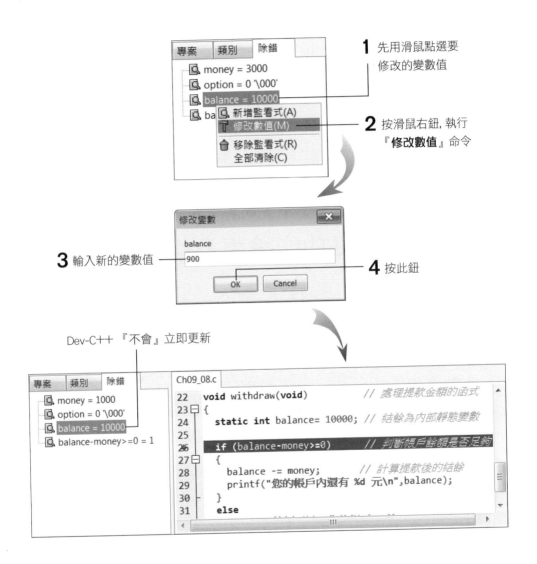

1 先用滑鼠點選要修改的變數值

2 按滑鼠右鈕, 執行『**修改數值**』命令

3 輸入新的變數值

4 按此鈕

Dev-C++『不會』立即更新

請注意, 如上所示, 剛輸入的值不會立即顯示在畫面中, 必須執行程式, 才會出現新的數值, 例如按**逐行執行鈕**:

出現新的變數值

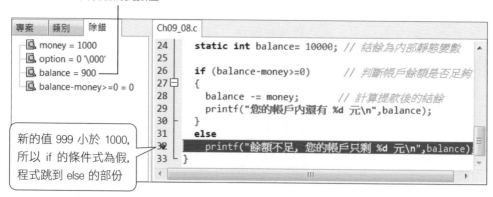

新的值 999 小於 1000,
所以 if 的條件式為假,
程式跳到 else 的部份

利用這種方式, 就可用不同的數值測試、觀察程式執行的情形, 進而找出程式可能的問題。

C-4 使用計算功能檢視及修改變數值

Dev-C++ **除錯**窗格內也有個類似監看的功能, 可用來檢視變數值或算式結果, 將**除錯**窗格拉大即可看到其內容:

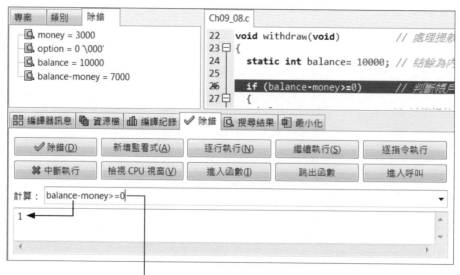

在此輸入變數名稱或算式, 再按 Enter 鍵就會看到結果

在計算欄位可輸入任何的敘述, 因此要特別注意, 若輸入會改變變數值的敘述, 變數值將會改變, 但同樣是要執行一行程式, 監看功能才會反映新的變數值:

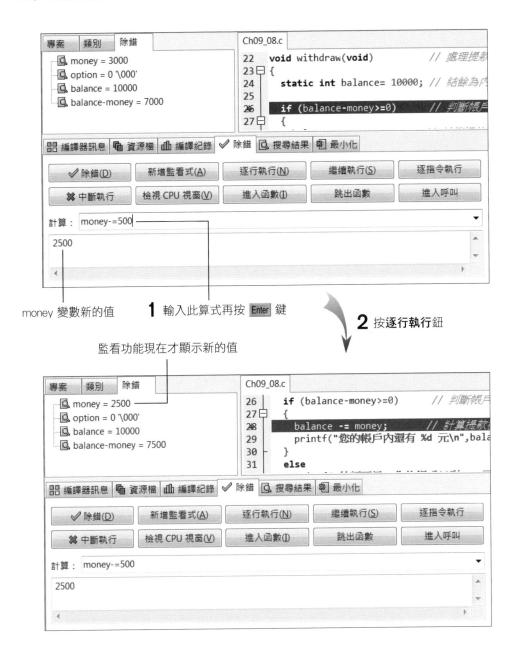

money 變數新的值

1 輸入此算式再按 Enter 鍵

2 按**逐行執行**鈕

監看功能現在才顯示新的值

Memo

瞭解執行檔內容

- 認識程式列表檔 (Listing File)

- 認識程式對應表 (Map File)

在程式編譯時產生的目的檔，是供下一階段連結時使用；而連結完成產生執行檔/映像檔，則是要燒錄到 MCU 上執行。不過編譯器、連結器或其它工具程式，也會產生其它檔案，讓我們能認識、瞭解程式的內容。

D-1 程式列表檔 - Listing File

在編譯完成時，除了產生目的檔外，視 IDE 的設定，也會產生程式列表檔 (Listing File)。

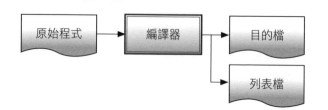

列表檔會有原始程式與編譯成的組合語言對照，讓我們可瞭解程式實際執行的情形，當然要稍微瞭解 Target 系統的組合語言，才能掌握其內容。以 Dev-C++ 為例，可執行『**工具/編譯器**』選項，如下進行設定：

1 切換到**編譯設定**頁次　　　　**2** 切換到**輸出**頁次

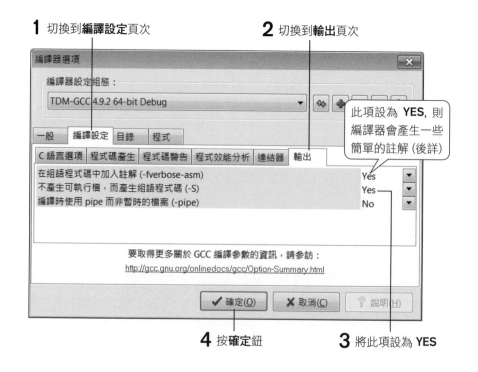

4 按**確定**鈕　　　　**3** 將此項設為 YES

將**不產生可執行檔，而產生組語程式檔**設為 YES 後，執行『**執行/全部重新建置**』命令，Dev-C++ 就不會產生可執行檔，而是產生組合語言的程式列表。不過其輸出的副檔名仍為 .exe：

1 按此鈕重新建置

輸出的檔名

2 按 Ctrl + O 快速鍵

3 選擇開啟剛才輸出的檔案 (非原始 C 程式)

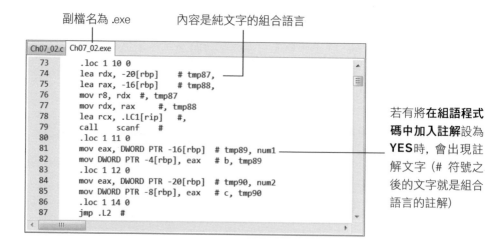

副檔名為 .exe　　　　　內容是純文字的組合語言

```
Ch07_02.c   Ch07_02.exe
73        .loc 1 10 0
74        lea rdx, -20[rbp]     # tmp87,
75        lea rax, -16[rbp]     # tmp88,
76        mov r8, rdx #, tmp87
77        mov rdx, rax    #, tmp88
78        lea rcx, .LC1[rip]    #,
79        call    scanf    #
80        .loc 1 11 0
81        mov eax, DWORD PTR -16[rbp]   # tmp89, num1
82        mov DWORD PTR -4[rbp], eax    # b, tmp89
83        .loc 1 12 0
84        mov eax, DWORD PTR -20[rbp]   # tmp90, num2
85        mov DWORD PTR -8[rbp], eax    # c, tmp90
86        .loc 1 14 0
87        jmp .L2  #
```

若有將**在組語程式碼中加入註解**設為 **YES** 時, 會出現註解文字 (# 符號之後的文字就是組合語言的註解)

要瞭解內容, 必須對個人電腦組合語言有一定的認識, 有興趣者可參考相關書籍。

要讓 Dev-C++ 能再輸出可執行程式檔, 要記得將編譯選項的**不產生可執行檔, 而產生組語程式檔**項目重設回 NO。

至於嵌入式平台的開發工具, 大部份預設就會產生列表檔供開發人員參考 (副檔名則視廠商而有不同)。例如以下是某 STM8S MCU 的 C 語言程式的列表檔片段:

```
  1                            ; C Compiler for STM8 (COSMIC Software)
...                              分號開頭的是註解說明或原本的 C 程式敘述
 22                            switch.data   ◄── 表示這一段是資料
 23    0000                   _TxBuffer1:
 24    0000 00                dc.b  0
 25    0001 000000000000      ds.b  31
 26    0020                   _TxBuffer2:
 27    0020 41542f400d00      dc.b "AT/@",13,0  ◄── 程式中定義的字串陣列內容
...
112                           ; 78 void main(void)
112                           ; 79 {
114                           .text: section  .text,new  ◄── 以下是程式
115    0000                   _main:
117    0000 89                pushw x
```

接下頁

```
118        00000002    OFST:  set  2
121                    ; 80   int i=0;
123  0001 5f           clrw  x
124  0002 1f01         ldw (OFST-1,sp),x
125                    ; 81   CLK_Config();
127  0004 cd0000       call  L3_CLK_Config  ← 呼叫函式
...
```

int i=0；對應
的組合語言碼

　　當需要分析程式，找出執行效率的瓶頸時；或是進行進階的除錯時，就可檢
視此列表檔的內容，找出問題所在。

D-2 程式對應表 - Map File

　　另一個可幫助除錯的檔案是程式對應表：Map File，它是在連結階段產生的，
因此會包含完整的程式執行資訊。

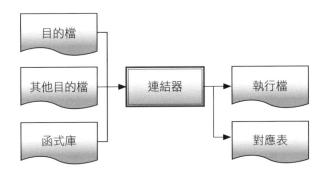

　　以下是上節提到的 STM8 程式，連結後所產生的對應表內容：

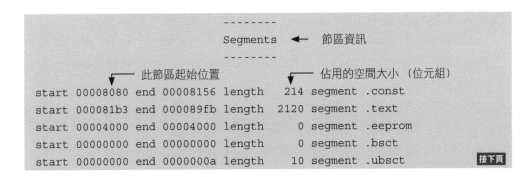

```
                    --------
                    Segments  ← 節區資訊
                    --------
        ┌ 此節區起始位置            ┌ 佔用的空間大小（位元組）
start 00008080 end 00008156 length   214 segment .const
start 000081b3 end 000089fb length  2120 segment .text
start 00004000 end 00004000 length     0 segment .eeprom
start 00000000 end 00000000 length     0 segment .bsct
start 00000000 end 0000000a length    10 segment .ubsct
```

接下頁

```
start 0000000a end 0000000a length        0 segment .bit
start 0000000a end 0000000a length        0 segment .share
start 00000100 end 00000155 length       85 segment .data, initialized
start 0000815e end 000081b3 length       85 segment .data, from
start 00000155 end 00000155 length        0 segment .bss
start 00000000 end 00001447 length     5191 segment .info.
start 00000000 end 000145b6 length    83382 segment .debug
start 00008000 end 00008080 length      128 segment .const
start 00008156 end 0000815e length        8 segment .init




                        -------
                        Modules    ◀━ 專案中不同程式模組佔用的空間
                        -------


Debug\main.o:
start 00000100 end 00000155 length       85 section .data
start ******** end ******** length        0 section .bss *** removed ***
start 000006e3 end 000010e9 length     2566 section .debug
start 000000de end 00000187 length      169 section .info.
start 00008203 end 00008289 length      134 section .text
...
Debug\stm8s_it.o: ◀━ 除了 main() 主程式的目地檔也會有專案中其它程式的目的檔
start 000010e9 end 00001863 length     1914 section .debug
start 00000187 end 00000234 length      173 section .info.
...
```

　　由對應表的內容，就能知道程式使用記憶體空間的情形，例如上面這個程式仍在開發階段，所以編譯、連結時加入了程式的除錯資訊，因此 .debug 節區 (Segment) 就用掉不少空間。若程式宣告了一大塊陣列，一堆常數，就會看到其佔用的空間增加。

　　不同廠商工具程式產生的對應表格式、內容不一定相同，但大概都能讓開發人員瞭解其程式在使用記憶體的情況，例如：會不會因為宣告變數太隨意，有多餘、無效率的程式碼，佔用太多記憶體，使程式功能無法再擴充等問題。

　　往後讀者有機會接觸到嵌入式系統的開發時，就可善用列表檔和對應表檔，幫助自己對程式結構、MCU 架構有更進一步的認識。

E

在 C 語言程式中
嵌入組合語言

- 瞭解在 C 語言程式中使用組合語言程式的目的

- 認識在 C 語言程式中嵌入組合語言的方式

第 1 章介紹 C 語言時, 提到 C 語言是高階語言, 其實也很多人稱 C 語言是『中階語言』, 因為 C 語言一方面像高階語言一樣, 較易閱讀、使用, 但另一方面, 它又具備類似低階組合言言一般直接存取硬體、記憶體的能力。

雖然如此, C 語言程式, 經過編譯、連結後, 程式的執行效率, 一般而言, 仍是比直接用組合語言撰寫相同功能的程式差。在大部份的情況, 這樣的差異都在可接受的範圍; 但有些較注重處理效率、反應速度的場合, 可能希望用組合語言來提升程式執行效率。再者, 有些低階的處理本來就無法或不適合用高階語言處理, 此時組合語言就派上用場。

不過由於熟悉組合語言的程式設計人員畢竟不多, 再加上組合語言程式的開發、除錯較耗時, 因此折衷的方案就是在 C 語言程式中加入部份組合語言程式的內容。

E-1 將組合語言的功能寫成函式 (庫)

在 C 語言程式中使用組合語言程式的方式, 常見的方式之一, 就是將程式功能模組化後, 針對需要效率、以低階方式處理的部份, 以組合語言設計成函式或函式庫 (在組合語言中稱為常式, Routine 或 SubRoutine), 再從 C 語言程式中呼叫。

> (TIP) 反過來說, 若有需要, 也可從組合語言程式中, 可呼叫用 C 語言寫好的函式。

此外, MCU /編譯器廠商在設計函式庫時, 也可能會用組合語言撰寫部份函式庫功能, 所以在程式中呼叫這類函式時, 也算是使用組合語言的一種方式。

E-2 在 C 語言程式中嵌入組合語言

另一種在 C 語言程式使用組合語言的方式，就是直接將組合語言的程式片段，嵌入 C 語言程式中，這種用法也稱為『行內』組合語言 (Inline Assembly)。

由於在 C 語言程式中嵌入組合語言並非 C 語言標準，所以各家編譯器支援的語法都不盡相同。以 Dev-C++ 使用的 GCC 編譯器為例，其嵌入組合語言的語法是使用 asm 或 __asm__：

```
                    ┌──── 雙引號中放入組合語言程式碼，可寫入多行
                    ↓
asm("...");   ◄──── asm 為 GCC 的擴充語法，並非呼叫函式
```

也有廠商是利用前處理指令來處理嵌入的組合語言程式，例如 Microchip 公司的 MPLAB 整合開發環境使用如下的語法：

```
void main(void)
{

#asm
...          ◄──── 加入組合語言程式
#endasm
}
```

因此要在 C 語言程式中嵌入組合語言，不但要先認識、學會所使用的處理器 (MCU) 之組合語言，也要查看所使用的編譯器手冊，瞭解其行內組合語言的語法，才能在 C 語言程式中加入您要使用的組合語言程式碼。

Memo

Flag Publishing

http://www.flag.com.tw